電子電機資訊工程

電路學（上）

宏澤博士◎主編　　黃昭明・黃燕昌◎著

▶本書是兩位教授累積多年教學經驗的心血結晶，易懂易學，並附有習題
習題解答，是優良教本，也是自修者的最佳良伴。

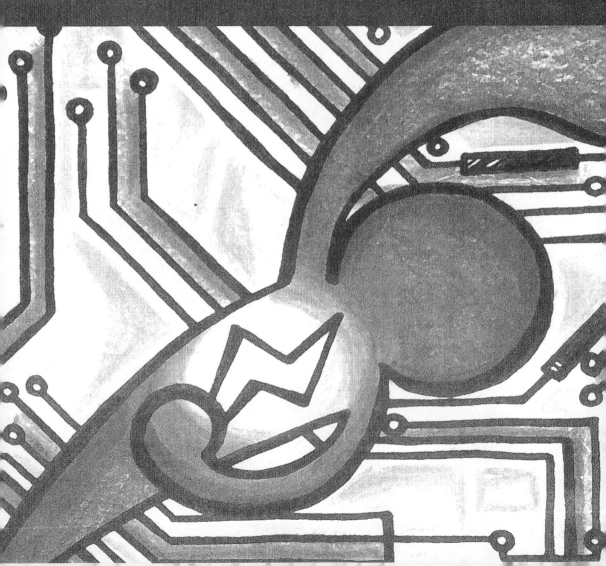

序　言

　　對電機、電子工程學系的學生而言，電路學是一門相當實用的基礎課程，它主要由電阻、電感及電容等基本要素所組合而成，目的在於探討這些要素之組合電路所引發的一些響應。而此一電路響應行為乃是電機、電子各相關領域所須具備的基礎知識。

　　本書在內容安排上，力求簡單明瞭，期使讀者在短時間內進行系統化、有效率的學習。本書不僅可做為電機、電子及相關工程領域之教科書，亦非常適合做為個人自習入門之用。此外，為使讀者能充份練習，每一章節均有練習題與解答。此外，書後更附上各章習題與解答為作者精心設計，讀者可自行練習以測試對該章內容之了解程度。

　　上下兩冊共分十二章，每章探討的主題如下：

第一章：基本概念　　　　　第七章：耦合元件與耦合電路

第二章：電路元件　　　　　第八章：圖脈理論分析

第三章：網路定理　　　　　第九章：狀態方程式

第四章：一階電路　　　　　第十章：拉普拉斯轉換

第五章：二階電路　　　　　第十一章：雙埠網路

第六章：弦波穩態分析　　　第十二章：三相電路

主編的話

電機、電子領域博大精深，但也是創造我國經濟與科技發展最重要的基石。目前有關電機、電子的教科書種類不勝枚舉，但大多以國外原文書籍為主，為了能與世界同步接軌，原文書籍的閱讀與使用有其必要，若無語文間的差異與隔閡，理論與技術的獲得將會更直接。

有鑑於此，為有效作為技術與學習者的橋樑，縮短學習者與所需理論或技術間的距離，我們計畫以最新與最好的電機、電子類叢書著作、編輯與出版為使命，除本書**電路學**外，將陸續出版**工程數學、電子學、數位邏輯設計、電力系統與自動控制**等序列基本學科為目標，提供讀者無距離的閱讀感受，減少研習這些基本學科的摸索時間，直接接觸學科精華，使您閱讀後有如受高僧灌頂的喜悅，並對該門學問具有清晰的觀念與完整性的知識。

以電路學教本出發，特邀請黃燕昌博士與黃昭明博士，精心撰寫本書。兩位黃教授皆於國立成功大學電機工程系取得電機博士學位，目前分別任教於正修技術學院與崑山科技大學電機系。作者不僅具深厚專業素養、豐富實務歷練，並由於具備多年教學經驗，中文寫作與表達能力在技術學院與大專院校中實屬一時之選。作者以國內外同類書籍重要內容為經，個人多年學習與教學經驗為緯，以親切、通順自然的語言所完成的自我中文創作，完全沒有坊間翻譯書籍的艱澀難懂與原文書讀起來隔靴搔癢的感覺。

　　本書除正文外，作者在附錄中亦附上詳細的習題與解答，供學子自我測試與參考之用。相信本書的出現勢必為國內電機、電子領域電路學之學習與教授，帶來正面實質的助益。

編者

中原大學電機系教授　楊宏澤 謹序

目　錄

第一章 基本概念

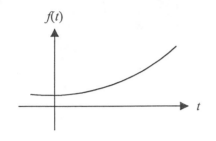
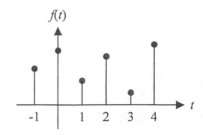

本章各節內容摘要如下：1.1 節描述訊號之基本性質，1.2 節爲介紹電路分析常用之訊號及其波形，1.3 節爲系統之描述與概要之分類，1.4 節爲單位系統，針對電路學常用之單位與十的冪次介紹，1.5 節介紹集總電路與分佈電路，1.6 節說明如何計算一週期函數之平均值與有效值，以利往後之電路分析，1.7 節則介紹電路中功率之相關常識與計算。

1.1　訊號

我們可以將**訊號**(signal)定義成：

所謂的訊號係指具有資訊(information)或訊息(message)之物理量。

在電路學中，電壓和電流是基本且重要的訊號。一般來說，訊號可以用時間的函數來表示，例如 $f(t)$。就訊號與時間而言，可以區分爲連續(continuous)訊號與非連續(discrete)(又稱爲離散或間斷) 訊號，如圖 1.1(a) 與 (b)。連續與非連續是針對時間而言，所謂連續訊號是指，在某一時間範圍內，任一時間點都存在一訊號值。而非連續訊號是指只有在某些特殊的時間點才存在訊號值。

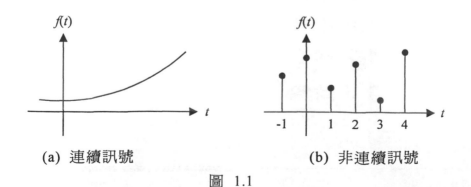

(a) 連續訊號　　　　　　　(b) 非連續訊號

圖　1.1

　　對於一連續訊號，可以利用取樣(sampling)的方式，再固定時間間隔下，將連續訊號變成非連續訊號，以利計算機或微算機的運算分析與應用，相關之學科知識可參考數位訊號處理(digital signal processing)。

　　就函數的週期性而言，可以區分成週期(periodic)訊號與非週期(aperiodic)訊號。所謂週期訊號係指訊號 $f(t)$ 經過一固定時間 T 之後，又回到原有之波形大小，如此每間隔時間 T 波形就會重複出現，亦即：

$$f(t) = f(t \pm nT) \qquad n = 0,\ 1,\ 2,\ 3,\ \ldots \tag{1-1}$$

若訊號不具有週期性，則稱此信號爲非週期訊號。常見之訊號，如弦波、方波、三角波皆爲週期訊號。

　　就訊號之對稱(symmetry)而言，可分爲奇(odd)對稱和偶(even)對稱。

1. 奇對稱

　　若 $f(t) = -f(-t)$，則 $f(t)$ 具有奇對稱性質。

　　亦即　　訊號 $f(t)$ 對稱於原點 $t = 0$，如圖 1.2(a) 所示。

2. 偶對稱

　　若 $f(t) = f(-t)$，則 $f(t)$ 具有偶對稱性質。

　　亦即訊號 $f(t)$ 對稱於 $t = 0$ 的軸（又稱 y 軸，或縱軸），如圖 1-2(b) 所示。

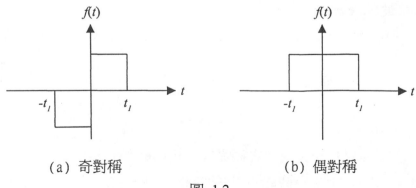

(a) 奇對稱　　　　　　　　(b) 偶對稱

圖 1.2

任一訊號必可分解成一奇對稱成分 $f_0(t)$ 與偶對稱成分 $f_e(t)$ 的和，亦即

$$f(t) = f_0(t) + f_e(t) \tag{1-2}$$

如圖 1.3 所示，我們可將訊號 $f(t)$ 分解成奇對稱成分 $f_0(t)$ 與偶對稱成分 $f_e(t)$ 的和。

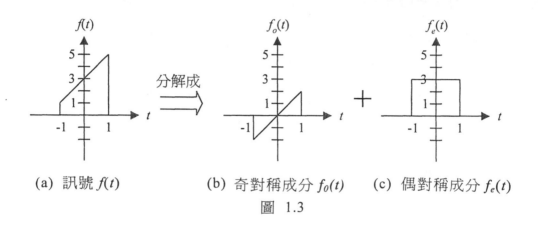

(a) 訊號 $f(t)$ (b) 奇對稱成分 $f_0(t)$ (c) 偶對稱成分 $f_e(t)$

圖 1.3

1.2 常用之訊號及其波形

1. 正弦波(sine wave)

如(1-3)式所描述之訊號 $f(t)$ 為一典型之正弦波：

$$f(t) = A \sin(\omega t + \theta) \tag{1-3}$$

其中

常數 A 為正弦波之振幅(amplitude)大小，

ω 為角頻率(angular frequency)，$\omega = 2\pi f$ (f 為頻率)，

θ 為相角(phase angle)，又稱為相位移。

$f(t)$ 之波形如圖 1.4 所示。

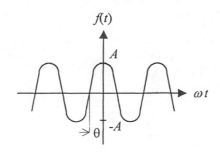

圖 1.4 弦波 $f(t) = A\sin(\omega t + \theta)$

2. 單位步階函數(unit step function)

單位步階函數 $u(t)$ 定義如下：

$$u(t) = \begin{cases} 0, & t < 0 \\ 1, & t > 0 \end{cases} \tag{1-4}$$

特別注意的是，在 $t = 0$ 時，$u(t)$ 無定義，$u(t)$ 之圖形如圖 1.5(a) 所示。延遲 t_0 時間後之 $u(t)$，以 $u(t - t_0)$ 表示。比較 1.5(a) 與 (b) 圖可知 $u(t - t_0)$ 為 $u(t) = u(t - 0)$ 往時間軸右移 t_0 單位，亦即是往後延遲 t_0 時間。

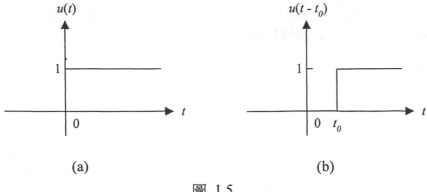

(a)   (b)

圖 1.5

　　單位步階函數經常被當成電源開關訊號使用，$u(t)$ 代表在 $t <$ 0 時，訊號未加入電路系統，在 $t = 0$，訊號才加入電路，一直到永遠(t 至無限大)，其動作說明如下圖 1.6 所示。

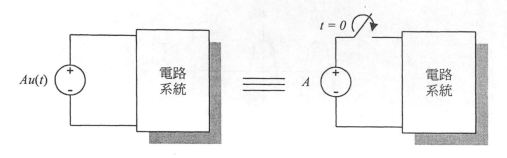

圖 1.6

例題 1.1

繪圖並說明 $u(t)$，$u(t + 3)$，$u(t - 3)$ 之物理定義。

【解】

　　$u(t)$ 代表在 $t = 0$ 時加入一單位步級函數之訊號，$u(t + 3)$ 代表在 $t = -3$ 時，就開始加入一單位步級函數訊號，而 $u(t - 3)$ 則是在 $t = 3$ 時，才加入單位步級函數訊號。亦即是 $u(t + 3)$ 領先 $u(t)$ 函數 3 個時間單位，$u(t - 3)$ 落後 $u(t)$ 函數 3 個時間單位，所以 $u(t + 3)$ 領先 $u(t - 3)$ 函數 6 個時間單位，或者說 $u(t - 3)$ 延遲 $u(t + 3)$ 函數 6 個時間單位。其圖形如圖 1.7 (a)、(b) 與 (c) 所示。

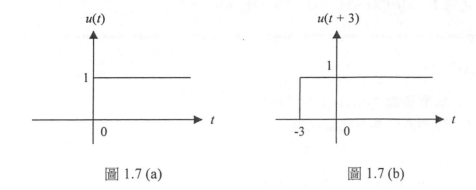

圖 1.7 (a)   圖 1.7 (b)

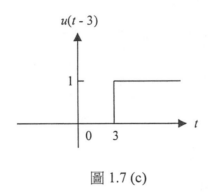

圖 1.7 (c)

練習題

D1.1 試以步級函數描述如圖 D1-1 之函數。

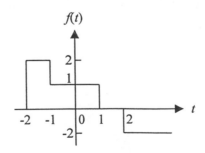

圖 D1.1 練習題 D1.1 之波形

【答】 $2u(t+2)-u(t+1)-u(t-1)-u(t-2)$

3. 單位脈衝函數(unit impulse function)

單位脈衝函數 $\delta(t)$ 之定義為

$$\delta(t) = \lim_{\Delta \to 0} \frac{1}{\Delta}[u(t)-u(t-\Delta)] \tag{1-5}$$

上式之右邊即為 $u(t)$ 之微分，所以單位脈衝函數即為單位步階函數之微分。

$\delta(t)$ 亦可以表成

$$\delta(t) = \begin{cases} 0, & t < 0 \\ \dfrac{1}{\Delta}, & 0 < t < \Delta \\ 0, & t > 0 \end{cases} \tag{1-6}$$

換句話說， $\delta(t)$ 為一時間寬度 Δ ，高為 $\dfrac{1}{\Delta}$ 之方波，其面積為 1 單位。如圖 1.8 所示，單位脈衝函數其積分面積為 1 單位。

$$\int_{-\infty}^{\infty} \delta(t)dt = 1 \tag{1-7}$$

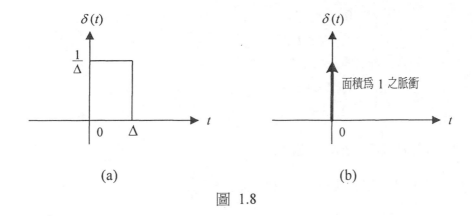

圖 1.8

而 $k\delta(t-t_0)$ 代表面積爲 k 之脈衝訊號向右延遲 t_0 個時間單位，如圖 1.9 所示。

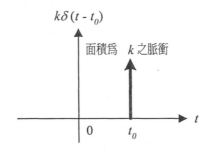

圖 1.9 延遲 t_0 單位時間之 k 單位脈衝函數

單位脈衝函數具有下列性質:

(1) 若 $f(t)$ 在 $t = t_0$ 時爲連續函數，則 $\int_{-\infty}^{\infty} f(t)\delta(t-t_0)dt = f(t_0)$。

(2) 若 $f(t)$ 在 $t = 0$ 時爲連續函數，則 $\int_{-\infty}^{\infty} f(t)\delta(t)dt = f(0)$。

例題 1.2

函數 $f(t) = \begin{cases} 0, & t \le -1 \\ t+1, & -1 \le t \le 1 \\ 2, & 1 \le t \le 2 \\ -1, & 2 < t \le 3 \\ 1, & 3 < t \end{cases}$

(1) 試繪出函數 $f(t)$ 之圖形。

(2) 以步級函數與脈衝函數描述訊號 $\dfrac{d}{dt} f(t)$。

【解】

(1) 函數 $f(t)$ 之圖形如圖 1.10(a) 所示。

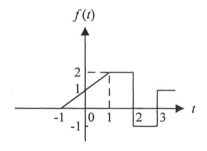

圖 1.10(a)

(2) 訊號 $\dfrac{d}{dt} f(t)$ 圖形如圖 1.10(b) 所示。

$$\frac{d}{dt} f(t) = u(t+1) - u(t-1) - 3\delta(t-2) + 2\delta(t-3)$$

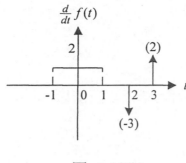

圖 1.10(b)

練習題

D1.2 試以脈衝函數描述如圖 D1.2 函數 $f(t)$ 之微分。

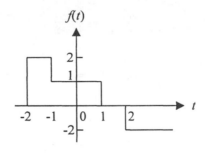

圖 D1.2

【答】 $2\delta(t+2) - \delta(t+1) - \delta(t-1) - \delta(t-2)$

4. 單位斜坡函數(unit ramp function)

單位斜坡函數 $r(t)$ 之定義為

$$r(t) = t \ u(t)$$

$$= \begin{cases} 0, & t \le 0 \\ t, & t \ge 0 \end{cases} \tag{1-8}$$

單位斜坡函數為時間 t 與單位步階函數 $u(t)$ 之積，如圖 1.11 所示。

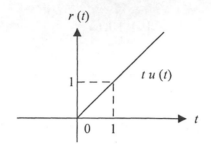

圖 1.11 單位斜坡函數

例題 1.3

繪圖並說明 $3r(t)$，$3r(t+1)$，$3r(t-1)$ 之物理定義。

【解】

$3r(t)$ 代表在 $t=0$ 時加入一 3 單位斜坡函數之訊號，$3r(t+1)$ 代表在 $t=-1$ 時，就開始加入一 3 單位斜坡函數訊號，而 $3r(t-1)$ 則是在 $t=1$ 時，才加入一 3 單位斜坡函數信號。亦即是 $3r(t+1)$ 領先 $3r(t)$ 函數 1 個時間單位，$3r(t-1)$ 落後 $3r(t)$ 函數 1 個時間單位，所以 $3r(t+1)$ 領先 $3r(t-1)$ 函數 2 個時間單位，或者說 $3r(t-1)$ 延遲 $3r(t+1)$ 函數 2 個時間單位。其圖形如圖 1.12 (a)、(b) 與 (c) 所示。

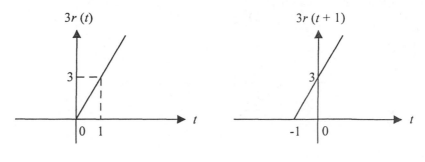

圖 1.12 (a)　　　　　　　　　　圖 1.12 (b)

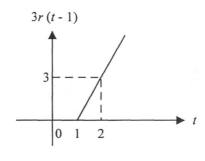

圖 1.12 (c)

例題 1.4

$$函數 \quad f(t) = \begin{cases} 0, & t \leq -1 \\ -(t+1), & -1 \leq t \leq 1 \\ -2, & 1 \leq t \end{cases}$$

(1) 試繪出函數 $f(t)$。

(2) 利用斜坡函數描述訊號 $f(t)$。

【解】

(1) 函數 $f(t)$ 之圖形如圖 1.13(a) 所示。

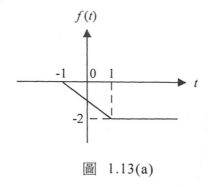

圖 1.13(a)

(2) 如圖 1.13(b) 所示，函數 $f(t)$ 可寫成

$$f(t) = f_1(t) + f_2(t)$$
$$= -r(t+1) + r(t-1)$$

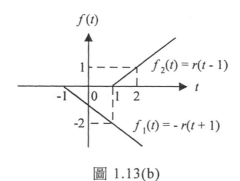

圖 1.13(b)

練習題

D1.3 試以步級函數與斜坡函數描述如圖 D1.3 之函數。

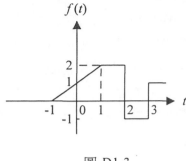

圖 D1.3

【答】 $r(t+1) - r(t-1) - 3u(t-2) + 2u(t-3)$

1.3 系統之分類

所謂**系統**(system)之定義為：

用以執行某些功能或達某些目的之一群元件所組成。

若只考慮系統輸入與輸出間之關係，則**系統**可以定義為：

系統是將某一群輸入轉換成某一群輸出之函數(function)或運算子(operator)。

一個系統之輸入又稱為激勵(excitations)而輸出又稱為響應(response)。輸入信號經由系統產生輸出響應，所以輸入是因，輸出是果。我們可以用兩種數學方法來描述一個系統，一是**狀態變數**(state variable)**法**，另一是**輸出／輸入法**。

在此先介紹狀態變數法，所謂的狀態是指系統內某些具有代表性之變數，這些變數足以顯示系統整體之變化行為。換言之，狀態變數是系統內一組最少且能代表系統內部之變數。若狀態變數在 t_1 的值已知，且當時間大於 t_1 時的所有輸入亦為已知，則任何時間大於 t_1 之輸出便可決定。所以，系統之狀態可以視為系統之記憶體裝置，在時間 t_0 之狀態記錄了所有過去之輸入與初值之效果。我們如果能掌握這些變數，就能了解整個系統。換言之，狀態變數法是用來描述系統內部變化之情形，了解了系統內部之變化情況，就等於是深入的了解系統，進而能控制整個系統。

另一方法為輸出／輸入法，此方法只考慮系統之輸出與輸入之關係，而不考慮系統內部之狀況。對於一個比較複雜之系統，我們通常是利用輸出／輸入法來描述，因為欲瞭解一複雜系統之狀態變數，並不是十分容易，而是必須付出較高之成本或代價。

我們以下列六種方式來對系統做分類：

1. 連續時間(continuous-time)與離散時間(discrete-time)系統：

若一系統之輸入、輸出及狀態變數皆為連續時間 t 之函數，則稱此系統為連續時間系統。相反的，若一系統之輸入、輸出狀或態變數僅在某些時間點上才有值，則稱此系統為離散時間系統。

2. 瞬時(instantaneous)與動態(dynamic)系統：

若一系統在時間 t 時之輸出只和時間 t 之輸入有關，而與輸入之過去歷史或未來無關之系統，稱為瞬時或無記憶系統。反之，若系統之輸出與過去歷史之輸入有關，則稱為動態或記憶系統。

3. 單變數(single-variable)與多變數(multi-variable)系統：

只具有單一輸入與單一輸出之系統，稱為單變數系統。若一系統具有多輸入或多輸出時，稱此系統為多變數系統。

4. 因果(causal)與非因果(noncausal)系統：

若一系統之輸出與過去和現在的輸入有關，而與未來輸入無關之系統，稱為因果系統。反之，輸出若與未來輸入有關之系統，則為非因果系統。在實際物理系統中,具有因果性,亦即是必須要有先前種下之因,才會導致後來之結果,如圖 1.14(a) 為因果系統,圖 1.14(b) 為非因果系統。

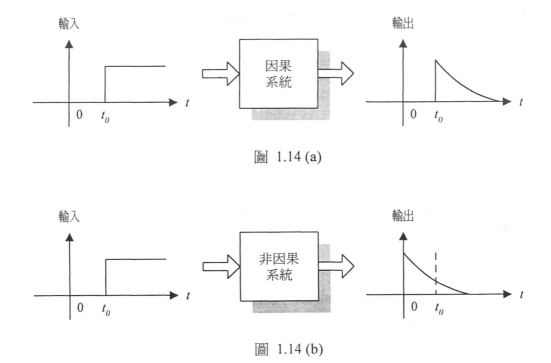

圖 1.14 (a)

圖 1.14 (b)

5. 時變(time-varying)與非時變(time-invariant)系統:

　　若一系統之特性不隨時間而變,則稱此系統為非時變系統。反之,則稱為時變系統。如圖 1.15(a) 為時變系統,因為在不同之時間對於相同的輸入,結果卻產生不同之輸出。如圖 1.15(b) 所示,為一非時變系統,因為在不同之時間對於相同之輸入,產生相同之輸出,且在時間軸做了平移。

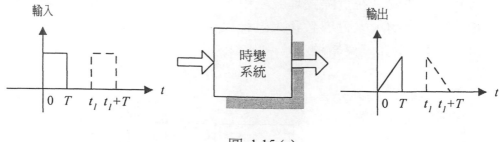

圖 1.15 (a)

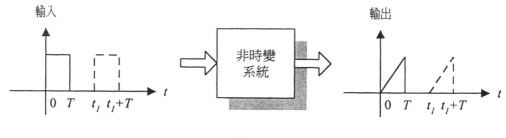

圖 1.15 (b)

6. 線性(linear)與非線性(nonlinear)系統：

如圖 1.16 所示，若 $u(t)$ 為系統之輸入，或稱為激勵，$y(t)$ 為對應於輸入為 $u(t)$ 時之輸出，或稱為響應，則令輸入為 $u_1(t)$ 時，產生輸出 $y_1(t)$，輸入為 $u_2(t)$ 時，產生 $y_2(t)$ 即：

$$u_1(t) \rightarrow y_1(t)$$
$$u_2(t) \rightarrow y_2(t)$$

圖 1.16

若此系統符合

$$au_1(t) + bu_2(t) \;\rightarrow\; ay_1(t) + by_2(t) \tag{1-9}$$

其中 a, b 為任意常數,則稱此系統為**線性系統**。(1-9)式稱之為**重疊原理**(principle of superposition)。換言之,系統若為線性,若且為若(only and only if)重疊原理必須成立。反之,重疊原理不成立之系統,稱為非線性系統。所以說,滿足重疊原理與線性系統兩者之間是互為充份且必要條件。

欲分析一非線性系統是一件較困難與複雜之工作,但如果系統在操作範圍為線性,則可經由在操作點附近線性化(linearization)之步驟,將系統簡化成線性模式,然後加以分析。

例題 1.5 ════════════════════════

若一系統之輸入對輸出之描述為 $y(t) = u^2(t)$,試說明此系統為非線性非時變系統。

【解】

(1) 若

$$u_1(t) \;\rightarrow\; u_1^2(t)$$
$$u_2(t) \;\rightarrow\; u_2^2(t)$$

則

$$au_1(t) + bu_2(t) = au_1^2(t) + bu_2^2(t) \;\neq\; [au_1(t) + bu_2(t)]^2$$

∵ 重疊原理不成立

∴ 此系統為非線性系統。

(2) $\quad u(t) \;\rightarrow\; u^2(t)$
$\quad\quad u(t-\tau) \;\rightarrow\; u^2(t-\tau)$

∵ 此系統具有輸出對輸入之時間移位(time shift)特性，亦即
是，此系統具有不論輸入信號何時加入系統，其輸出結果
會相同之特性。

∴ 此系統為非時變。

所以，綜合(1)與(2)之分析，可知系統 $y(t) = u^2(t)$ 為一非線
性非時變系統。

1.4 單位系統

1. 單位

一個物理量必須具有單位才具有實值上之意義，在電路學
常用的基本單位整理如下：

表 1.1　電路學常用之基本單位與符號縮寫

物理量	基本單位	符號縮寫
電　壓	伏　特	V
電　流	安　培	A
功　率	瓦　特	W
能　量	焦　耳	J
電　阻	歐　姆	Ω
電　容	法　拉	F
電　感	亨　利	H
電　荷	庫　侖	C
磁　通	韋　伯	Wb
長　度	公　尺	m
時　間	秒	s
頻　率	赫　芝	Hz

2.十的冪次

在很多場合中，某一個電路學實用之物理量常會遠大於或遠小於其基本單位，為了結合這些較大單位及較小單位與基本單位之關係，可以利用表2 十的冪次來表示。

表 1.2 常用十的冪次及符號

名 稱	字 首	符 號	十的冪次
十 億	giga	G	10^9
百 萬	mega	M	10^6
千	kilo	K	10^3
釐	centi	C	10^{-2}
毫	milli	m	10^{-3}
微	micro	μ	10^{-6}
毫 微	nano	n	10^{-9}
微 微	pico	p	10^{-12}

1.5 集總電路與分佈電路

一般而言，電路可以分為兩類，一為集總電路(lumped circuits)，另一為分佈電路(distributed circuits)。集總電路是由集總元件連接而成，常見的集總元件有電阻器，電容器，電感器，還有電子學中談論到的各別元件（如：二極體，電晶體等）。換言之，所謂集總元件就是這些元件之構造集中於某一特定尺寸之內，而且尺寸通常很小。尺寸大小於是相對於電路操作頻率的波長而言，就電磁波的理論而言，集總元件可以視為單一點，亦即是可以忽略元件的尺寸大小。更精確地說，假設一電路的長度為 L，電路操作頻率的波長為 λ，若 $L << \lambda$（λ

至少爲 L 的 10 倍大)，則此電路爲集總電路，否則，則稱爲分佈電路。

例題 1.6

若一元件之長度爲 2 公分，試判別在下列操作頻率下，此元件之屬性爲何？
(1) 操作頻率 $f = 60\ \text{Hz}$。
(2) 操作頻率 $f = 100\ \text{kHz}$。
(3) 操作頻率 $f = 10\ \text{GHz}$。

【解】

由題意知 $L = 2\ (\text{cm}) = 0.02\ (\text{m})$

(1) 操作頻率 $f = 60\ \text{Hz}$，

則　$\lambda = \dfrac{3 \times 10^8}{60} = 5 \times 10^6\ (\text{m})$

∵ $L << \lambda$　成立

∴　此元件視爲集總元件。

(2) 操作頻率 $f = 100\ \text{kHz}$，

則　$\lambda = \dfrac{3 \times 10^8}{100 \times 10^3} = 3 \times 10^3\ (\text{m})$

∵ $L << \lambda$　成立

∴　此元件視爲集總元件。

(3) 操作頻率 $f = 10\ \text{GHz}$，

則　$\lambda = \dfrac{3 \times 10^8}{10 \times 10^9} = 0.03\ (\text{m})$

∵ $L << \lambda$　不成立

∴ 此元件視爲分佈元件。

由例題 1.6 發現,對於相同之元件大小,操作於不同之頻率下,元件所呈現出之屬性不同,所以必須用不同理論加以分析。我們可以這樣認爲,能夠用電路學理論來分析的電路稱爲集總電路,例如:電路學和電子學(電子電路)領域內所見之低頻電路。而分佈電路必須利用電磁波理論來加以分析,典型的分佈電路如:傳輸線,導波管和天線等。

集總電路中之元件具有實際尺寸之特性,代表在任何時間,由元件一端流入之電流必等於由另一端流出之電流,同時兩端點間之電位差,可以利用測量儀器(如伏特計)來決定。所以,對於具有兩端點之集總元件而言,通過該元件之電流與跨於兩端點間之電壓都是確定的數值,對於具有多端點(超過兩個端點)之集總元件而言,流入任一端點之電流與跨於任一對兩端點間之電壓在任何時刻亦是確定的。而分佈電路任一點之電流與電壓不僅和時間有關,而且與電路之長度和寬度有關,所以必須利用電磁理論來分析。

1.6 平均值與有效值

1. 平均值

一週期爲 T 之週期函數 $f(t)$ 之平均值可以用(1-10)式表示。

$$F_{av} = \frac{1}{T} \int_0^T f(t)dt \qquad (1\text{-}10)$$

顧名思義,任一函數之平均值就是該函數在一週內其數值大小加總後之平均。利用積分運算,只要考慮積分範圍之上下限爲一個週期即可。

2. 有效值

　　有效值又稱為均方根值(root mean square value, rms)一週期為 T 之週期函數之有效值如(1-11)式所示。

$$F_{rms} = \sqrt{\frac{1}{T}\int_0^T f^2(t)dt} \tag{1-11}$$

　　有效值之運算過程為，將該週期函數平方之後，積分一個週期，取其一週期之平均，然後開根號。有效值的意義為某一週期函數在一週期內對電路所做之功，等同於某一直流電源所做之功，則稱此直流電源大小之數值為此週期函數之有效值。

例題 1.7 ══════════════════════════════

　　如圖 1.17(a) 所示，求此週期函數之平均值與有效值。

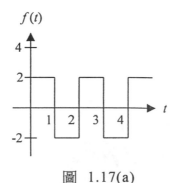

圖 1.17(a)

【解】

　　(1) 平均值(週期 $T = 2$)

$$F_{av} = \frac{1}{T}\int_0^T f(t)dt$$

$$= \frac{1}{2} \int_0^2 f(t)dt$$

$$= \frac{1}{2}(2 \times 1 + (-2) \times 1)$$

$$= 0$$

因為此週期函數對稱於時間軸 t，其積分一週的面積互相抵消，故其平均值為零。

(2) 有效值(週期 $T = 2$)

　　步驟一：先將函數平方

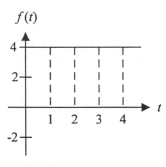

圖 1.17(b)

　　步驟二：計算有效值

$$F_{rms} = \sqrt{\frac{1}{T} \int_0^T f^2(t)dt}$$

$$= \sqrt{\frac{1}{2} \int_0^2 4dt}$$

$$= \sqrt{\frac{1}{2}(4 \times 2)}$$

$$= 2$$

練習題

D1.4 如圖 D1.4 所示，求此週期函數之平均值與有效值。

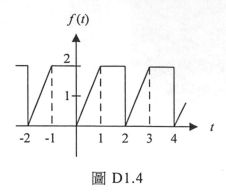

圖 D1.4

【答】平均值 = 1.5，有效值 = 1.633。

現在考慮一弦波之有效值

$$f(t) = F_m \cos(\omega t + \theta) \tag{1-12}$$

週期　$T = \dfrac{2\pi}{\omega}$

∴ 弦波之有效值

$$F_{rms} = \sqrt{\frac{1}{T} \int_0^T f^2(t)dt}$$

$$= \sqrt{\frac{1}{T} \int_0^T F_m^2 \cos^2(\omega t + \theta)dt}$$

$$= \sqrt{\frac{\omega}{2\pi} F_m^2 \int_0^{2\pi/\omega} [\tfrac{1}{2} + \tfrac{1}{2}\cos(2\omega t + 2\theta)]dt}$$

$$= F_m \sqrt{\frac{\omega}{4\pi} \frac{2\pi}{\omega}}$$

$$= \frac{F_m}{\sqrt{2}} \tag{1-13}$$

由此可知,一弦波函數之有效值為該函數之最大值 F_m 除以 $\sqrt{2}$。

1.7 功率

如圖 1.18 所示,若電路的輸入電壓為 $v(t)$,電流為 $i(t)$,

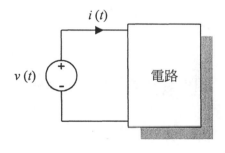

圖 1.18

其中假設 $v(t) = V_m \cos \omega t$,

以相量表示成 $V = \frac{V_m}{\sqrt{2}} \angle 0° = |V| \angle 0°$。

$i(t) = I_m \cos(\omega t - \theta)$,

相量表示成 $I = \frac{I_m}{\sqrt{2}} \angle -\theta = |I| \angle -\theta$。

θ 為電壓 $v(t)$ 與電流的之相位差,當電壓領先電流時 θ 為正,電壓落後電流時,θ 為負值。有關向量之觀念,於第六章第二節會有詳細之探討。

1. 瞬時功率(instantaneous power)

瞬時功率 $p(t)$ 為電壓瞬時值 $v(t)$ 與電流瞬時值 $i(t)$ 之相乘積，可表示成

$$p(t) = v(t)i(t)$$

$$= V_m I_m \cos \omega t \cos(\omega t - \theta)$$

$$= V_m I_m [\cos^2 \omega t \cos \theta + \cos \omega t \sin \omega t \sin \theta]$$

$$= \frac{V_m I_m}{2} [\cos \theta (1 + \cos 2\omega t) + \sin \theta \sin 2\omega t]$$

$$= |V||I|[\cos \theta (1 + \cos 2\omega t) + \sin \theta \sin 2\omega t] \qquad (1\text{-}14)$$

其中

$$|V| = \frac{V_m}{\sqrt{2}} \quad \text{，為電壓之有效值，}$$

$$|I| = \frac{I_m}{\sqrt{2}} \quad \text{，為電流之有效值。}$$

2. 平均功率(average power)

平均功率為瞬時功率在一週期內平均所做之功，可表示成

$$P = \frac{1}{T} \int_0^T p(t)dt$$

$$= \frac{1}{T} \int_0^T |V||I|[\cos \theta (1 + \cos 2\omega t) + \sin \theta \sin 2\omega t]dt$$

$$= |V||I|\cos \theta \qquad (1\text{-}15)$$

$$\because \int_0^T \cos 2\omega t dt = 0 \ , \ \int_0^T \sin 2\omega t dt = 0$$

3. 實功率(real power)

實際做功於電路部份或消耗於電路之電功率,稱之為實功率,或有效功率,又等於平均功率,其單位為瓦特(W),或簡稱為瓦。

$$P = |V||I|\cos\theta \tag{1-16}$$

4. 虛功率(reactive power)

所謂虛功率,係指儲存於電感或電容元件(電感與電容元件特性於第二章介紹)中之電功率,此虛功率不會消耗於電阻性負載上,亦無法用來做功,所以又稱為無效功率,以 Q 表示,其單位為乏(Var)。

$$Q = |V||I|\sin\theta \tag{1-17}$$

在電感性網路中,因為電壓領先電流(θ 為正值),所以虛功率 Q 為正。而在電容性網路中,因電壓落後電流(θ 為負值),所以虛功 Q 為負。一般認為,電感器吸收虛功 Q,所以 Q 為正值,而電容器提供虛功 Q,所以就吸收虛功之角度來看,電容器是不但不吸收虛功,反而提供虛功,所以電容吸收之虛功 Q 為負值。因為電容器可以提供虛功,所以經常被使用於需要虛功率之電路中,以提供電感性電路所需之虛功率,以提高功率因數,並減少線路電流,進而減少線路壓降,使得受電端電壓與送電端電壓更為接近,以獲得較佳之電壓調整特性,同時可增加電路之負載能力。

例題 1.8

如圖 1.18 所示，

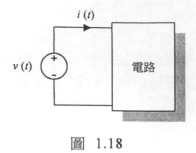

$i(t)$

$v(t)$

電路

圖 1.18

若電路的輸入電壓為 $v(t) = 100\sqrt{2}\sin(377t)$，

電流為 $i(t) = 10\sqrt{2}\sin(377t - 30°)$，

求此電源所提供之平均功率與虛功率各為何？

【解】

由題意可知

電壓之相量表示 $V = 100\angle 0°$

電流之相量表示 $I = 10\angle -30°$

所以，平均功率 $P = |V||I|\cos\theta$

$$= 100 \times 10 \times \cos 30°$$

$$= 866 \ (W)$$

虛功率 $Q = |V||I|\sin\theta$

$$= 100 \times 10 \times \sin 30^\circ$$

$$= 500 \ (\text{Var})$$

練習題

D1.5 接例題 1.7，

若電路的輸入電壓為 $v(t) = 100\sqrt{2}\cos(377t - 30^\circ)$，

電流為 $i(t) = 10\sqrt{2}\sin(377t)$，求

(1) 電壓與電流之相角差 θ。

(2) 電源所提供之平均功率與虛功率各為何？

【答】相角差 $\theta = 60^\circ$，平均功率 = 500 (W)，虛功率 = 866 (Var)。

5. 複功率(complex power)

複功率是指實功率和虛功率之複數和，單位為伏安(VA)，如圖 1.19 之功率三角形和複功率平面所示。

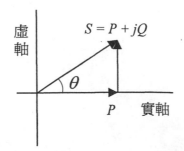

圖 1.19 (a) 電感性電路($P > 0$，$Q > 0$，$\theta > 0$)

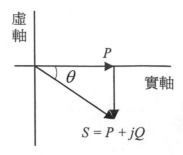

圖 1.19 (b) 電容性電路$(P > 0 , Q < 0 , \theta < 0)$

$$S = P + jQ$$

$$= |V||I|\cos\theta + j|V||I|\sin\theta$$

$$= |V||I|\angle\theta$$

$$= |V|\left(|I|\angle-\theta\right)^{*}$$

$$= VI^{*} \tag{1-18}$$

其中 $S = VI^*$ 代表複功率 S 為以相量表示之電壓與電流有效值之共軛(conjugate)相乘積。

6. 視在功率(apparent power)

視在功率是指複功率 S 之大小值，以 S 之絕對值 $|S|$ 表示

$$|S| = \sqrt{P^2 + Q^2}$$

$$= \sqrt{|V|^2 |I|^2 \cos^2 \theta + |V|^2 |I|^2 \sin^2 \theta}$$

$$= |V| |I| \sqrt{\cos^2 \theta + \sin^2 \theta}$$

$$= |V| |I| \qquad\qquad (1\text{-}19)$$

實功率 P，虛功率 Q 與視在功率 S 三者之關係為：

$$P = |V| |I| \cos \theta$$

$$= |S| \cos \theta \qquad\qquad (1\text{-}20)$$

$$Q = |V| |I| \sin \theta$$

$$= |S| \sin \theta \qquad\qquad (1\text{-}21)$$

$$\frac{Q}{P} = \frac{|V| |I| \sin \theta}{|V| |I| \cos \theta}$$

$$= \tan \theta \qquad\qquad (1\text{-}22)$$

7. 功率因數(power factor)

電壓與電流之相角差 θ，稱為功率因數角，簡稱為功因角。功率因數（簡稱功因）是指功因角之餘弦值 $(\cos \theta)$，以 pf 表示，此 pf 值亦是平均功率(實功率 P)與視在功率 $|S|$ 之比值。此外，對於功因之描述還必須註明功因是超前或是落後。功因超前是指電路之電流相角超前電壓之相角，屬於電容性電路。若功因落後則是指電路之電壓相角超前電流之相角，屬於電感性電路。當電路之電壓相角等於電流之相角時（亦即是相角差為零時，電壓和電流同相），屬於電

阻性電路，此時功因為最大，其值為 1，因為 $\cos\theta = \cos 0° = 1$。

$$pf = \cos\theta$$

$$= \frac{P}{|S|}$$

$$= \frac{P}{\sqrt{P^2 + Q^2}} \qquad (1\text{-}23)$$

例題 1.9

如圖 1.18 所示，

若電路的輸入電壓 $v(t) = 100\sqrt{2}\cos(377t - 30°)$，

電流 $i(t) = 10\sqrt{2}\sin(377t + 30°)$，求

(1) 此電路之功率因數各為何？

(2) 此電源所提供之複功率大小為何？

【解】

由題意可知

電壓 　$v(t) = 100\sqrt{2}\cos(377t - 30°)$

$$= 100\sqrt{2}\sin(377t + 60°)$$

所以，電壓之相量表示 $V = 100\angle 60°$

電流 　$i(t) = 10\sqrt{2}\sin(377t + 30°)$

電流之相量表示 $I = 10\angle 30°$

所以，電壓與電流之相角差 $\theta = 60° - 30° = 30°$

(1) 功率因數 $\cos\theta = \cos 30°$

$$= 0.866 \text{（落後）}$$

(2) 複功率 $S = P + jQ$

$$= |V||I|\angle\theta$$

$$= 100 \times 10\angle 30°$$

$$= 866 + j500 \text{ (VA)}$$

練習題

D1.6 已知一電感性電路，其所吸收之視在功率為 1000 (VA)，平均功率為 800 (W)，求此電路之功率因數、虛功率與複功率各為何？

【答】功率因數 = 0.8（落後），虛功率 = 600 (Var)，
複功率 $S = 800 + j600$ (VA)。

1.8 結論

本章已經介紹在往後電路分析中會經常使用到之基本概念。內容涵蓋：訊號、常用之訊號及其波形、系統之分類、單位系統等。同時

說明集總電路與分佈電路之重要區分觀念。最後則是週期函數之平均值與有效值之計算與電路中功率之相關知識，爲往後之電路分析奠定基礎。

首先，訊號對時間而言，區分成連續與非連續訊號；就週期性而言，可分成週期與非週期訊號；就對稱性而言，可區分成對稱與非對稱訊號，其中對稱訊號又分成奇對稱與偶對稱。值得注意的是，任一訊號均可分解成一奇函數與偶函數之和。

在常用之訊號中介紹了弦波、單位步階函數、單位脈衝函數、單位斜坡函數與其彼此間之關係。在系統分類中，將系統以六種方式來分類：連續時間與離散時間系統、瞬時與動態系統、單變數與多變數系統、因果與非因果系統、時變與非時變系統、線性與非線性系統。

其次，單位系統中介紹電路學常用之基本單位與實用單位之關係與相關之表示符號。再者，我們以元件之長度大小和操作頻率之波長大小做比較，用以區分集總電路與分佈電路。對於集總電路，使用電路理論分析即可，但對於分佈電路，則必須使用電磁理論來加以分析。

此外，還介紹週期函數之平均值與有效值之觀念與計算。最後，則是介紹電路中經常遇到之功率相關計算，包括：瞬時功率、平均功率、實功率、虛功率、複功率、視在功率與功率因數。

第二章 電路元件

$$+ \quad \downarrow i(t) \qquad + \quad \downarrow i(t) \qquad + \quad \downarrow i(t)$$

$$v(t) \gtrless R(t) \qquad v(t) = C(t) \qquad v(t) \gtrless L(t)$$

$$- \qquad - \qquad -$$

　　本章各節內容摘要如下：2.1 節介紹電阻器特性，2.2 節爲電壓源，我們將電壓源區分成獨立電壓源與相依電壓源兩種，2.3 節則是介紹電流源，如同電壓源之分類，電流源亦區分成獨立電流源與相依電流源兩種，2.4 節爲電容器特性分析，2.5 節則爲電感器之特性介紹。在本章中，我們將電阻器，電容器與電感器分別以線性非時變，線性時變和非線性特性加以探討。

2.1　電阻器

電阻器(resistor)之定義爲：

　　如果一個兩端元件在任何時刻 t，其兩端電壓 $v(t)$ 和電流 $i(t)$ 能夠滿足 $v(t)$–$i(t)$ 平面上一條曲線所定之特性者，則稱此元件爲電阻器。

　　如圖 2.1 所示，$R(t)$ 代表電阻器之電阻(resistance)大小，其單位爲歐姆(Ohm)，簡寫成 Ω。$v(t)$ 爲電阻上之壓降，$i(t)$ 爲流經電阻器 $R(t)$ 之電流。只要任一電阻器兩端存在電位差 $v(t)$，則必會有電流 $i(t)$ 流經 $R(t)$；相同地，只要有電流 $i(t)$ 流經電阻器 $R(t)$，必會造成一壓降 $v(t)$。電阻器就是用來描述電壓 $v(t)$ 對電流 $i(t)$ 之特性元件，其中電壓之極性和電流之方向是**相對參考方向**。所謂的**相對參考方向**是指，只要電壓之極性已知，則電流之方向即決定了；或者是電流之方向爲已知，則電壓之極性亦即決定了。

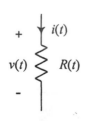

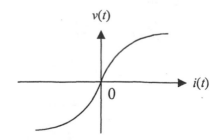

圖 2.1(a) 電阻器　　　　　　圖 2.1(b) $v(t)$–$i(t)$ 平面

1. 線性非時變電阻器（電阻值 R 不隨時間而變）

一線性非時變電阻器之電壓 $v(t)$ 和電流 $i(t)$ 可以用(2-1)與(2-2)式表示。

$$v(t) = Ri(t) \tag{2-1}$$

或

$$i(t) = \frac{1}{R}v(t) \tag{2-2}$$

$$= Gv(t)$$

其中 R 稱為電阻，G 為 R 之倒數，稱為電導(conductance)。一線性非時變之電阻器在 $v(t)\text{–}i(t)$ 平面上具有一固定斜率且經過原點之一直線之特性曲線，如圖 2.2 所示。其中斜率大小即為電阻值。特別注意的是，所謂具有線性之特性曲線，是表示該特性曲線必須為通過原點之一直線。若只是一直線並非是線性，此直線還必須通過原點，如此才能滿足重疊定理，滿足重疊定理才稱為線性。

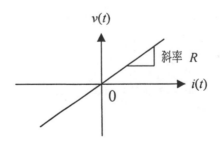

圖 2.2 線性非時變電阻器

2. 線性時變電阻器（電阻值 R 隨時間而變）

一線性時變電阻器之電阻特性可以用(2-3)與(2-4)式表示。

$$v(t) = R(t)i(t) \tag{2-3}$$

或

$$i(t) = \frac{1}{R(t)} v(t) \tag{2-4}$$

$$= G(t)v(t)$$

此時電阻 $R(t)$ 在 $v(t)$–$i(t)$ 平面上為一通過原點但斜率會隨時間而變之直線。如圖 2.3 所示為一線性時變電阻器，t_1、t_2 代表不同之時刻，$R(t_1)$ 為 t_1 時之電阻，$R(t_2)$ 為 t_2 時之電阻，且 $R(t_2) > R(t_1)$。特別注意的是，線性時變與線性非時變電阻之差別只是在線性時變電阻器在不同時間點可能呈現不同之電阻值，而線性非時變電阻器之電阻不論時間為何，其電阻值恆為定值。但此兩種電阻器皆為線性，代表說當電阻器兩端電壓為零時，其通過電阻器之電流亦為零；亦即是電阻器之特性曲線會通過 $v(t)$–$i(t)$ 平面之原點。常用之可變電阻器即是線性時變電阻之典型例子。

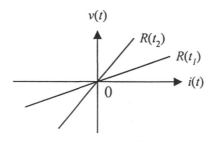

圖 2.3 線性時變電阻器

3. 非線性電阻器

一電阻器若不是線性，則必是非線性，所謂非線性電阻器是指其 $v(t)$–$i(t)$ 平面之特性曲線並不是在所有時間都是通過原點之直線，其特性曲線為一非線性函數，如圖 2.4 所示。同樣地，非線性電阻器亦可分成非線性非時變電阻器與非線性時變電阻器，本章僅給讀者初步之概念，所以不再深入非線性元件之分析。在電子學中，二極體、電晶體等就具有非線性電阻器之特性。

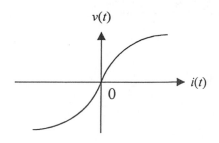

圖 2.4 非線性電阻器

例題 2.1

試判斷下列之電阻器具有何種特性之電阻。

(1) $v = 10i$

(2) $v = 10i + 3i^2$

(3) $i = v - 0.1i^3$

其中 v 的單位是伏特， i 為安培。

【解】

(1) $v = 10i$ 為一線性非時變電阻器，電阻 R=10 (Ω)

(2) $v = 10i + 3i^2$ 為一非線性電阻器。因為 $v{-}i$ 之關係為一非線性函數。

(3) $i = v - 0.1i^3$ 為一非線性電阻器。(理由同 2)。

例題 2.2

一電阻器之 $v{-}i$ 曲線為

$$i = \begin{cases} 2v, & v \le 2 \\ -v+6, & 2 \le v \le 4 \\ v-2, & 4 \le v \end{cases}$$

(1) 繪出 $v{-}i$ 曲線。

(2) 試判斷此爲何種性質之電阻器。

【解】

(1) 電阻器之 v–i 曲線如圖 2.5 所示

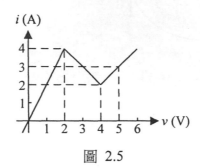

圖 2.5

(2) 此爲一非線性電阻器。

練習題

一非線性電阻器之 v–i 曲線爲

$$i = \begin{cases} 3v, & v \le 1 \\ -v+4, & 1 \le v \le 2 \\ 2v-2, & 2 \le v \end{cases}$$

若工作於電壓 $v = 3$ (V),求此時流經此電阻器之電流 $i = ?$

【答】 $i = 4$ (A)。

2.2 電壓源

對於電壓源(voltage source)之型式，我們可以區分成獨立電壓源(independent voltage source)與相依電壓源(dependent voltage source)兩種，說明如下：

1. 獨立電壓源

如圖 2.6(a) 所示爲獨立電壓源，此元件兩端之電壓 v_s 不受外接電路之影響，其電壓值維持固定，且和相連接電路中所存在之其它電壓及電流無關。理想電壓源之特性爲，不論此獨立電源提供多少電流 i，其兩端之電壓 v_s 仍維持固定，其特性曲線如圖 2.6(b) 所示，亦即是理想電壓源串聯之內電阻 R_s 爲零。

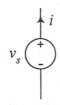

圖 2.6(a) 獨立電壓源

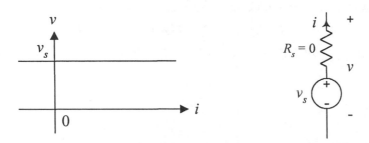

圖 2.6(b) 理想電壓源之特性曲線與等效電路

雖然理想之獨立電壓源不論提供多少電流 i，其兩端之電壓 v_s 仍維持固定，但在實際應用場合中，此特性是不存在的。實際之電壓源其輸出電壓與電流關係可以用(2-5)式來表示：

$$v = v_s - R_s i \tag{2-5}$$

我們將此種獨立電壓源視爲一理想電壓源與一電阻之串聯，其特性曲線與等效電路如圖 2.7 所示，亦即是輸出電壓隨著輸出電流之增加而減少。

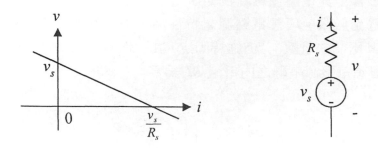

圖 2.7 實際電壓源之特性曲線與等效電路

例題 2.3

如圖 2.8 所示為一電池之等效電路，經實驗得知：

(1) 當輸出電流 $i = 2$ (A) 時，端電壓 $v = 20$ (V)。

(2) 當輸出電流 $i = 6$ (A) 時，端電壓 $v = 12$ (V)。

試計算電池之內電壓 v_s 與內電阻 R_s 之值，並繪出 $v\text{--}i$ 曲線。

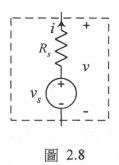

圖 2.8

【解】

(1) 由 $v = v_s - R_s i$ 配合實驗數據可知

$$\begin{cases} v_s - 2R_s = 20 \\ v_s - 6R_s = 12 \end{cases}$$

解聯立方程式得

$$v_s = 24 \,(\text{V})$$

$$R_s = 2 \,(\Omega)$$

(2) 電池之 v–i 曲線如圖 2.9 所示

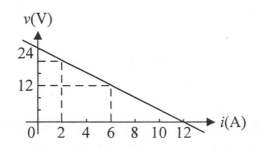

圖 2.9

D1.1 如圖 2.8 所示為一電池之等效電路，經實驗得知：

   (1) 當輸出電流 $i = 0$ (A) 時，端電壓 $v = 12$ (V)。

   (2) 當輸出電流 $i = 12$ (A) 時，端電壓 $v = 0$ (V)。

   試計算電池之內電壓 v_s 與內電阻 R_s 之值，並繪出 v–i 曲線。

【答】(1) $v_s = 12$ (V)，$R_s = 1$ (Ω)

    (2)電池之 v–i 曲線如圖 D1.1 所示

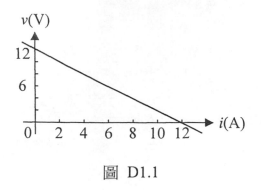

圖 D1.1

2. 相依電壓源

一相依電壓源兩端之電壓 v_s 是由電路某個元件或某處之電壓 v_x 或電流 i_x 所控制。換言之，相依電壓源電壓 v_s 之大小，完全受控於 v_x 或 i_x，v_s 之大小完全由 v_x 或 i_x 決定。若相依電壓源電壓 v_s 之大小，受控於 v_x，亦即是

$$v_s = kv_x \tag{2-6}$$

則稱此相依電壓源為電壓控制電壓源 (voltage-controlled voltage source, VCVS)。如圖 2.10 所示為一電壓控制電壓源，其中 k 為一常數。電壓控制電壓源其性質就是電壓–電壓轉換器，或稱為電壓放大器，其中 k 為放大倍率或稱為電壓增益。在實際應用場合中，運算放大器即為電壓控制電壓源之一例。

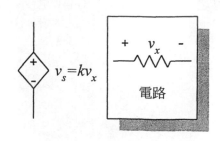

圖 2.10 電壓控制電壓源

若相依電壓源電壓 v_s 之大小，受控於 i_x，亦即是

$$v_S = ki_x \qquad (2\text{-}7)$$

則稱此相依電壓源為電流控制電壓源(current-controlled voltage source, CCVS)。如圖 2.11 所示為一電流控制電壓源，其中 k 為一常數。電壓控制電壓源其性質就是電流–電壓轉換器，或稱為阻抗放大器，其中 k 為放大倍率或稱為阻抗大小。

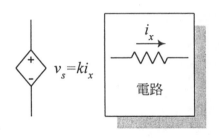

圖 2.11 電流控制電壓源

2.3 電流源

對於電流源(current source)之型式，我們亦可區分成獨立電流源(independent current source)與相依電流源(dependent current source)兩種，說明如下：

1. 獨立電流源

如圖 2.12(a) 所示為一獨立電流源，此獨立電流源兩端之電流 i_s 維持定值，且與相連接電路中任何其它的電壓或電流無關。一理想電壓源所提供之電流大小維持固定，而不受電流源兩端電壓大小而變，亦即是說明理想電流源並聯之內電 R_s 阻為無限大，其特性曲

線如圖 2.12(b) 所示。

圖 2.12(a) 獨立電流源

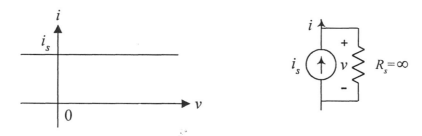

圖 2.12(b) 理想電流源之特性曲線

　　雖然理想之獨立電流源不論提供多少電壓 v，其輸出電流 i_s 仍維持固定，但在實際應用場合中，此特性是不存在的。實際之電流源其輸出電流與電壓關係可以用(2-8)式來表示：

$$i = i_s - \frac{1}{R_s}v \hspace{3cm} (2\text{-}8)$$

　　我們將此種獨立電流源視為一理想電流源與一電阻之並聯，其特性曲線與等效電路如圖 2.13 所示，亦即是輸出電流隨輸出電壓之增加而減少。

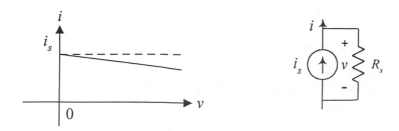

圖 2.13 實際電流源之特性曲線與等效電路

例題 2.4

如圖 2.14 所示為一電流源等效電路,經實驗得知:

(1) 當輸出電流 $i = 15$ (A) 時,端電壓 $v = 10$ (V)。

(2) 當輸出電流 $i = 10$ (A) 時,端電壓 $v = 20$ (V)。

試計算電流源等效電路之 i_s 與 R_s 之值,並繪出 $v\text{--}i$ 曲線。

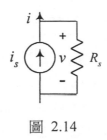

圖 2.14

【解】

(1) 由 $i = i_s - \dfrac{1}{R_s} v$ 配合實驗數據可知

$$\begin{cases} i_s - 10\dfrac{1}{R_s} = 15 \\ i_s - 20\dfrac{1}{R_s} = 10 \end{cases}$$

解聯立方程式得

$$i_s = 20 \, (\text{A})$$

$$R_s = 2 \ (\Omega)$$

(2) 電流源之 v–i 曲線如圖 2.15 所示

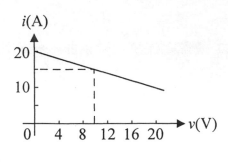

圖 2.15

練習題

D2.2　如圖 2.14 所示之電流源等效電路，經實驗得知：

(1) 當端電壓 $v = 0$ (V) 時，輸出電流 $i = 16$ (A)。

(2) 當端電壓 $v = 16$ (V) 時，輸出電流 $i = 12$ (A)。

試計算電流源等效電路之 i_s 與 R_s 之值，並繪出 v–i 曲線。

【答】(1) $i_s = 16$ (A)，$R_s = 4$ (Ω)

(2)電流源之 v–i 曲線如圖 D2.2 所示

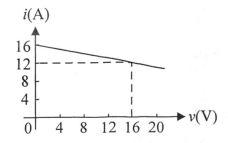

圖 D2.2

2. 相依電流源

　　相依電流源之電流 i_s 是由電路某一元件或某處之電壓 v_x 或電流 i_x 所控制。亦即是，相依電流源電流 i_s 大小完全由 v_x 或 i_x 所決定。若相依電流源電流 i_s 之大小，受控於 v_x，亦即是

$$i_S = kv_x \tag{2-9}$$

則稱此相依電流源為電壓控制電流源(voltage-controlled current source, VCCS)。如圖 2.16 所示為一電壓控制電流源，其中 k 為一常數。電壓控制電流源其性質就是電壓–電流轉換器，或稱為互導放大器，其中 k 為放大倍率或稱為導納。在實際應用場合中，場效應電晶體即為電壓控制電流源之一例。

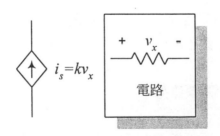

圖 2.16 電壓控制電流源

　　若相依電流源電流 i_s 之大小，受控於 i_x，亦即是

$$i_S = ki_x \tag{2-10}$$

則稱此相依電流源為電流控制電流源(current-controlled current source, CCCS)。如圖 2.17 所示為一電流控制電流源，其中 k 為一

常數。電流控制電流源其性質就是電流-電流轉換器，或稱為電流放大器，其中 k 為放大倍率或稱為電流增益。在實際應用場合中，雙極性接面電晶體即為電流控制電流源之其中一例。

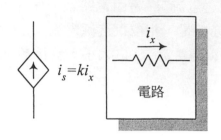

圖 2.17 電流控制電流源

2.4 電容器

電容器(capacitor)經常使用於電路中，其主要功能為它可以用來儲存電荷(charge)，電荷之多寡則表現在電容器兩端之電壓。一電容器之容量(電容值或稱為電容(capacitance))越大，則其所能儲存之電能越大，亦即是可以儲存較多之電荷。電容器之電荷 $q(t)$ 和電壓 $v(t)$ 存在一特定關係。

我們可以定義**電容器**如下：

一兩端元件，若在任何時間 t 所儲存之電荷 $q(t)$ 和其端之電壓 $v(t)$，可用 $q(t)-v(t)$ 平面上一條特性曲線來描述其特定關係，則稱此兩端元件為電容器。

如圖 2.18 所示為一電容器之特性曲線，大部分實用性之電容器其特性曲線為電壓 $v(t)$ 隨著電荷之增加而增加，亦即是具有單調遞增之特性。

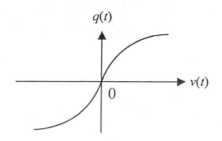

圖 2.18 　 $q(t)$–$v(t)$ 平面之電容器特性曲線

　　在電路中，我們以圖 2.19 以表示電容器之符號，其中電容量為 C，其基本單位為法拉(Farad)，簡寫成 F。在實用上 1 法拉(F)太大，常用之單位為微法拉(μF)。在圖 2.19 中，$i(t)$ 為電容器之電流，電流是用來將電荷帶到（或帶離）電容器上，使得所儲存之電荷增加（或減少），而電容器兩端之電壓亦隨之改變。

圖 2.19 電容器

　　如同電阻器特性一樣，電容器在 $q(t)$–$v(t)$ 平面上之特性曲線也可以隨時間而變。若其特性曲線為經過 $q(t)$–$v(t)$ 平面原點的一直線，則稱為線性電容器。相反的，若在任何時刻，其特性曲線都不是經過 $q(t)$–$v(t)$ 平面原點之直線，則稱為非線性電容器。若一電容器之特性曲線不隨時間變化，則稱為非時變電容器，反之則稱為時變電容器。最簡單之電容器可由兩平行電極板所構成，在電極板上加上電壓，則在不同極性之電極板上會聚集正負極性不同之電荷，兩電極板間形成一電場，而出現電容之特性。以下我們將探討不同性質之電容器特性。

1.線性非時變電容器（電容值 C 不隨時間而變）

如圖 2.18 所示，對於一線性非時變之電容器而言，其所儲存之電荷

$$q(t) = Cv(t) \tag{2-11}$$

而電流 $i(t)$ 為 $q(t)$ 對時間 t 之變率，

$$i(t) = \frac{d}{dt} q(t) \tag{2-12}$$

$$= \frac{d}{dt} Cv(t)$$

$$= C \frac{d}{dt} v(t) \tag{2-13}$$

其中 $\frac{d}{dt}$ 為微分運算子。

從(2-13)式，我們可以求得電容電壓與電流的關係

$$v(t) = \frac{1}{C} \int i(t)dt$$

$$= \frac{1}{C} \int_0^{t_1} i(t)dt + v(0) \tag{2-8}$$

其中 $v(0)$ 為電容器在時間 $t = 0$ 時之初始電壓。此初始電壓在 $t = 0$ 以前就已經存在，其產生之原因可能是在我們所考慮之時間起始點以前，電容器已經被充電了，或是在上一個狀態所殘存之電荷等之原因，都有可能使電容器存在初始電壓之情況。這個初始電壓將會影響電容之特性，所以我們必須要加以考慮。如圖 2.20(a)，若一電容器含有初始電壓，則可以等效成原來之電容串聯該初始電壓之大

小，此初始電壓以一電壓源表示如圖 2.20(b) 所示。此電壓源之大小與極性和電容之初始電壓完全相同。

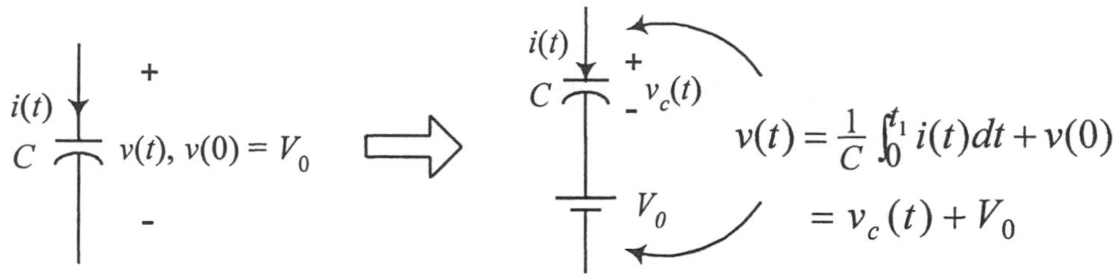

(a) 含有初始電壓之電容器　　　(b) 圖(a) 之等效電路

圖 2.20

2. 線性時變電容器（電容值 C 隨時間而變）

　　所謂一線性時變電容器是指此電容器在 $q(t)$–$v(t)$ 平面之特性曲線，在所有之時間都是經過原點的直線，但此直線之斜率會隨時間而變。換言之，電容 $C(t)$ 為時間之函數，此值會隨時間 t 變化，非一固定值。所以電荷 $q(t)$ 可以寫成

$$q(t) = C(t)v(t) \tag{2-15}$$

而電流

$$i(t) = \frac{d}{dt} q(t) \tag{2-16}$$

$$= \frac{d}{dt} C(t)v(t)$$

$$= C(t) \frac{d}{dt} v(t) + v(t) \frac{d}{dt} C(t) \tag{2-17}$$

　　注意的是，對於線性時變電容器與線性非時變電容器之不同，除了以 $C(t)$ 取代 C 外，另外在流往電容器之電流((2-17)式)多出了

$v(t)\dfrac{d}{dt}C(t)$ 一項。

例題 2.4

一線性時變電容器其電容 $C(t) = 10 + 5\sin t$ （μF），電容器兩端電壓 $v(t) = 20\cos t$ (V)，

(1) 繪出 $q(t)\text{–}v(t)$ 平面之電容器特性曲線。

(2) 試計算在 $t = 0$ 時，流進電容器之電流為何？

【解】

(1) 根據(2-15)式

$$\because q(t) = C(t)v(t)$$
$$= (10 + 5\sin t)v(t)$$

$\therefore q(t)\text{–}v(t)$ 平面之電容器特性曲線如圖 2.21 所示

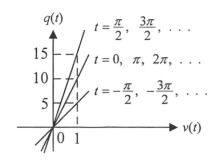

圖 2.21

(2) 根據(2-17)式

$$\because i(t) = C(t)\dfrac{d}{dt}v(t) + v(t)\dfrac{d}{dt}C(t)$$

$$= (10 + 5\sin t)(-20\sin t) + (20\cos t)(5\cos t)$$

$$\therefore i(0) = 100 \ (\mu A)$$

3. 非線性電容器

　　在實際應用場合中，變容二極體(varactor)是一種可變電容之重要元件，其工作原理係利用施加於二極體之逆向電壓來改變二極體極間之電容。此元件廣泛應用於電視接收機、調頻收音機與通信系統中當成自動頻率控制之用。此外，在電晶體之精確模型中亦包含非線性之電容器，且在高速交換機應用領域中，非線性電容器之效應就顯的格外重要。對於含有非線性元件之電路分析往往比線性電路來的複雜許多。對於非線性電路分析之方法，常用者為小訊號分析法，其主要原理是根據在操作點之附近以線性化之近似方式加以分析，此領域超出本書範圍，有興趣之讀者可參閱相關書籍。

2.5　電感器

　　在電路學中，電感器(inductor)也是常用的元件之一。其主要的功能是可以將能量儲存於磁場當中，是一種儲能元件。電感器是將能量以磁場的方式來儲存，稱之為磁能；在前一節所提之電容器議也是一種儲能元件，但它是將能量以電場的方式儲存，稱為電能。此外，電感器與電容器有許多類似之特性，我們在適當的章節中會陸續介紹。

　　我們可以用下列方式來定義**電感器**：

　　若一兩端元件在任何時間 t，其磁通量(magnetic flux) $\phi(t)$ 和電流 $i(t)$，可用 $\phi(t)-i(t)$ 平面上一條特性曲線來描述其特定關係，則稱此兩端元件為電感器。

　　如圖 2.22 所示，為 $\phi(t)-i(t)$ 平面之一電感器特性曲線。電感器之符號如圖 2.23 所示。

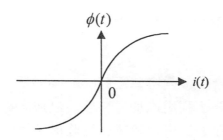

圖 2.22 $\phi(t)-i(t)$ 平面之一電感器特性曲線

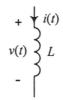

圖 2.23 電感器之符號

在圖 2.23 中，電感器之電感值（簡稱為電感(inductance)）為 L，其基本單位為亨利(Henry)，簡寫成 H。電感器基本上是由導線所繞成之線圈，在此線圈通上電流，就會產生磁通，而出現電感之特性。

如同電阻器和電容器一樣，我們亦可將電感器依其特性區分成，線性或非線性，和時變與非時變。若一電感器在 $\phi(t)-i(t)$ 平面上之特性曲線，對於所有時間，都是通過原點的一條直線，則稱此電感器為線性，否則為非線性。若電感器之特性曲線不隨時間而變化，則稱此電感器是非時變。若其特性曲線隨時間而變，則稱此電感器具有時變性。

1. 線性非時變電感器（電感值 L 不隨時間而變）

一線性非時變電感器之特性曲線中磁通與電流之關係可以表示用 (2-18)式表示。

$$\phi(t) = Li(t) \qquad\qquad (2\text{-}18)$$

其中磁通 $\phi(t)$ 之單位爲韋伯(Wb)，電流 $i(t)$ 之單位爲安培，電感 L 之單位爲亨利。根據法拉第定律(Faraday's law)得知，在一線圈中因磁通變化所產生之感應電壓可表示成

$$v(t) = \frac{d}{dt}\phi(t) \qquad\qquad (2\text{-}19)$$

將(2-18)代入(2-19)式，電感器兩端的電壓可以寫成

$$v(t) = \frac{d}{dt}\phi(t) \qquad\qquad (2\text{-}20)$$

$$= \frac{d}{dt}Li(t)$$

$$= L\frac{d}{dt}i(t) \qquad\qquad (2\text{-}21)$$

根據(2-21)式，電感器之電流

$$i(t) = \frac{1}{L}\int v(t)dt$$

$$= \frac{1}{L}\int_0^{t_1} v(t)dt + i(0) \qquad\qquad (2\text{-}22)$$

其中 $i(t)$ 爲電感器在時間 $t = 0$ 時之初始電流。此初始電流在 $t = 0$ 以前就存在了，所以此初始電流會影響 $t = 0$ 之後，電感器之特性，所以我們必須加以考慮。如圖 2.23(a)，若一電感器含有初始電流，則可等效成原來之電感並聯該初始電流大小，此初始電流以一電流源表

示，如圖 2.23(b) 所示。此電流源大小與方向和電感之初始電流完全相同。

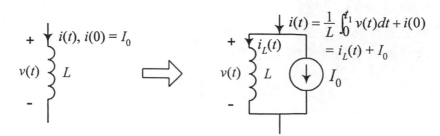

(a) 含有初始電流之電感器　　(b) 圖(a) 之等效電路

圖 2.23

2. 線性時變電感器（電感值 L 隨時間而變）

線性時變電感器是指在所有時間內，電感器在 $\phi(t)-i(t)$ 平面之特性曲線都是一條經過原點之直線，但此直線的斜率會隨時間而變。其磁通 $\phi(t)$ 與電流 $i(t)$ 之關係為

$$\phi(t) = L(t)i(t) \tag{2-23}$$

電壓

$$v(t) = \frac{d}{dt}\phi(t)$$

$$= \frac{d}{dt}L(t)i(t)$$

$$= L(t)\frac{d}{dt}i(t) + i(t)\frac{d}{dt}L(t) \tag{2-24}$$

如同線性非時變電容器一般，對於線性時變電感器與線性非時變電感器之不同，除了以 $L(t)$ 取代 L 外，另外在電感器兩端之電

壓((2-24)式)多出了 $i(t)\dfrac{d}{dt}L(t)$ 一項。

例題 2.5

一線性時變電感器其電感 $L(t)=4+2\sin t$ (H)，流往電感器之電流電壓 $i(t)=15\cos t$ (A)，

(1) $\phi(t)-i(t)$ 平面之電感器特性曲線。

(2) 試計算在 $t=0$ 時，電感器兩端之電流為何？

【解】

(1) 根據(2-23)式

$$\because \phi(t)=L(t)i(t)$$
$$=(4+2\sin t)i(t)$$

$$\therefore \phi(t)-i(t)平面之電感器特性曲線如圖\ 2.24\ 所示$$

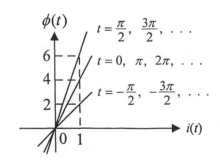

圖 2.24

(2) 根據(2-24)式

$$\because\quad v(t)=L(t)\dfrac{d}{dt}i(t)+i(t)\dfrac{d}{dt}L(t)$$

$$=(4+2\sin t)(-15\sin t)+(15\cos t)(2\cos t)$$

$$\therefore v(0) = 30 \ (\text{V})$$

3. 非線性時變電感器

在實際應用場合中，大多數之電感器都具有非線性，其主要原因是來自鐵磁性材料磁路飽和現象所導致（在鐵磁性材料與截面積固定下，所能允許通過之磁通量是固定的），隨著通過線圈之電流增加，鐵磁性材料所通過之磁通增加，直到飽和為止，此時若電流仍持續增加，則所增加之磁通量相當有限。如圖 2.25 所示，為一非線性電感器之 $\phi(t)-i(t)$ 特性曲線。

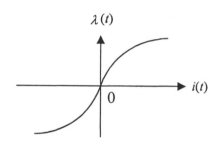

圖 2.25 $\phi(t)-i(\text{t})$平面之一電感器特性曲線

一般以鐵磁性材料為磁路之電感器均具有如圖 2.26 之特性曲線，此種現象稱之為**磁滯現象**(hysteresis phenomenon)。當電流 $i(t)$ 從零開始增加時，磁通 $\phi(t)$ 沿曲線 1 由 0 點開始增加，直到電流一直增大至 i_1，此時因飽和之故，磁通緩面增加至 ϕ_1 而到達 A 點。若此時電流慢慢減少，則磁通會沿曲線 2 減少，直到電流為零時，磁通剩下 ϕ_0，此時稱 ϕ_0 為剩磁。

當電流沿相反方向流動時，因磁通互相抵消之故，磁通才慢慢減少至零，我們發現磁通之變化比起電流之變化呈現出延滯之情形（當電流為零時，磁通不為零；當電流反向流動時，磁通才慢慢減少到零），這就是所謂的磁滯現象。到達 B 點後，又將電流減少，則磁通將沿曲線 3 變化。當電流通過零點時，仍存在反向磁通，直到電流一直增大至 i_1 時，又回至 A 點。由 0 點經曲線 1 至 A 點，再經由曲線 2 至 B點，然後再由曲線 3 回到至 A 點構成一封閉迴路，稱之為**磁滯迴路**。此磁滯迴路面積越大鐵心之磁滯損失就越大。

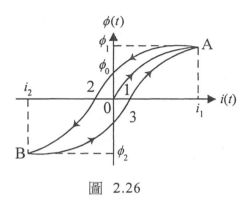

圖 2.26

2.6　總結

　　本章介紹了電路學常用到之元件，包括電壓源，電流源，電阻器，電容器和電感器。其中電壓源可以分成獨立電壓源和相依電壓源，而相依電壓源又可區分成電壓控制電壓源與電流控制電壓源。電流源可以分成獨立電流源和相依電流源。同樣地，相依電流源亦可區分成電壓控制電流源與電流控制電流源。

　　而電阻器，電容器與電感器依其特性可分為線性非時變，線性時變和非線性，在往後之電路分析中，除非特別指明該元件之特性，否則一般視為線性非時變。我們將此三種元件，依照常用之線性非時變和線性時變，將其電壓和電流之關係整理如下。

元件一：電阻器

1. 線性非時變電阻器

$$v(t) = Ri(t)$$

$$i(t) = \frac{1}{R}v(t) = Gv(t)$$

2. 線性時變電阻器

$$v(t) = R(t)i(t)$$

$$i(t) = \frac{1}{R(t)}v(t) = G(t)v(t)$$

元件二：電容器

1. 線性非時變電容器

$$q(t) = Cv(t)$$

$$i(t) = \frac{d}{dt}q(t) = C\frac{d}{dt}v(t)$$

$$v(t) = \frac{1}{C}\int i(t)dt = \frac{1}{C}\int_0^{t_1} i(t)dt + v(0)$$

2. 線性時變電容器

$$q(t) = C(t)v(t)$$

$$i(t) = \frac{d}{dt}q(t) = C(t)\frac{d}{dt}v(t) + v(t)\frac{d}{dt}C(t)$$

元件三：電感器

1. 線性非時變電感器（電感值 L 不隨時間而變）

$$\phi(t) = Li(t)$$

$$v(t) = L\frac{d}{dt}i(t)$$

$$i(t) = \frac{1}{L}\int v(t)dt = \frac{1}{L}\int_0^{t_1} v(t)dt + i(0)$$

2. 線性時變電感器

$$\phi(t) = L(t)i(t)$$

$$v(t) = \frac{d}{dt}\lambda(t) = L(t)\frac{d}{dt}i(t) + i(t)\frac{d}{dt}L(t)$$

第三章　網路定理

本章各節內容摘要如下：3.1 節介紹電路學中，分支、節點與迴路之基本定義，3.2 節爲克希荷夫電壓定律與迴路方程式，3.3 節爲克希荷夫電流定律與節點方程式，3.4 節爲歐姆定律，描述電壓、電流與電阻三者之間重要之關係式，3.5 節爲電阻之串聯與並聯，3.6 節爲串聯元件之分壓定理與並聯元件之分流定理，3.7 節則介紹常用之 Δ-Y 等效電路互換。在 3.8 節中談論多個電源之重疊定理應用，3.9 節是戴維寧定理與諾頓定理，3.10 節介紹特立勤定理，3.11 節爲互易定理，3.12 爲巴特萊平分定理，最後 3.13 節則是電路最大功率轉移定理。

3.1　基本定義

爲了以後電路分析方便，我們在此先定義分支(branch)和節點(node)。

由一群集總元件所構成之集總電路中，任一兩端點之元件（或稱雙端元件）稱爲**分支**，各元件之端點稱爲**節點**。

如圖 3.1 所示爲一具有 5 個分支和 4 個節點之集總電路。5 個分支分別由編號 1、2、3、4 和 5 之兩端元件所構成，4 個節點分別爲節點 A、B、C 和 D。

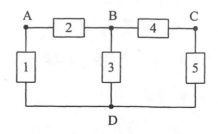

圖 3.1 具有 5 個分支和 4 個節點之集總電路

如圖 3.2 所示,我們定義分支電壓與分支電流如下:

跨於分支兩端之電壓稱爲**分支電壓**,而通過分支的電流稱爲**分支電流**。

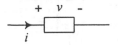

圖 3.2 分支電壓 v 和分支電流 i

雖然我們可以任意標示分支電壓之正負極性與分支電流之方向,但在電路分析中,爲了簡化起見,我們會採用分支電壓和分支電流相關之參考方向。亦即是對於某一分支,如果我們先定義分支電流之方向,則其分支電壓之正負極性就固定了,分支電流進入之元件端爲分支電壓之正極,分支電流離開之元件端爲負極。若我們先定義分支電壓之正負方向則分支電流之方向也就固定了,分支電壓正方向之元件端爲分支電流之進入方向,分支電壓負方向之元件端爲分支電流離開之方向。所以分支電壓和分支電流之方向是相關的參考方向,其中一個先決定,則另一個同時亦決定了。

接著,我們定義迴路(loop):

迴路是指由一串依序連接的支路所構成之封閉路徑,其中任一節點只通過一次。

如圖 3.3 所示,封閉路徑 A 和 B 都是一個迴路。迴路 A 由分支 2、5、7 和 4 所組成,迴路 B 由 1、6、8、5 和 2 組成。

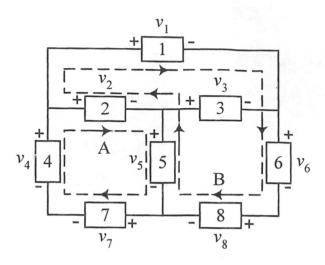

圖 3.3 迴路 A 與迴路 B

3.2 克希荷夫電壓定律

克希荷夫電壓定律(Kirchhoff's voltage law, KVL)是指：

對於任一集總電路而言，在任何時刻，對任一迴路，沿著迴路的各分支電壓的代數和為零。

在應用KVL時，我們必須先對迴路指定一參考方向。在 KVL 的代數和中，規定電壓參考方向和迴路方向一致的分支電壓為正，而電壓參考方向和迴路方向不同者之分支電壓為負。相反的，我們也可以規定電壓參考方向和迴路方向一致之分支電壓為負，則電壓參考方向和迴路方向不同者之分支電壓取正。在本書中，我們採用前者之規定方式。KVL 告訴我們說，沿著迴路走一圈，電壓升等於電壓降。根據KVL，若一電路有 n 個節點，b 個分支，則可列出 $(b - n + 1)$ 組線性獨立之**迴路方程式**。

例題 3.1

如圖 3.3 所示之電路，根據 KVL

(1) 此電路共可列出若干組線性獨立之迴路方程式。

(2) 寫出迴路 A 和迴路 B 之迴路方程式。

【解】

(1) 如圖之電路，共有

節點 $n = 6$，

分支 $b = 8$，

$b - n + 1 = 8 - 6 + 1 = 3$，

所以，共可列出 3 組線性獨立之迴路方程式。

(2) 迴路 A 之迴路方程式

因為 v_4 電壓之參考方向和迴路方向不同（取負號），而 v_2、v_5、v_7 電壓之參考方向和迴路方向相同（取正號），所以

$$-v_4 + v_2 + v_5 + v_7 = 0$$

同理，迴路 B 之迴路方程式為

$$v_1 + v_6 + v_8 - v_5 - v_2 = 0$$

例題 3.2

如圖 3.4(a) 所示，已知 $v_2 = 3$ (V)，$v_3 = -1$ (V)，$v_5 = 2$ (V)，求 v_1、v_4、v_6、v_7 之值為何？

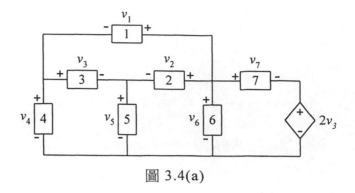

圖 3.4(a)

【解】

如圖 3.4(b) 所示，此電路之節點數 $n = 5$，分支數 $b = 8$，

因為 $b - n + 1 = 8 - 5 + 4 = 4$，

所以，共有 4 組線性獨立之迴路方程式，標示為迴路 I、II、

III 和 IV。

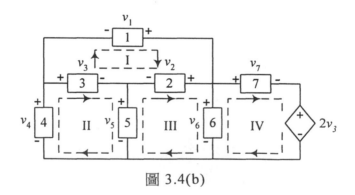

圖 3.4(b)

(1) 迴路 I

$\because \quad -v_1 + v_2 - v_3 = 0$

$\therefore \quad v_1 = v_2 - v_3$

$\qquad = 3 - (-1)$

$\qquad = 4 \ (V)$

(2) 迴路 II

$$\because \quad -v_4 + v_3 + v_5 = 0$$

$$\therefore \quad v_4 = v_3 + v_5$$

$$= (-1) + 2$$

$$= 1 \text{ (V)}$$

(3) 迴路 III

$$\because \quad -v_5 - v_2 + v_6 = 0$$

$$\therefore \quad v_6 = v_2 + v_5$$

$$= 3 + 2$$

$$= 5 \text{ (V)}$$

(4) 迴路 IV

$$\because \quad -v_6 + v_7 + 2v_3 = 0$$

$$\therefore \quad v_7 = v_6 - 2v_3$$

$$= 5 - 2(-1)$$

$$= 7 \text{ (V)}$$

練習題

D3.1 如圖 D1.1 所示,已知 $v_1 = 5$ (V),$v_4 = 1$ (V),$v_5 = 4$ (V),求 v_2,v_3,v_6 之值爲何?

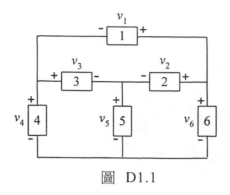

圖 D1.1

【答】$v_2 = 2$ (V)，$v_3 = -3$ (V)，$v_6 = 6$ (V)。

3.3 克希荷夫電流定律

克希荷夫電流定律(Kirchhoff's current law, KCL)是指：

對於任一集總電路而言，在任何時刻，對任一節點，流入或流出該節點之所有分支電流代數和為零。

將 KCL 應用到某一節點時，我們必須先對每一個分支電流指定一個參考方向。在 KCL 的代數和中，若規定流出該節點之分支電流為正，則流入該節點之分支電流為負。同樣的，我們若規定流出該節點之分支電流為負，則流入該節點之分支電流為正。本書採用流出節點之電流為正，流入節點之電流為負之方式。根據 KCL，若一電路有 n 個節點，則可列出 $(n-1)$ 組線性獨立之**節點方程式**。

例題 3.3

如圖 3.5(a) 所示，根據 KCL

(1) 此電路共可列出若干組線性獨立之節點方程式。

(2) 列出所有之線性獨立節點方程式。

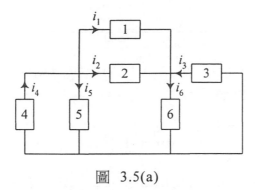

圖 3.5(a)

【解】

(1) 如圖 3.5(b) 所示，共有節點 $n = 3$，標示為節點 Ⅰ、Ⅱ 和 Ⅲ
(節點 Ⅲ 通常稱為參考節點)。

所以，共可列出 $n - 1 = 3 - 1 = 2$ 組線性獨立之節點方程式。

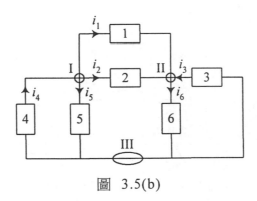

圖 3.5(b)

(2) 列出節點方程式

節點 Ⅰ 之節點方程式為

$$i_1 + i_2 - i_4 + i_5 = 0$$

節點 II 之節點方程式

$$-i_1 - i_2 - i_3 + i_6 = 0$$

例題 3.4

如圖 3.6(a) 所示，已知 $i_2 = -1$ (A)，$i_3 = 1$ (A)，$i_4 = 2$ (A)，$i_5 = 4$ (A)，求 i_1 與 i_6 之值爲何？

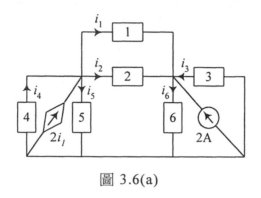

圖 3.6(a)

【解】

如圖 3.6(b) 所示，共可列出 2 組線性獨立節點方程式。

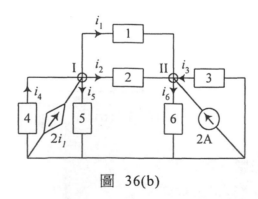

圖 36(b)

(1) 節點 I 之節點方程式

$$\because\ i_1 + i_2 - i_4 - 2i_1 + i_5 = 0$$

$$\therefore\ i_1 = i_2 - i_4 + i_5$$

$$= (-1) - 2 + 4$$

$$= 1\ (A)$$

(2) 節點 II 之節點方程式

$$\because\ -i_1 - i_2 - 2 - i_3 + i_6 = 0$$

$$\therefore\ i_6 = i_1 + i_2 + i_3 + 2$$

$$= 1 + (-1) + 1 + 2$$

$$= 3\ (A)$$

3.4　歐姆定律

歐姆定律(Ohm law)是指：

　　跨接於任一電阻 R 兩端之電壓 V 與通過電阻之電流 I 成正比。亦即是，電壓等於電流與電阻之相乘積。

$$V = IR \tag{3-1}$$

如圖 3.7 所示，其中電壓之單位為伏特，電流為安培，電阻為歐姆。

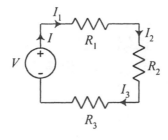

圖　3.7

同時，歐姆定理也告訴我們，在電路中之任一分支，其電壓、電流與
電阻三個物理量，只要知道其中兩者，則第三者必定可求出。即

$$I = \frac{V}{R} \tag{3-2}$$

$$R = \frac{V}{I} \tag{3-3}$$

3.5　電阻串聯與並聯

1. 電阻串聯

　　當兩個元件連接後，形成一個節點時，稱為**串聯**。串聯元
件所通過的電流為相同，如圖　3.8　所示。

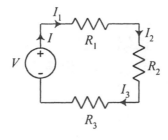

圖　3.8

$$I = I_1 = I_2 = I_3 \tag{3-4}$$

根據 KVL，

$$V = I_1 R_1 + I_2 R_2 + I_3 R_3$$

$$= I(R_1 + R_2 + R_3)$$

$$= IR_{eq} \qquad\qquad (3\text{-}5)$$

其中 R_{eq} 爲電路之等效電阻

$$R_{eq} = R_1 + R_2 + R_3 \qquad\qquad (3\text{-}6)$$

所以，我們可以將圖 3.8 等效成圖 3.9。

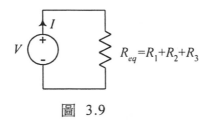

圖 3.9

對串聯電路而言，

　　若有 N 個電阻串聯時，其等效電阻值等於此 N 個電阻值之和，即

$$R_{eq} = \sum_{n=1}^{N} R_n = R_1 + R_2 + \ldots + R_N \qquad\qquad (3\text{-}7)$$

2. 電阻並聯

　　當兩個元件連接後，形成兩個節點時，稱爲**並聯**。並聯元件兩端之電壓相同，如圖 3.10 所示。

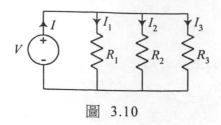

圖 3.10

$$V = I_1 R_1 = I_2 R_2 = I_3 R_3 \tag{3-8}$$

根據 KCL，

$$
\begin{aligned}
I &= I_1 + I_2 + I_3 \\
&= \frac{V}{R_1} + \frac{V}{R_2} + \frac{V}{R_3} \\
&= V(\frac{1}{R_1} + \frac{1}{R_2} + \frac{1}{R_3}) \\
&= \frac{V}{R_{eq}}
\end{aligned}
\tag{3-9}
$$

其中 R_{eq} 為電路之等效電阻

$$\frac{1}{R_{eq}} = \frac{1}{R_1} + \frac{1}{R_2} + \frac{1}{R_3} \tag{3-10}$$

所以，我們可將圖 3.10 等效成圖 3.11。

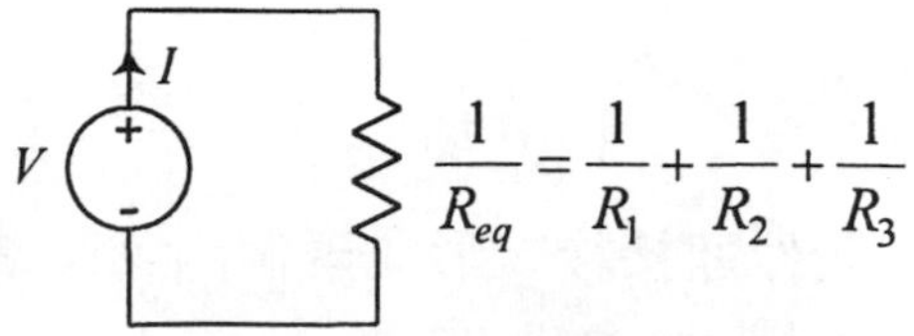

$$\frac{1}{R_{eq}} = \frac{1}{R_1} + \frac{1}{R_2} + \frac{1}{R_3}$$

圖 3.11

對並聯電路而言，若有 N 個電阻並聯時，其等效電阻之倒數為各個電阻倒數之和，即

$$\frac{1}{R_{eq}} = \sum_{n=1}^{N} \frac{1}{R_n} = \frac{1}{R_1} + \frac{1}{R_2} + \ldots + \frac{1}{R_N} \qquad (3\text{-}11)$$

或者用電導表示 $G = \dfrac{1}{R}$

$$G_{eq} = \sum_{n=1}^{N} G_n = G_1 + G_2 + \ldots + G_N \qquad (3\text{-}12)$$

我們經常會使用到兩個電阻之並聯，其並聯後的等效電阻

$$\frac{1}{R_{eq}} = \frac{1}{R_1} + \frac{1}{R_2}$$

所以

$$R_{eq} = \frac{R_1 R_2}{R_1 + R_2} \qquad (3\text{-}13)$$

亦即是兩電阻並聯時之等效電阻為兩電阻值之相乘積除以兩電阻之和。

例題 3.5 ═══════════════════

如圖 3.12 所示，求電流 I_1 和 I_2。

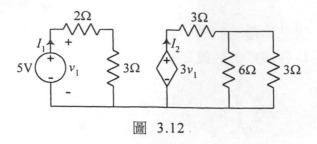

圖 3.12

【解】

電路可簡化成圖 13(a) 與 (b)

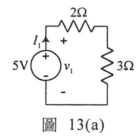

圖 13(a)

$\because v_1 = 5 \ (V)$

$\therefore I_1 = \dfrac{5}{2+3} = 1 \ (A)$

如圖 13(b) 所示，

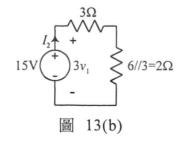

圖 13(b)

$$\therefore \quad I_2 = \frac{3v_1}{3+2} = \frac{3 \times 5}{5} = 3 \ (A)$$

3.6 分壓定理與分流定理

1. 分壓定理

如圖 3.14 所示，為一分壓電路。因 R_1 與 R_2 形成一串聯電路，所以流過 R_1 與 R_2 之電流必為相同，且電流

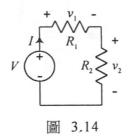

圖 3.14

$$I = \frac{V}{R_1 + R_2}$$

我們可以容易求出 R_1 兩端的壓降 V_1 與 R_2 兩端的壓降 V_2。

$$V_1 = IR_1$$

$$= \left(\frac{R_1}{R_1 + R_2} \right) V \tag{3-14}$$

$$V_2 = IR_2$$

$$= \left(\frac{R_2}{R_1 + R_2} \right) V \tag{3-15}$$

分壓定理告訴我們說，在串聯電路中，電阻兩端所分到的電壓
與該電阻值之大小成正比。

2. 分流定理

如圖 3.15 所示，為一分流電路。因 R_1 與 R_2 形成一並聯
電路，所以 R_1 與 R_2 兩端之電壓必相同，且電壓

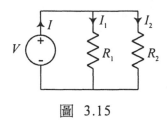

圖 3.15

$$V = I_1 R_1$$

$$= I_2 R_2$$

$$= I\left(\frac{R_1 R_2}{R_1 + R_2}\right)$$

我們可以求出流經電阻 R_1 之電流 I_1 與流經電阻 R_2 之電流 I_2。

$$I_1 = \left(\frac{R_2}{R_1 + R_2}\right)I \tag{3-16}$$

$$I_2 = \left(\frac{R_1}{R_1 + R_2}\right)I \tag{3-17}$$

同樣地，分流定理指出在並聯電路中，流經電阻之電流與

該電阻值之大小成反比。

例題 3.6

如圖 3.16(a) 所示，求 v_1、v_2、v_3、I、I_1 與 I_2。

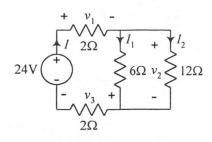

圖 3.16(a)

【解】

先將電路化簡成圖 3.16(b)

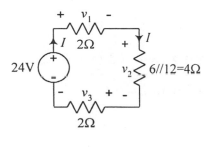

圖 3.16(b)

方法一：

(1) 根據分壓電理

$$v_1 = \left(\frac{2}{2+4+2}\right)24 = 6 \text{ (V)}$$

$$v_2 = \left(\frac{4}{2+4+2}\right)24 = 12 \text{ (V)}$$

$$v_3 = \left(\frac{2}{2+4+2}\right)24 = 6 \text{ (V)}$$

(2) 根據分流定理

$$\because \quad I = \frac{24}{2+4+2} = 3 \text{ (A)}$$

$$\therefore \quad I_1 = \left(\frac{12}{6+12}\right)I = \left(\frac{12}{6+12}\right)3 = 2 \text{ (A)}$$

$$I_2 = \left(\frac{6}{6+12}\right)I = \left(\frac{6}{6+12}\right)3 = 1 \text{ (A)}$$

方法二：根據歐姆定理

$$I = \frac{24}{2+4+2} = 3 \text{ (A)}$$

$$v_1 = I \times 2 = 3 \times 2 = 6 \text{ (V)}$$

$$v_2 = I \times 4 = 3 \times 4 = 12 \text{ (V)}$$

$$v_3 = I \times 2 = 3 \times 2 = 6 \text{ (V)}$$

$$I_1 = \frac{v_2}{6} = \frac{12}{6} = 2 \text{ (A)}$$

$$I_2 = \frac{v_2}{12} = \frac{12}{12} = 1 \text{ (A)}$$

3.7　Δ-Y 等效電路

　　如圖 3.17(a) 所示，為一三角形 Δ 之連接方式，簡稱 Δ 連接 (delta interconnection)。我們可以將 Δ 連接稍作改變，即可變成如圖

3.17(b) 所示之 π 型連接。比較圖 3.17(a) 和 (b)，可以明顯看出 Δ 接和 π 型連接是等效的。

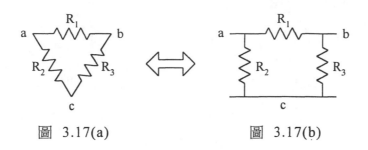

圖 3.17(a)　　　　　　　圖 3.17(b)

　　如圖 3.18(a) 所示之連接方式，因爲形狀類似英文字母 Y，所以簡稱爲 Y 連接(wye interconnection)。同樣地，如圖 3.18(b) 所示，我們稱爲 T 型連接。在電路特性上，Y 接和 T 型連接是等效的。

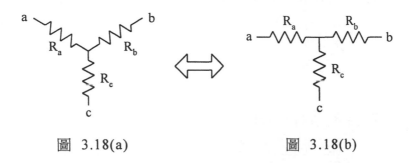

圖 3.18(a)　　　　　　　圖 3.18(b)

　　在電路分析中，經常會遇到 Δ 接和 Y 接之電路，此時，將 Δ 接轉換成 Y 接是一種相當好的簡化方式。

　　比較圖 3.19(a) 與 (b) 中，Δ接和 Y 接任兩點間之等效電阻，可得

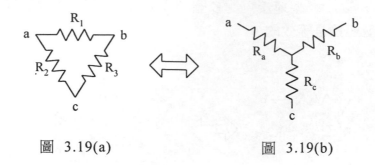

圖 3.19(a)　　　　　　　　　圖 3.19(b)

$$R_{ab} = R_1 // (R_2 + R_3)$$
$$= \frac{R_1(R_2 + R_3)}{R_1 + R_2 + R_3}$$
$$= R_a + R_b \tag{3-18}$$

$$R_{bc} = R_3 // (R_1 + R_2)$$
$$= \frac{R_3(R_1 + R_2)}{R_1 + R_2 + R_3}$$
$$= R_b + R_c \tag{3-19}$$

$$R_{ca} = R_2 // (R_1 + R_3)$$
$$= \frac{R_2(R_1 + R_3)}{R_1 + R_2 + R_3}$$
$$= R_c + R_a \tag{3-20}$$

將(3-18)、(3-19)和(3-20)三式相加後，等號兩邊同除以 2 得

$$R_a + R_b + R_c = \frac{R_1 R_2 + R_2 R_3 + R_3 R_1}{R_1 + R_2 + R_3} \tag{3-21}$$

由(3-21)減(3-19)式，得

$$R_a = \frac{R_1 R_2}{R_1 + R_2 + R_3} \tag{3-22}$$

同理可得

$$R_b = \frac{R_3 R_1}{R_1 + R_2 + R_3} \tag{3-23}$$

$$R_c = \frac{R_2 R_3}{R_1 + R_2 + R_3} \tag{3-24}$$

我們也可以將 Y 接轉換成 Δ 接。將(3-22)、(3-23)和(3-24)式兩兩相乘，可得

$$R_a R_b = \frac{R_1^2 R_2 R_3}{(R_1 + R_2 + R_3)^2} \tag{3-25}$$

$$R_b R_c = \frac{R_1 R_2 R_3^2}{(R_1 + R_2 + R_3)^2} \tag{3-26}$$

$$R_c R_a = \frac{R_1 R_2^2 R_3}{(R_1 + R_2 + R_3)^2} \tag{3-27}$$

將(3-25)、(3-26)和(3-27)三式相加得

$$R_a R_b + R_b R_c + R_c R_a = \frac{R_1 R_2 R_3 (R_1 + R_2 + R_3)}{(R_1 + R_2 + R_3)^2}$$

$$= \frac{R_1 R_2 R_3}{R_1 + R_2 + R_3}$$

$$= R_1 \left(\frac{R_2 R_3}{R_1 + R_2 + R_3} \right)$$

$$= R_1 R_c$$

$$\because \ R_a R_b + R_b R_c + R_c R_a = R_1 R_c$$

$$\therefore \ R_1 = \frac{R_a R_b + R_b R_c + R_c R_a}{R_c}$$

$$= R_a + R_b + \frac{R_a R_b}{R_c} \tag{3-28}$$

同理可得

$$R_2 = R_c + R_a + \frac{R_c R_a}{R_b} \tag{3-29}$$

$$R_3 = R_b + R_c + \frac{R_b R_c}{R_a} \tag{3-30}$$

如圖 3.20 所示，若 Δ 接中 $R_1 = R_2 = R_3 = R_\Delta$ ，則轉換成 Y 接時 $R_a = R_b = R_c = R_Y$ 。

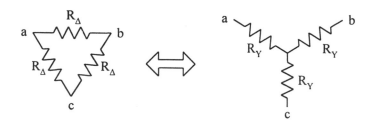

圖 3.20

其中 $R_Y = \dfrac{1}{3} R_\Delta$ \hfill (3-31)

亦即 $R_\Delta = 3 R_Y$ \hfill (3-32)

例題 3.7

如圖 3.21(a) 所示，求等效電阻 $R_{eq} = ?$

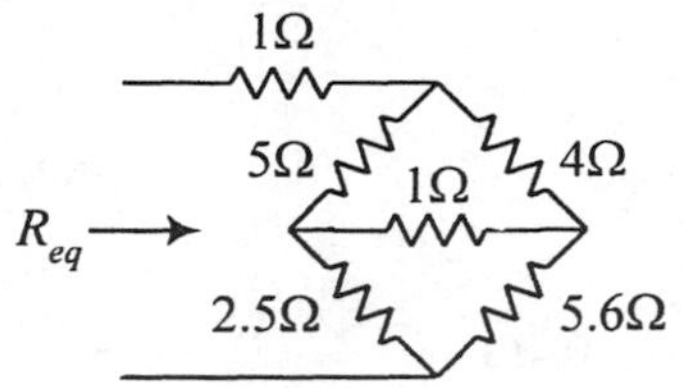

1Ω

5Ω　1Ω　4Ω

$R_{eq} \rightarrow$

2.5Ω　　5.6Ω

圖 3.21(a)

【解】

(1) 先將 Δ 接化爲 Y 接，如圖 3.21(b) 所示。

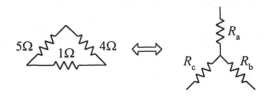

$$R_a = \frac{5 \times 4}{5 + 4 + 1} = 2 \ (\Omega)$$

$$R_b = \frac{4 \times 1}{5 + 4 + 1} = 0.4 \ (\Omega)$$

$$R_c = \frac{5 \times 1}{5 + 4 + 1} = 0.5 \ (\Omega)$$

(2) 將電路簡化成圖 3.21(c)

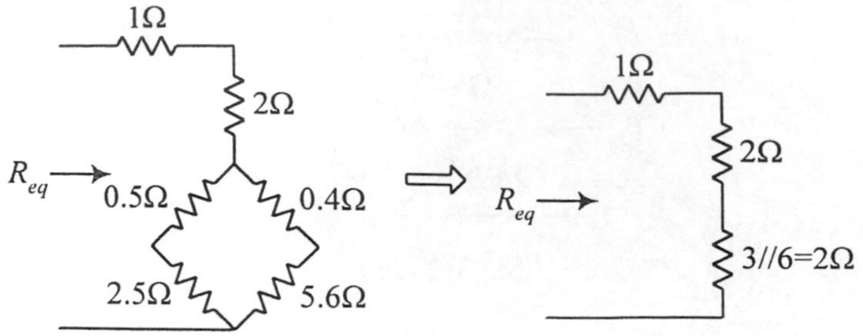

圖 3.21(c)

$$\therefore \quad R_{eq} = 1 + 2 + 2 = 5 \ (\Omega)$$

3.8 重疊定理

在第一章第三節系統之分類中，對於判定系統是否為線性系統，我們利用重疊定理來檢驗。所得之結論是，滿足重疊原理與線性系統兩者間是互為充分且必要條件。在此，將重疊定理引申至電路中，其說明如下。

重疊定理(principle of superposition)是指：

當一個以上獨立電源驅動或激勵於一線性系統時，系統之總響應為各個獨立電源的單獨響應之和。

任何線性系統都適用重疊定理，所以當一線性電路由多個獨立電源驅動時，可以直接利用重疊定理來分析電路響應。值得注意的是，當電源很多時，逐一地個別考慮各個電源之響應後再相加之作法，會顯的麻煩。所以，在往後適當的時機，我們會介紹電路之系統化解法。在本節中只要瞭解重疊定理之意義與應用即可，並非針對多電源電路一定得用此定理不可。要強調的是，對於同一電路可能存在數種不同解法，解法快慢有所差別，只要觀念與計算正確，所得之結果必會相同。

例題 3.8

如圖 3.22(a) 所示，求 I_1、I_2、I_3 與 I_4 之值。

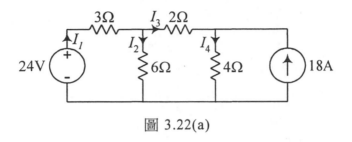

圖 3.22(a)

【解】

利用重疊定理

(1) 考慮 24 (V) 電壓源之響應，如圖 3.22(b) 所示。

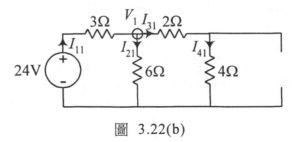

圖 3.22(b)

V_1 之節點方程式

$$\frac{24 - V_1}{3} = \frac{V_1}{6} + \frac{V_1}{2+4}$$

解得 $V_1 = 12$ (V)

$$\therefore \quad I_{11} = \frac{24 - V_1}{3}$$

$$= \frac{24 - 12}{3}$$

$$= 4 \text{ (A)}$$

$$I_{21} = \frac{V_1}{6}$$

$$= \frac{12}{6}$$

$$= 2 \text{ (A)}$$

$$I_{31} = I_{41}$$

$$= \frac{V_1}{2 + 4}$$

$$= \frac{12}{6}$$

$$= 2 \text{ (A)}$$

(2) 考慮 18 (A) 電流源之響應，如圖 3.22(c) 所示。

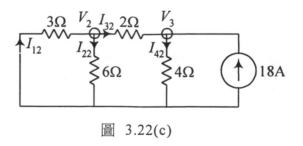

圖 3.22(c)

V_2 與 V_3 之節點方程式

$$\begin{cases} \dfrac{-V_2}{3} = \dfrac{V_2}{6} + \dfrac{V_2 - V_3}{2} \\[4mm] \dfrac{V_2 - V_3}{2} + 18 = \dfrac{V_3}{4} \end{cases}$$

解得 $V_2 = 18$ (V)，$V_3 = 36$ (V)

$$\therefore \quad I_{12} = \dfrac{-V_2}{3}$$

$$= \dfrac{-18}{3}$$

$$= -6 \text{ (A)}$$

$$I_{22} = \dfrac{V_2}{6}$$

$$= \dfrac{18}{6}$$

$$= 3 \text{ (A)}$$

$$I_{32} = \dfrac{V_2 - V_3}{2}$$

$$= \dfrac{18 - 36}{2}$$

$$= -9 \text{ (A)}$$

$$I_{42} = \dfrac{V_3}{4}$$

$$= \dfrac{36}{4}$$

$$= 9 \text{ (A)}$$

最後，綜合(1)與(2)之結果可得

$$I_1 = I_{11} + I_{12}$$
$$= 4 + (-6)$$
$$= -2 \text{ (A)}$$

$$I_2 = I_{21} + I_{22}$$
$$= 2 + 3$$
$$= 5 \text{ (A)}$$

$$I_3 = I_{31} + I_{32}$$
$$= 2 + (-9)$$
$$= -7 \text{ (A)}$$

$$I_4 = I_{41} + I_{42}$$
$$= 2 + 9$$
$$= 11 \text{ (A)}$$

3.9 戴維寧和諾頓定理

1. 戴維寧定理(Th'evenin theorem)

如圖 3.23(a) 所示之線性非時變電阻性網路，可用一等效電壓源 V_{Th} 和一等效電阻 R_{Th} 串聯來表示，如圖 3.23(b)。其中 V_{Th} 為 a、b 兩點之開路電壓，R_{Th} 為 a、b 兩端之等效電阻。V_{Th} 又稱為戴維寧等效電壓，R_{Th} 又稱為戴維寧等效電阻。

線性非時變
電阻性網路
a
b

圖 3.23(a) 線性非時變電阻性網路

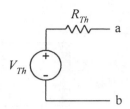

圖 3.23(b) 戴維寧等效電路

戴維寧等效電阻 R_{Th} 之求法

(1) 網路僅含獨立電源時

令獨立電壓源短路,獨立電流源開路,依電阻之串並聯方式,計算出等效電阻 R_{Th}。

(2) 網路包含相依電源時

此時,我們可以利用兩種不同方法求出等效電阻。

方法一:

利用原電路分別求出 a、b 兩端之開路電壓 V_{Th} 和短路電流 I_{SC},則

$$R_{Th} = \frac{V_{Th}}{I_{SC}} \tag{3-33}$$

方法二:

如圖 3.24 所示,利用驅動點法(driving method),在 a、b 兩端點加入一電壓源 V 來驅動電路,同時令原電路之獨立電壓源短路,獨立電流源開路,保留相依電源,並計算流入電路之電流 I,則

$$R_{Th} = \frac{V}{I} \tag{3-34}$$

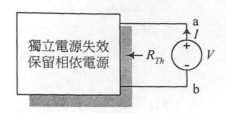

圖 3.24 驅動點法求 R_{Th}

2. 諾頓定理(Norton theorem)

　　如圖 3.25(a) 所示之線性非時變電阻性網路，可用一電流
源 I_N 並聯一電阻 R_N 來表示，如圖 3.25(b)。其中 I_N 為端點 a
流向端點 b 之短路電流，R_N 為 a、b 兩端之等效電阻。

圖 3.25(a) 諾頓等效電路之短路電流 I_N 之求法

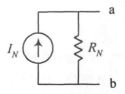

圖 3.25(b) 諾頓等效電路

　　在諾頓等效電路中，等效電阻 R_N 之求法和戴維寧等效電阻 R_{Th}

之求法完全相同。

3.戴維寧等效電路和諾頓等效電路之關係

如圖 3.26(a) 所示為戴維寧等效電路，圖 3.26(b) 為諾頓等效電路，其間之關係可用(3-35)與(3-36)式表示：

$$R_{Th} = R_N \qquad\qquad (3\text{-}35)$$

$$V_{Th} = I_N R_N \qquad\qquad (3\text{-}36)$$

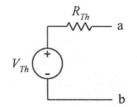
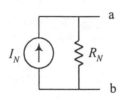

(a)戴維寧等效電路　　(b)諾頓等效電路

圖 3.26

例題 3.9

如圖 3.27(a) 所示，求 a、b 兩端之

(1) 戴維寧等效電路。

(2) 諾頓等效電路。

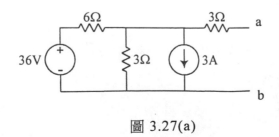

圖 3.27(a)

【解】

(1) 戴維寧等效電路

先求 V_{Th}：

方法一：利用重疊定理

$$V_{Th} = 36\left(\frac{3}{6+3}\right) - 3\left(\frac{6 \times 3}{6+3}\right)$$
$$= 6 \text{ (V)}$$

方法二：利用節點方程式

如圖 3.27(b) 所示，

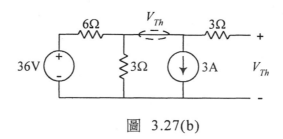

圖 3.27(b)

$$\frac{36 - V_{Th}}{6} = \frac{V_{Th}}{3} + 3$$

同樣解得 $V_{Th} = 6$ (V)

求 R_{Th}：

將圖 3.27(a) 之電壓源短路，電流源開路，可得圖 3.27(c)。

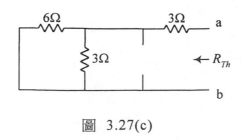

圖 3.27(c)

$$R_{Th} = 3 + (6 // 3)$$
$$= 5 \ (\Omega)$$

所以，戴維寧等效電路如圖 3.27(d) 所示。

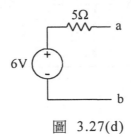

圖 3.27(d)

(2) 諾頓等效電路

　　方法一：直接由圖 3.27(d) 之戴維寧等效電路化簡成圖
　　　　　　3.27(e) 之諾頓等效電路。

$$I_N = \frac{V_{Th}}{R_{Th}}$$
$$= \frac{6}{5}$$
$$= 1.2 \ (A)$$

$$R_N = R_{Th}$$
$$= 5 \ (\Omega)$$

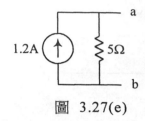

圖 3.27(e)

方法二：求短路電流 I_N

（a）考慮 36 (V) 電壓源（如圖 3.27(f)）

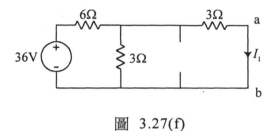

圖 3.27(f)

$$I_1 = \left(\frac{36}{6+(3//)}\right)\left(\frac{3}{3+3}\right)$$

$$= \frac{36}{15} \ (A)$$

（b）考慮 3 (A) 電流源（如圖 3.27(g)）

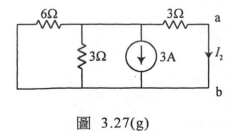

圖 3.27(g)

將圖 3.27(g) 化簡成圖 3.27(h)

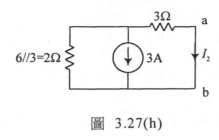

圖 3.27(h)

$$I_2 = -3\left(\frac{2}{2+3}\right)$$

$$= -\frac{6}{5} \text{ (A)}$$

所以，

$$I_N = I_1 + I_2$$

$$= \frac{36}{15} + (-\frac{6}{5})$$

$$= \frac{18}{15}$$

$$= 1.2 \text{ (A)}$$

$$R_N = R_{Th}$$

$$= 5 \text{ (Ω)}$$

諾頓等效電路如圖 3.27(i) 所示。

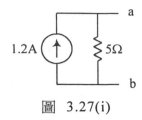

圖 3.27(i)

例題 1.10

如圖 3.28(a) 所示，求 a、b 兩端之

(1) 戴維寧等效電路。

(2) 諾頓等效電路。

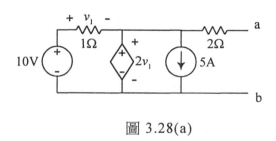

圖 3.28(a)

【解】

(1) 戴維寧等效電路

先求 V_{Th}：

(a) 考慮 10 (V) 電壓源（如圖 3.28(b)）

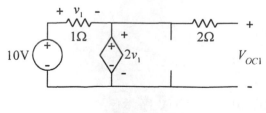

圖 3.28(b)

∵ $v_1 + 2v_1 = 10$

∴ $v_1 = \dfrac{10}{3}$ (V)

$\quad V_{OC1} = 2v_1$

$\qquad = \dfrac{20}{3}$ (V)

（b） 考慮 5 (A) 電流源（如圖 3.28(c)）

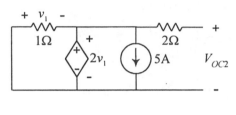

圖 3.28(c)

∵ $-v_1 = 2v_1$

∴ $v_1 = 0$ (V)

$\quad V_{OC2} = 2v_1 = 0$ (V)

綜合 (a) 與 (b)，得

$\quad V_{Th} = V_{OC1} + V_{OC2}$

$\qquad = \dfrac{20}{3}$ (V)

利用驅動點法求 R_{Th}（如圖 3.28(d)）

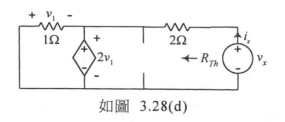

如圖 3.28(d)

$$\because \quad -v_1 = 2v_1$$

$$\therefore \quad v_1 = 0 \ (V)$$

$$v_x = 2i_x + 2v_1$$

$$= 2i_x$$

$$\therefore \quad R_{Th} = \frac{v_x}{i_x}$$

$$= \frac{2i_x}{i_x}$$

$$= 2 \ (\Omega)$$

所以，戴維寧等效電路如圖 3.28(e) 所示。

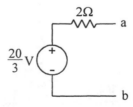

圖 3.28(e) 戴維寧等效電路

(2) 諾頓等效電路

直接由圖 3.28(e) 之戴維寧等效電路化簡成圖 3.28(f) 之諾

頓等效電路。

$$I_N = \frac{V_{Th}}{R_{Th}}$$

$$= \frac{20/3}{2}$$

$$= \frac{10}{3} \text{ (A)}$$

$$R_N = R_{Th}$$

$$= 2 \text{ (}\Omega\text{)}$$

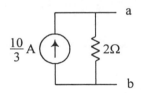

圖 3.28(f) 諾頓等效電路

3.10 特立勤定理

1. 特立勤定理(Tellegen's theorem)

如圖 3.29 所示,一網路具有 b 個分支,若分支電壓 V_k 滿足克希荷夫電壓定律,分支電流 I_k (電流方向參考於電壓方向,由正電壓端流向負電壓端) 滿足克希荷夫電流定律,則**特立勤定理**指出:

$$\sum_{k=1}^{b} V_k I_k = 0 \qquad\qquad (3\text{-}37)$$

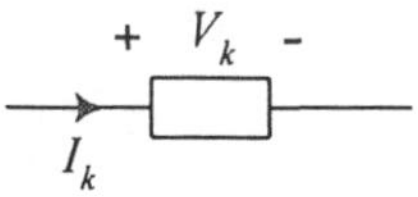

圖 3.29 分支電壓 V_k 和分支電流 I_k 之方向

特立勤定理告訴我們說，只要任何一組滿足 KVL 之分支電壓 V_k，和相對應於電壓參考方向之分支電流 I_k 滿足 KCL，則所有分支電壓和分支電流相乘積之總和必為零。

同理，若有一組分支電壓 V_k 滿足 KVL，且其相對應之分支電流 I_k 滿足 KCL，另一組分支電壓 $\hat{V}_k$ 滿足 KVL，其相對應之分支電流 $\hat{I}_k$ 亦滿足 KCL，則根據特立勤定理可知：

$$\sum_{k=1}^{b} V_k I_k = 0 \tag{3-38}$$

$$\sum_{k=1}^{b} \hat{V}_k \hat{I}_k = 0 \tag{3-39}$$

$$\sum_{k=1}^{b} V_k \hat{I}_k = 0 \tag{3-40}$$

$$\sum_{k=1}^{b} \hat{V}_k I_k = 0 \tag{3-41}$$

特立勤定理指出，對於相同之網路，任何時間都滿足**能量守恆**。

2. 特立勤定理之證明

如圖 3.30 所示，一網路具有 b 個分支，n 個節點，對於任一

支路 k，分支電壓 V_k 滿足 KVL，分支電流 I_k 滿足 KCL(其中 I_k 之方向參考於 V_k)，節點 i 之電壓為 E_i，節點 j 之電壓為 E_j，則

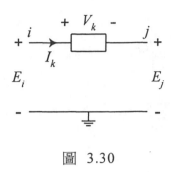

圖 3.30

$$V_k = E_i - E_j$$

$$I_k = I_{ij} \quad （由節點 \ i \ 流向節點 \ j）$$

$$V_k I_k = (E_i - E_j)I_{ij} \tag{3-42}$$

同樣地，

$$V_k I_k = (E_j - E_i)I_{ji} \tag{3-43}$$

(3-42)式加(3-43)式得

$$2V_k I_k = (E_i - E_j)I_{ij} + (E_j - E_i)I_{ji}$$

$$\therefore \ V_k I_k = \frac{1}{2}\left[(E_i - E_j)I_{ij} + (E_j - E_i)I_{ji}\right] \tag{3-44}$$

對於一具有 b 個支路，n 個節點之網路而言，由(3-44)得

$$\sum_{k=1}^{b} V_k I_k = \frac{1}{2}\sum_{j=1}^{n}\sum_{i=1}^{n}(E_i - E_j)I_{ij}$$

$$= \frac{1}{2}\left[\sum_{j=1}^{n}\sum_{i=1}^{n} E_i I_{ij} - \sum_{j=1}^{n}\sum_{i=1}^{n} E_j I_{ij}\right]$$

$$= \frac{1}{2}\left[\sum_{i=1}^{n}\sum_{j=1}^{n} E_i I_{ij} - \sum_{j=1}^{n}\sum_{i=1}^{n} E_j I_{ij}\right]$$

$$= \frac{1}{2}\left[\sum_{i=1}^{n} E_i \sum_{j=1}^{n} I_{ij} - \sum_{j=1}^{n} E_j \sum_{i=1}^{n} I_{ij}\right] \qquad (3\text{-}45)$$

由 KCL 可知

因為，對每一固定節點 i 而言，由節點 i 流向各節點($j = 1, 2, \ldots,$ n)之電流總和為零。所以，

$$\sum_{j=1}^{n} I_{ij} = 0$$

同理，對每一固定節點 j 而言，由各節點($i = 1, 2, \ldots, n$)流向節點 j 之電流總和為零。所以，

$$\sum_{i=1}^{n} I_{ij} = 0$$

所以，(3-45)式變成

$$\sum_{k=1}^{b} V_k I_k = \frac{1}{2}\left[\sum_{i=1}^{n} E_i \times 0 - \sum_{j=1}^{n} E_j \times 0\right]$$

$$= 0$$

故得證。

例題 3.11

如圖 3.31 所示，圖 (a) 與圖 (b) 具有相同之網路 N。對圖 (a) 所做之量測數據標示於圖 (a)，求在圖 (b) 中，流經 2Ω 電阻之電流 I 為何？

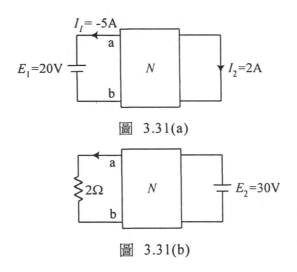

圖 3.31(a)

圖 3.31(b)

【解】

由題意可知

實驗一：（圖 3.31(c)）

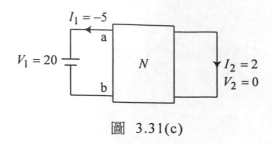

圖　3.31(c)

$$\begin{cases} V_1 = 20 \\ I_1 = -5 \\ V_2 = 0 \\ I_2 = 2 \end{cases}$$

實驗二：（圖　3.31(d)）

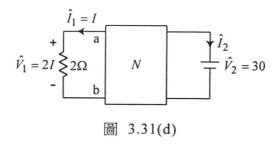

圖　3.31(d)

$$\begin{cases} \hat{V}_1 = 2\,I \\ \hat{I}_1 = I \\ \hat{V}_2 = 30 \\ \hat{I}_2 \end{cases}$$

由特立勤定理可知

$$\sum_{k=1}^{b} V_k \hat{I}_k = \sum_{k=1}^{b} \hat{V}_k I_k$$

$$\because \ V_1 \hat{I}_1 + V_2 \hat{I}_2 = \hat{V}_1 I_1 + \hat{V}_2 I_2$$

$$\therefore \ 20 \times I + 0 \times \hat{I}_2 = 2I \times (-5) + 30 \times 2$$

解得 $I = 2$ (A)

練習題

D1.2 如圖 D1.2 所示之網路 N，第一次實驗時，$R = 2$ (Ω)，$V_1 = 6$ (V)，$I_1 = 2$ (A)，$V_2 = 5$ (V)。第二次實驗時，$R = 10$ (Ω)，$V_1 = 10$ (V)，$I_1 = 5$ (A)，求 $V_2 = ?$

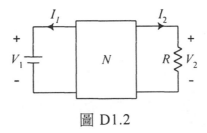

圖 D1.2

【答】

實驗一：$\begin{cases} V_1 = 6 \\ I_1 = 2 \\ V_2 = 5 \\ I_2 = \dfrac{V_2}{R} = \dfrac{5}{2} = 2.5 \end{cases}$

實驗二：
$$
\begin{cases}
\hat{V}_1 = 10 \\
\hat{I}_1 = 5 \\
\hat{V}_2 \\
\hat{I}_2 = \dfrac{\hat{V}_2}{R} = \dfrac{\hat{V}_2}{10} = 0.1\hat{V}_2
\end{cases}
$$

$\because\ V_1\hat{I}_1 + V_2\hat{I}_2 = \hat{V}_1 I_1 + \hat{V}_2 I_2$

$\therefore\ 6\times 5 + 5\times(0.1\hat{V}_2) = 10\times 2 + \hat{V}_2\times 2.5$

解得 $V_2 = \hat{V}_2 = 5$ (V)

3.11 互易定理

互易定理(Reciprocity theorem)

對於線性非時變，且不含任何電源之網路 N，則有下列三個性質：

性質一：加電壓源求短路電流

如圖 3.32 (a) 與 (b) 所示，

若 $V_1 = \hat{V}_2$，則 $\hat{I}_1 = I_2$。

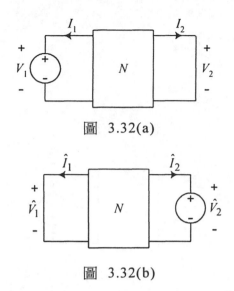

圖 3.32(a)

圖 3.32(b)

證明：由特立勤定理可知

$$V_1 \hat{I_1} + V_2 \hat{I_2} = \hat{V_1} I_1 + \hat{V_2} I_2$$

$$\because V_2 = \hat{V_1} = 0$$

$$\therefore V_1 \hat{I_1} = \hat{V_2} I_2$$

所以，

若 $V_1 = \hat{V_2}$，則 $\hat{I_1} = I_2$ 故得證。

性質二：加電流源求開路電壓

如圖 3.33 (a) 與 (b) 所示，

若 $I_1 = \hat{I_2}$，則 $V_2 = \hat{V_1}$。

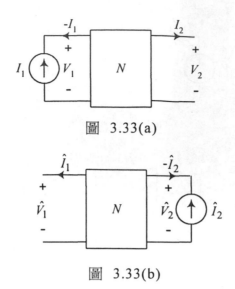

圖 3.33(a)

圖 3.33(b)

證明：由特立勤定理可知

$$V_1 \hat{I}_1 + V_2(-\hat{I}_2) = \hat{V}_1(-I_1) + \hat{V}_2 I_2$$

$$\because \quad I_2 = \hat{I}_1 = 0$$

$$\therefore \quad V_2(-\hat{I}_2) = \hat{V}_1(-I_1)$$

所以，

若 $I_1 = \hat{I}_2$，則 $V_2 = \hat{V}_1$ 故得證。

性質三：加電壓（流）源求電壓（流）

如圖 3.34 (a) 與 (b) 所示，

若 $V_1 = \hat{I}_2$，則 $V_2 = \hat{I}_1$。

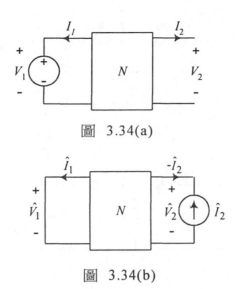

圖 3.34(a)

圖 3.34(b)

證明：由特立勤定理可知

$$V_1 \hat{I_1} + V_2 (-\hat{I_2}) = \hat{V_1} I_1 + \hat{V_2} I_2$$

$$\because \quad I_2 = \hat{V_1} = 0$$

$$\therefore \quad V_1 \hat{I_1} = V_2 \hat{I_2}$$

所以，

若 $V_1 = \hat{I_2}$，則 $V_2 = \hat{I_1}$ 故得證。

例題 3.12

一網路之響應如下圖 3.35(a) 與 (b) 所示，求圖 (c) 之 k 值為何時，可使 R_3 兩端之電壓為零，並求 R_1、R_2、R_3 與 R_4 之值。

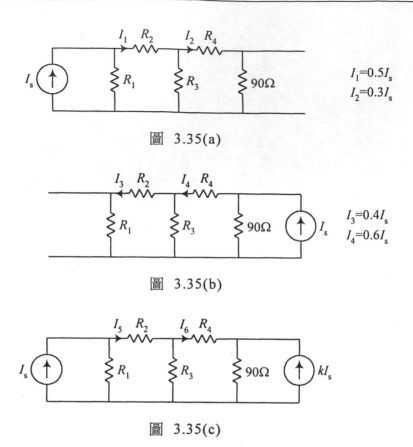

圖 3.35(a)

$I_1 = 0.5I_s$
$I_2 = 0.3I_s$

圖 3.35(b)

$I_3 = 0.4I_s$
$I_4 = 0.6I_s$

圖 3.35(c)

【解】

由圖 3.35(a) 與 (b)，利用互易定理（性質二）可得

$$I_2 \times 90 = I_3 \times R_1$$

$$\because \quad 0.3I_s \times 90 = 0.4I_s \times R_1$$

$$\therefore \quad R_1 = 67.5 \ (\Omega)$$

由圖(c)，利用重疊定理，可得

$$I_5 = I_1 - kI_3$$
$$= 0.5I_s - 0.4kI_s$$

$$I_6 = I_2 - kI_4$$
$$= 0.3I_s - 0.6kI_s$$

∵ 欲使 R_3 兩端電壓為零

∴ $I_5 = I_6$

$$0.5I_s - 0.4kI_s = 0.3I_s - 0.6kI_s$$

解得

$$k = -1$$

此時

$$I_5 = I_6$$
$$= 0.5I_s + 0.4I_s$$
$$= 0.9I_s$$

因 R_3 兩端之電壓為零，故可視為短路，利用分流定理(如圖 3.35(d)
所示) 可得

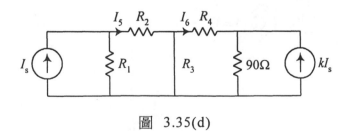

圖 3.35(d)

(1) $\because$ $I_5 = I_s \left(\dfrac{R_1}{R_1 + R_2} \right)$

$\therefore$ $0.9 I_s = I_s \left(\dfrac{67.5}{67.5 + R_2} \right)$

解得

$R_2 = 7.5 \ (\Omega)$

(2) $\because$ $-I_6 = k I_s \left(\dfrac{90}{90 + R_4} \right)$

$\therefore$ $-0.9 I_s = -I_s \left(\dfrac{90}{90 + R_4} \right)$

解得

$R_4 = 10 \ (\Omega)$

由圖(a)可知，

$\because$ $(I_1 - I_2) R_3 = I_2 (R_4 + 90)$

$\therefore$ $0.2 I_s (R_3) = 0.3 I_s (10 + 90)$

解得

$R_3 = 150 \ (\Omega)$

所以綜合以上之計算，得知 $k = -1$，$R_1 = 67.5 \ (\Omega)$，$R_2 = 7.5 \ (\Omega)$，$R_3 = 150 \ (\Omega)$，$R_4 = 10 \ (\Omega)$。

3.12 巴特萊平分定理

巴特萊平分定理(Bartlett's bisection theorem)

如圖 3.36(a) 所示，爲一完全對稱網路 N，則可將原網路修改或由兩個相同電路以中心線連接之網路，如圖 3.36(b) 所示。

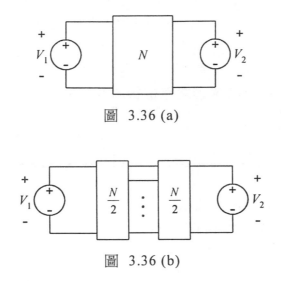

圖 3.36 (a)

圖 3.36 (b)

根據巴特萊平分定理，我們可得以下兩個結論：

1. 若 $V_1 = V_2$，則中心線可視爲開路，如圖 3.36(c) 所示。

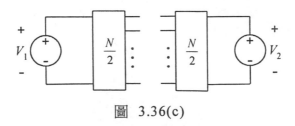

圖 3.36(c)

其理由爲：因爲 $V_1 = V_2$，所以在中心線左右兩端無任何電流通過，所以可將中心線視爲開路。

2. 若 $V_1 = -V_2$，則中心線可視爲短路，如圖 3.36(d) 所示。

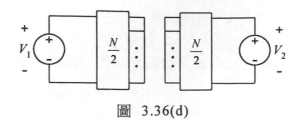

圖 3.36(d)

其理由爲：因爲 $V_1 = -V_2$，所以在中心線左右兩側之對稱網路中，其中心線端之電位相同且爲零電位，因此可將中心線視爲短路。

例題 3.13

如圖 3.37(a) 所示之電路，求
(1) 當 $V_1 = V_2 = 12$ (V)時，$I = ?$
(2) 當 $V_1 = -V_2 = 7$ (V)時，$I = ?$

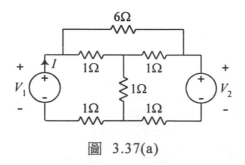

圖 3.37(a)

【解】

原電路可以分成兩個對稱之相同電路，並以中心線連接，如圖 3.37(b) 所示。

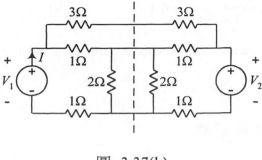

圖 3.37(b)

(1) 當 $V_1 = V_2 = 12$ (V) 時，中心線視為開路（如圖 3.37(c)）。

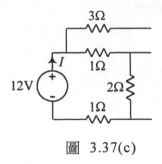

圖 3.37(c)

$$\therefore \quad I = \frac{12}{1+2+1} = 3 \text{ (A)}$$

(2) 當 $V_1 = -V_2 = 7$ (V) 時，中心線視為短路（如圖 3.37(d)）。

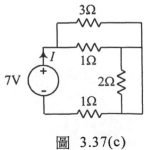

圖 3.37(c)

$$\therefore \quad I = \frac{7}{(1//3)+1} = 4 \text{ (A)}$$

3.13　最大功率定理

在電路分析中，時常會遇到希望把最大功率轉移至負載上，此時我們可以在負載上得到最大之功率。重要的問題是，欲得最大功率時之負載阻抗為何值時，才可得最大功率（最佳之阻抗匹配），且最大功率值為何？**最大功率轉移**(maximum power transfer)**定理**可以用來決定最大功率時之負載阻抗值與最大功率值。我們針對電源特性將電路區分成交流和直流兩種，在此先說明直流電路之最大功率轉移定理，交流電路之最大功率轉移定理留待第六章弦波穩態分析時再討論。

如圖 3.38(a) 所示，為一含有獨立電源及相依電源之電阻性網路，我們的問題是求當 R_L 為何值時，可得最大功率傳輸至 R_L。首先，將圖 3.38(a) 之電路，以圖 3.38(b) 之戴維寧等效電路表示，此時可得在 R_L 上所消耗之功率 P 為

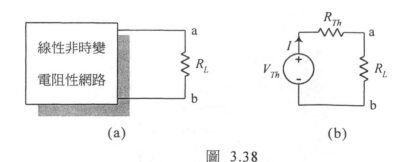

(a)　　　　　　　　　(b)

圖 3.38

$$P = I^2 R_L$$

$$= \left(\frac{V_{Th}}{R_{Th} + R_L} \right)^2 R_L \qquad\qquad (3\text{-}46)$$

此時，V_{Th} 及 R_L 為定值，所以所消耗之功率 P 只是負載 R_L 之函數。欲得最大功率轉移，利用微分技巧，使得 P 對 R_L 之導函數為零即可。

$$\because \quad \frac{dP}{dR_L} = V_{Th}^2 \left[\frac{(R_{Th} + R_L)^2 - 2R_L(R_{Th} + R_L)}{(R_{Th} + R_L)^4} \right] = 0$$

$$\therefore \quad (R_{Th} + R_L)^2 - 2R_L(R_{Th} + R_L) = 0$$

$$(R_{Th} + R_L)^2 = 2R_L(R_{Th} + R_L)$$

$$R_{Th} + R_L = 2R_L$$

$$\therefore \quad R_L = R_{Th} \qquad\qquad (3\text{-}47)$$

所以，當負載電阻 R_L 等於戴維寧等效電阻 R_{Th} 時，可得最大功率轉移至 R_L 上。此時最大功率 P_{max} 為

$$P_{\max} = \left(\frac{V_{Th}}{R_{Th} + R_L} \right)^2 R_L \qquad \text{此時 } R_{Th} = R_L$$

$$= \frac{V_{Th}^2}{4R_L}$$

$$= \frac{V_{Th}^2}{4R_{Th}} \qquad\qquad (3\text{-}48)$$

例題 3.14

如圖 3.39(a) 所示，求當 R_L 為何值時，可得最大功率，且最大功率為何？

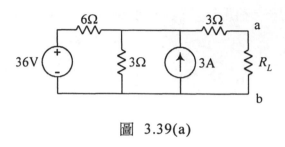

圖 3.39(a)

【解】

先將圖 3.39(a) 中 a、b 兩端之電阻 R_L 移除，如圖 3.39(b) 所示。

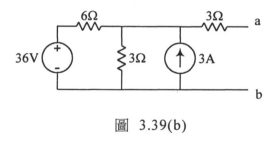

圖 3.39(b)

求圖 3.39(b) 之戴維寧等效電路

(1) 戴維寧等效電壓

利用節點方程式

如圖 3.39(c) 所示，

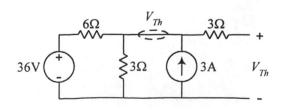

圖 3.39(c)

$$\frac{36 - V_{Th}}{6} + 3 = \frac{V_{Th}}{3}$$

解得 $V_{Th} = 18$ (V)

(2) 戴維寧等效電阻

　　將圖 3.39(a) 之電壓源短路，電流源開路，可得圖 3.39(d)。

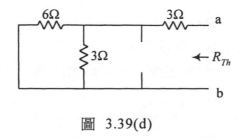

圖 3.39(d)

$$R_{Th} = 3 + (6 /\!/ 3)$$
$$= 5 \ (\Omega)$$

所以，戴維寧等效電路如圖 3.39(e) 所示。

圖 3.39(e)

∴ 當 $R_L = R_{Th} = 5$ (Ω) 時，可得最大功率轉移，最大功率

$$P_{\max} = \frac{V_{Th}^2}{4R_{Th}}$$

$$= \frac{18^2}{4 \times 5}$$

$$= 16.2 \ (\text{W})$$

練習題

D3.3 如圖 D3.3(a) 所示，求 a、b 兩端之

(1) 戴維寧等效電路。

(2) 當 R_L 爲何值時，可得最大功率，且最大功率爲何？

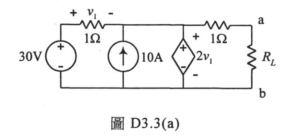

圖 D3.3(a)

【答】(1) 戴維寧等效電路如圖 D3.3(b) 所示。

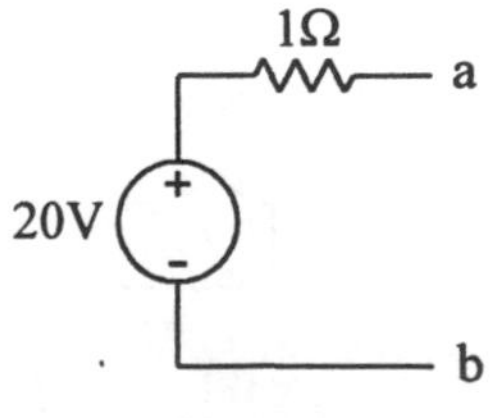

圖 D1.3(b)

(2) 當 $R_L = R_{Th} = 1$ （Ω） 時，可得最大功率轉移，最大功率

$$P_{\max} = 100 \ (\text{W}) \text{。}$$

3.14 結論

　　本章爲電路學之重要定理彙整，首先是分支、節點與迴路之基本定義，緊接著爲克希荷夫電壓定律與迴路方程式。克希荷夫電壓定律是指，對於任一集總電路而言，在任何時刻，對任一迴路，沿著迴路的各分支電壓的代數和爲零。根據此定理，我們可以列出迴路方程式。

　　其次爲克希荷夫電流定律與節點方程式，克希荷夫電流定律指出，對於任一集總電路而言，在任何時刻，對任一節點，流入或流出該節點之所有分支電流代數和爲零。同樣地，根據此定理，我們可以列出節點方程式。

　　歐姆定律描述電壓、電流與電阻三者之間重要之關係式。在介紹電阻之串聯與並聯電路後，則是說明串聯元件之分壓定理與並聯元件之分流定理。接著是 Δ-Y 等效電路互換與多個電源之重疊定理應用。重疊定理指出當一個以上獨立電源驅動或激勵於一線性系統時，系統之總響應爲各個獨立電源的單獨響應之和，這是一個相當重要之觀念。

　　此外，戴維寧定理與諾頓定理在電路學之應用層面相當廣，尤其是戴維寧等效電路。接著介紹特立勤定理、互易定理與巴特萊平分定理。最後則是利用戴維寧等效電路來說明與推導電路最大功率轉移定理。

第四章　一階電路

$$\frac{df(t)}{dt} + kf(t) = r(t)$$

第二章中對於電阻(R)、電感(L)及電容(C)等被動元件已做了簡單描述,其中電阻為耗能元件,電感將能量儲存於磁場中,電容則將能量儲存於電場中,此外,本章中將把這些元件視為線性非時變的元件。根據這些元件的特性,若將電阻器分別與電感器及電容器連接,則形成所謂的 RL 與 RC 電路,這兩種電路在本質上會進行儲能、釋能與耗能的行為,此種行為若以數學式子表示,則形成一階線性齊次微分方程式,因此 RL 與 RC 電路稱為**一階(first order)電路**。

尋找微分方程式的解答即在了解電路的響應,以防止因電路的突然變動,如開關之正常操作或外在事故突然加於電路上等所引起的暫態變化。這些暫態變化若能**經由電路分析預先獲悉暫態期間之電路特性,並經由電路特性調整電路參數,使電路響應依一定順序發生,則能避免暫態期間因電壓或電流過高對電路所造成的損壞**。

為模擬分析電路的暫態響應,一般皆以正常開關操作代表電路之突然變動。倘一階電路未接上任何獨立電源,電路完全依賴元件的本質而響應,如元件尺寸、種類及元件與元件之連接方式等,則此種響應稱之為**自然響應(natural response)**或零輸入響應(zero-input response),又此種響應將電感與電容器上儲存的能量釋放到電阻器上,電阻器最後將能量轉變為熱而使響應消失,故又稱暫態響應(transient response);此外,若以數學觀點看此問題,自然響應則為線性齊次微分方程式之齊性解(homogeneous solution) 或互補解(complementary solution)。

現考慮當一階電路接上獨立電源時的情形,此時電路響應即被此電源所強行主導或激勵,故稱**強行響應(forced response)**或激勵響應(excited response),此種響應由於是探討電感或電容器上無初態時的情況,故又稱零態響應(zero-state response),而接上獨立電源後的響應行為是一種穩態行為,故也稱穩態響應(steady-state response);此外,在數學上,此種響應稱為微分方程式之特解(particular)。為更能具體描述電路之本質,上述兩種響應在本書中稱為自然響應及強行響應。綜合自然響應與激勵響應的結果,利用重疊定理加以整合,則形成一階電路之**完整響應**。

　　本章各節內容摘要如下：4.1 節介紹電感器特性，4.2 節為電感器不考慮互感情況下的串並聯計算，4.3 節進入一階 *RL* 電路領域，內容包含自然響應、強行響應、及完整響應等，4.4 節為電容器特性分析，4.5 節為電容器的串並聯計算，4.6 節則為一階 *RC* 電路，內容包含自然響應、強行響應、及完整響應等，4.7 節介紹一階 *RL* 電路之弦波響應，4.8 節則探討脈衝響應與迴旋定理。

4.1　電感器特性分析

　　電感器為一種能儲存與釋放有限能量的被動元件。早於西元 1800 年代，英國的實驗家麥柯爾-法拉第(Michael Faraday)與美國的發明家約瑟夫-亨利(Joseph Henry) 幾乎同時發現，當磁場隨時間變化時，則會在鄰近電路上感應電壓，此電壓大小和產生該磁場電流的時間變化率成正比，其比值稱為電感，以 *L* 表示，即

$$v(t) = L\frac{di(t)}{dt} \tag{4-1}$$

(4-1)式為電感器電壓的表示方式。另一方面，當線圈本身磁交鏈發生變化時，同樣能感應電勢，但這並非本章探討重點，線圈本身磁交鏈發生變化時所產生的感應電勢將於第七章中說明。電感的符號示於圖 4.1 中，其單位為亨利(H)，由電感符號可想像電感器是由長螺旋形線圈所構成。一般實用電器裝置如變壓器、馬達及發電機等均含有線圈，而電感即為線圈的一種性質，亦即這些裝置均具有電感特性。而在實際裝置上，電感 *L* 並非定值，因大部份裝置的線圈均繞在鐵磁材料上，由於磁飽和作用，使得電感電壓與電感電流變化率呈現非線性特性，如圖 4.2 所示，由於此種飽和磁化曲線較難用數學式子表示，因此，在工程上均以平均電感取代電路電感。

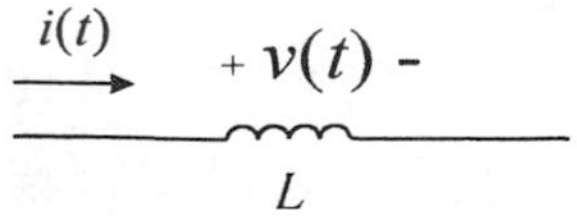

$$\xrightarrow{\;i(t)\;}\quad +\;v(t)\;-$$

$$L$$

圖 4.1 電感器符號表示方法

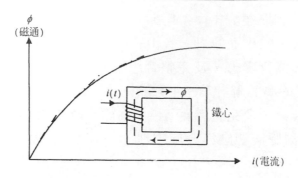

圖 4.2 線圈繞於鐵心上所產生的磁飽和曲線

　　現在我們仔細研究(4-1)式以了解其電氣特性，此方程式顯示通過電感器的電流須為時變，即交流電，若為直流電，則電感電壓為零，此時電感器可視為短路。(4-1)式的另一項意義為，若通過電感器的電流在瞬間產生變化，則跨於電感器兩端的電壓將達到無限大，此無限大的電壓值在理論上雖可以被接受，但真正的裝置卻永遠無法達此要求，若以能量觀點而言，電感電流在瞬間變化也需要儲存在電感器上的能量變化，此瞬間變化的能量也需要無限多的功率，故通過電感器的電流應避免在瞬間產生變化。

　　為強調上述說法，假設通過電感器的電流 $i(t)$ 如圖 4.3(a)所示，電流在 0~1 秒間線性增加為 3A，持續 1 秒後，電流線性下降，至 3 秒時下降為 1A，再持續 1 秒後電流下降為零，若此電流通過一 1H 之電感器，則可利用(4-1)式求得電壓波形如圖 4.3(b)所示，在 0~1 秒間，由於電流線性增加(斜率為 3)，故電感電壓維持在 3 伏特，在 1~2 秒及 3~4 秒間電流不隨時間而變，故電壓為零，在 2~3 秒及 4~5 秒間，電流分別以斜率-2 及-1 線性下降，故電壓值保持在-2 及-1 伏特。

　　為進一步說明電感器上的電流瞬間變化所產生的效應，將圖 4.3(a)的電流波形修改如圖 4.4(a)所示，其中在第 0、第 2 及第 4 秒時，電感電流 $i(t)$ 在瞬間產生變化，故跨於電感器兩端的電壓將產生脈波(spike)現象，以另一觀點來看，電感器兩端所產生的脈波電壓為電感電流瞬間變化所必須的，但以實際電路而言，無限大的瞬間脈波電壓則不實際存在。

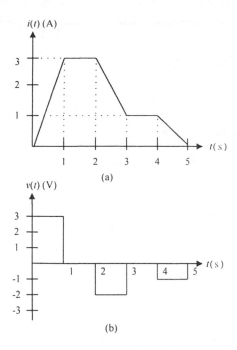

圖 4.3 (a)通過 1H 電感器上的電流波形，(b)相對應的電壓波形

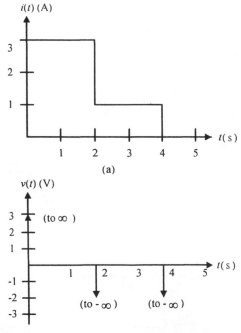

圖 4.4 (a)斜率變爲陡峭的電流波形，(b)相對應的電壓波形

例題 4.1

圖 4.5 為一 100mH 電感器兩端的電流波形，求其電壓波形。

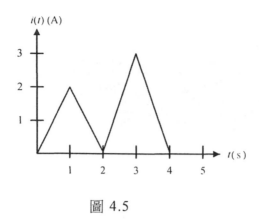

圖 4.5

【解】

根據(4-1)式可得電感器兩端的電壓為

$$v(t) = L\frac{di(t)}{dt} = 100 \times 10^{-3} \times \frac{di(t)}{dt}$$

$$= \begin{cases} 0.2, & 0 \le t < 1 \\ -0.2, & 1 \le t < 2 \\ 0.3, & 2 \le t < 3 \\ -0.3, & 3 \le t < 4 \\ 0.0, & t \ge 4 \end{cases}$$

電壓波形如下所示

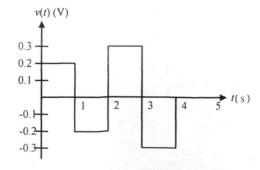

練習題

D4.1 一 300mH 電感器兩端的電流波形畫於圖 D4.1 中,求出其電壓波形。

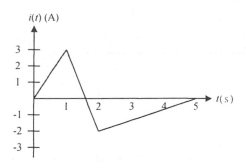

圖 D4.1

【答】

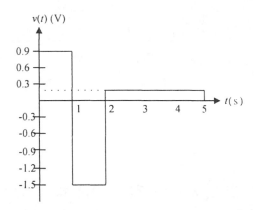

D4.2 圖 D4.2 為電感器兩端的電壓波形,試推求其電流波形(L=1H)。

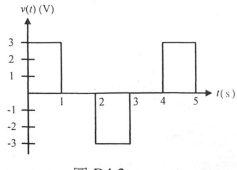

圖 D4.2

【答】

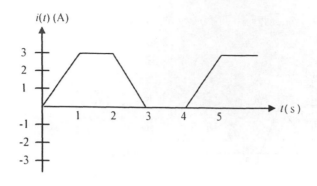

4.2 電感器串並聯

電感器之串、並聯計算可分為(1)不考慮互感及(2)考慮互感兩方面加以討論，本節中主要以第一種情形為討論重點，第二種情形則於第七章加以介紹。底下將分別說明當電感器做串、並聯連接時，其等效電感值的求法。

1. 電感器串聯

考慮圖 4.6 之電路，其中 n 個電感器串聯連接，假設它們之間並無互感存在，若外加電壓為 $v(t)$，則流經每一個電感器的電流均為 $i(t)$，應用 KVL 於該電路，則

$$v(t) = v_1(t) + v_2(t) + ... + v_n(t)$$

即

$$L_{eq} \frac{di(t)}{dt} = L_1 \frac{di(t)}{dt} + L_2 \frac{di(t)}{dt} + ... + L_n \frac{di(t)}{dt}$$

$$= (L_1 + L_2 + ... + L_n) \frac{di(t)}{dt}$$

因此，當 n 個電感器做串聯連接時，其等效電感為

$$L_{eq} = L_1 + L_2 + \ldots + L_n \text{ (H)} \tag{4-2}$$

由上式可知電感器做串聯連接時，其等效電感值為每個電感值相加，與電阻器的串聯公式一致。

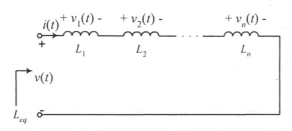

圖 4.6 電感器做串聯連接

2. 電感器並聯

今考慮圖 4.7 之電路，其中 n 個電感器做並聯連接，同樣假設它們之間並無互感存在，若外加電壓為 $v(t)$，電流為 $i(t)$，則每一個電感器的電壓均為 $v(t)$，應用 KCL 於該電路，則

$$i(t) = i_1(t) + i_2(t) + \ldots + i_n(t)$$

即

$$\frac{1}{L_{eq}} \int_0^t v(t)dt = \frac{1}{L_1} \int_0^t v(t)dt + \frac{1}{L_2} \int_0^t v(t)dt + \ldots + \frac{1}{L_n} \int_0^t v(t)dt$$

$$= (\frac{1}{L_1} + \frac{1}{L_2} + \ldots + \frac{1}{L_n}) \int_0^t v(t)dt$$

因此，n 個電感器並聯時的等效電感為

$$L_{eq} = \frac{1}{\dfrac{1}{L_1} + \dfrac{1}{L_2} + \ldots + \dfrac{1}{L_n}} \text{ (H)} \tag{4-3}$$

由(4-2)及(4-3)式可知電感器在不考慮互感情況下，其串並聯等效電感

值的公式與電阻電路相同。

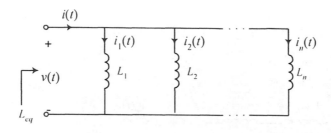

圖 4.7 電感器做並聯連接

例題 **4.2**

圖 4.8 中電感器向右無限延伸連接，求其等效電感。

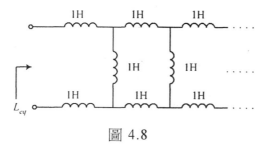

圖 4.8

【解】

由於電感器向右無限延伸連接，原電路可等效如下：

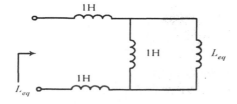

即 $L_{eq} = 2 + 1 /\!/ L_{eq} = 2 + \dfrac{1 \times L_{eq}}{1 + L_{eq}} = \dfrac{2 + 3L_{eq}}{1 + L_{eq}}$

經整理後得

$$L_{eq}^2 - 2L_{eq} - 2 = 0$$

因此，$L_{eq} = 1 + \sqrt{3}$ (H)

或　　$L_{eq} = 1 - \sqrt{3}$ (H)(不合)

練習題

D4.3 試求圖 D4.3 之等效電感，(1) ab 兩端開路，(2) ab 兩端短路。

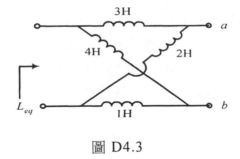

圖 D4.3

【答】(1) $L_{eq} = (4+1)//(3+2) = 2.5$ (H)，(2) $L_{eq} = (2//1) + (3//4) = 2.38$ (H)

D4.5 試求圖 D4.4 之等效電感。

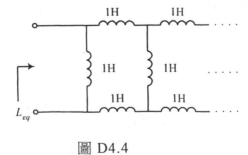

圖 D4.4

【答】$L_{eq} = 1//(2+L_{eq}) = \sqrt{3} - 1$ (H)

4.3　一階 *RL* 電路

　　一階 *RL* 電路中只有電感一個儲能元件，因此可用一階微分方程式加以描述其暫態特性。此暫態行為的發生，主要由於開關的啟、閉瞬間或外在事故所造成，故本節重點在探討一階 *RL* 電路因電路突然變動所造成的響應行為，內容將分為自然響應、強行響應、及完整響應三方面加以探討。

4.3.1　一階 *RL* 電路之自然響應

　　自然響應為儲能元件在沒有外加電源情況下，由元件的初始能量所產生的暫態響應。為探討其特性，今考慮圖 4.9 之電路，當時間 *t* < 0 期間，開關置於 A 點且已達穩態，此時電感儲能使 *t* < 0 期間具有初始電流 I_0，並標記為 $i(0^-) = I_0$；當時間 *t* = 0 時，開關切換至 B 點，此時電感器與電流源隔離，並與電阻器組合成串聯 *RL* 電路，為方便計，令 *i* = *i*(*t*)，且 *v* = *v*(*t*)。應用 KCL 於 B 點，則

$$i_R + i_L = 0$$

或　　　　$$\frac{v}{R} + i_L = 0$$

將 $v = L(di_L / dt)$ 代入上式，並加以整理，則

$$\frac{di_L}{dt} + \frac{R}{L} i_L = 0 \tag{4-4}$$

上式為一典型的一階線性齊次微分方程式，求解時可應用分離變數法將上式分離成

$$\frac{di_L}{i_L} = -\frac{R}{L} dt$$

兩邊取積分

$$\int \frac{1}{i_L} di_L = -\int \frac{R}{L} dt + k' , \quad k' 爲常數$$

於是

$$\ln i_L = -\frac{R}{L} t + k , \quad (k = e^{k'})$$

得 　　　　$$i_L = ke^{-\frac{R}{L}t} \tag{4-5}$$

在 4.1 節中已說明電感電流不能瞬間變化,因此 $i_L(0^-) = i_L(0^+) = i_L(0) = I_0$。將此初始電流代入(4-5)式可得 $k = I_0$,故一階 RL 電路之自然響應為

$$i_L = I_0 e^{-\frac{R}{L}t} \qquad t \geq 0 \tag{4-6}$$

或

$$i_L = I_0 e^{-\frac{1}{\tau}t}, \qquad \tau = \frac{L}{R}, \quad t \geq 0 \tag{4-7}$$

上式中 τ (tou 為希臘字母)定義為時間常數(time constant),其響應曲線劃於圖 4.10 中。在一個時間常數($t = \tau$) 時,$i(\tau)=0.368I_0$,即響應下降至其初始值的 36.8% ; $t = 2\tau$ 時,$i(2\tau) = 0.135I_0$,$t = 3\tau$ 時,$i(3\tau) = 0.0498I_0$,至 $t = 5\tau$ 時,$i(5\tau) = 0.0067I_0$,因此,大約在 5 個時間常數後,電流會衰減至初始值的百分之一,此時電流可忽略。

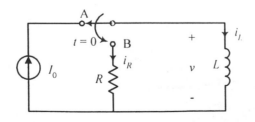

圖 4.9 以開關模擬電路變動之串聯 RL 電路

　　圖 4.10 只針對某一時間常數(*L/R*)而言，不同大小時間常數的響應曲線則畫於圖 4.11 中。當時間常數愈大，則響應曲線衰減得愈慢，若以能量觀點而言，當 *L* 愈大，則初始能量儲存愈多，此時必需以較長時間將初始能量消耗在電阻器上；若降低 *R* 值亦能提高時間常數，在此情況下，由於電阻器之功率較小，故以較長時間消耗儲存在電感器上的初始能量。

　　為何電感器上的初始能量會消耗在電阻器上呢？ 電感器兩端所接收的功率為電壓與電流的乘積，即

$$p_L(t) = vi_L = L\frac{di_L}{dt} \times i_L$$

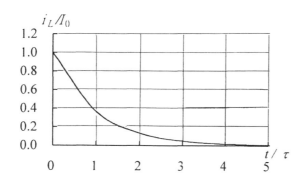

圖 4.10 一階 *RL* 電路之自然響應曲線(*τ*=1)

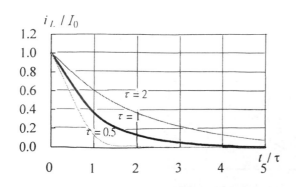

圖 4.11 一階 *RL* 電路在不同時間常數(*τ*)情況下的自然響應曲線

電感能量為功率對時間的積分，它儲存於線圈周圍的磁場中，如下所示：

$$w_L(t) - w_L(t_0) = \int_{t_0}^{t} p_L(t)dt = \int_{t_0}^{t} (L\frac{di_L}{dt} \times i_L)dt$$

$$= L\int_{i_L(t_0)}^{i_L(t)} i_L\, di_L$$

$$= \frac{1}{2}Li_L^2 \Big|_{i_L(t_0)}^{i_L(t)}$$

即

$$w_L(t) - w_L(t_0) = \frac{1}{2}L[i_L^2(t) - i_L^2(t_0)] \qquad (4\text{-}8)$$

上式中，令電感初始電流 $i_L(t_0) = I_0$，且 $i_L(t) = 0$，則電感初始能量為

$$w_L(t_0) = \frac{1}{2}LI_0^2 \qquad (4\text{-}9)$$

根據(4-9)式，任何時刻電感器上的能量可表示為

$$w_L(t) = \frac{1}{2}Li^2 \qquad (4\text{-}10)$$

現在再來探討電阻器上所消耗的功率。假設電阻器上所消耗的功率為 $P_R(t)$，則

$$P_R(t) = i_R^2 R = (-i_L)^2 R$$

$$= I_0^2 R e^{-\frac{2R}{L}t}$$

當時間由零至無限大時，電阻器所消耗的能量為

$$w_R(t) = \int_0^\infty P_R(t)dt = \int_0^\infty I_0^2 R e^{-\frac{2R}{L}t}dt$$

$$= I_0{}^2 R(-\frac{L}{2R})e^{-\frac{2R}{L}t}\Big|_0^\infty$$

$$= \frac{1}{2}LI_0{}^2 \quad \text{(J)} \tag{4-11}$$

由上述結果可知，原先儲存在電感器上的能量為$(1/2)LI_0^2$，經過無限長的時間後，電感器上未儲存任何能量，所有的初始能量都經電阻器轉化為熱而消耗掉。

<table>
<tr><td>例題 4.3</td></tr>
</table>

圖 4.12 中開關首先置於 A 點，達穩定狀態後將開關切換至 B 點，求(1)電感初始儲存能量，(2)開關置於 B 點後之電流方程式，(3)經過 5 個時間常數($t=5\tau$)後的電流值，(4)在(3)情況下，求電感器上的能量。

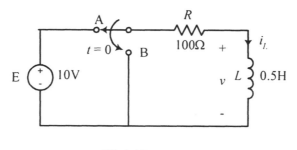

圖 4.12

【解】

(1) 因開關於 A 位置時電路已達穩態，此時電感視同短路，因此

$$i_L(0^-) = \frac{E}{R} = \frac{10}{100} = 0.1 \quad \text{(A)}$$

當開關切換至 B 位置時，因電感電流不能瞬間變動，故

$$i_L(0^+) = i_L(0^-) = i_L(0) = I_0 = 0.1 \ (A)$$

電感初始儲存能量為

$$w_L = \frac{1}{2} L I_0^{\ 2} = \frac{1}{2}(0.5)(0.1)^2$$

$$= 2.5 \ (mJ)$$

(2) 由(4-7)可知此自然響應形式為

$$i_L = 0.1 e^{-\frac{1}{\tau}t}$$

其中 $\tau = \dfrac{L}{R} = \dfrac{0.5}{100} = 5 \ (ms)$

因此，電感電流方程式為

$$i_L(t) = 0.1e^{-200t} \ (A), \quad t \geq 0$$

(3) 當 $t = 5\tau = 25ms$ 時，則

$$i_L(5\tau) = 0.1e^{-200 \times 25 \times 10^{-3}} = 0.67 \ (mA)$$

(4) $t = 5\tau = 25ms$ 時電感儲存能量變為

$$w_L(5\tau) = \frac{1}{2}(0.5)(0.67 \times 10^{-3})^2$$

$$= 0.11 \ (\mu J)$$

例題 **4.4**

圖 4.13 中開關已關閉很長一段時間,於 $t=0$ 時將開關切換至 B 點,試求(1)電感初始儲存能量,(2)開關置於 B 點後之電流方程式,並與例題 4.3 做一比較,(3) $t = 5ms$ 時的電流。

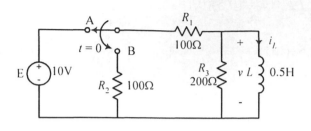

圖 4.13

【解】

(1) 因開關已關閉很長一段時間,即電路已達穩態,此時電感視同短路,因此

$$i_L(0^-) = \frac{E}{R_1} = \frac{10}{100} = 0.1 \text{ (A)}$$

當開關切換至 B 位置時,因電感電流不能瞬間變動,故

$$i_L(0^+) = i_L(0^-) = i_L(0) = I_0 = 0.1 \text{ (A)}$$

電感初始儲存能量為

$$w_L = \frac{1}{2}LI_0^{\,2} = \frac{1}{2}(0.5)(0.1)^2$$

$$= 2.5 \text{ (mJ)}$$

(2) 電感電流的自然響應形式為

$$i_L = 0.1e^{-\frac{1}{\tau}t}$$

其中 $\tau = \dfrac{L}{R_{eq}} = \dfrac{L}{(R_1 + R_2)//R_3}$

$$= \frac{0.5}{(100+100)//200} = 5 \ \text{(ms)}$$

因此，電感電流方程式為

$$i_L(t) = 0.1e^{-200t} \ \text{(A)}, \quad t \ge 0$$

由所獲得結果可知，圖 4.13 與圖 4.12 之電路雖稍有不同，由於電感器兩端的等效電阻值相同，因此具有相同的時間常數及自然響應形式。

(3) 當 $t = 5$ ms 時，$i_L(5\text{ms}) = 0.1e^{-200\times5\times10^{-3}} = 0.036$ (A)

練習題

D4.6 試求圖 D4.5 之(1) $i_L(0^-)$, (2) $i_L(0^+)$, (3) $v(0^-)$, (4) $v(0^+)$, (5) τ、及(6) $i_L(t)$。

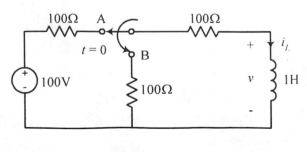

圖 D4.5

【答】(1) 0.5 (A), (2) 0.5 (A),(3) 0 (V), (4)-100 (V), (5) 5 (ms),(6) 0.5 e^{-200t} (A)

D4.7 試求圖 D4.6 之(1) $i_L(0^-)$, (2) $i_L(0^+)$, (3) $v(0^-)$, (4) $v(0^+)$, (5) τ, 及(6) $i_L(t)$。

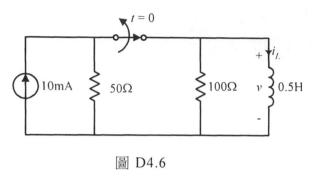

圖 D4.6

【答】(1)10 (mA), (2)10 (mA), (3)0 (V), (4)-1 (V), (5)5 (ms),(6)10 e^{-200t} (mA)

4.3.2 一階 *RL* 電路之強行響應

在前一節中主要介紹一階 *RL* 電路的自然響應,即由電感的初能因釋放能量所造成的暫態現象。在本節中將探討一直流電源突然加至一 *RL* 電路的問題,即強行響應,如圖 4.14 所示。此電路是由一直流電源串聯一開關,及一 *RL* 電路所組成,由於開關在 *t* = 0 關上,故在時間 *t* = 0 之前電流 *i*(*t*)為零,即電感並不具備初能,其響應完全是因電源所造成。此外,強行響應是在時間 *t*=0 後將直流電源加入電路,因此圖 4.14 之電源及開關可以用單位步級函數(unit step function)取代之,如圖 4.15 所示,其所造成的效果與圖 4.14 完全相同。值得注意的是,單位步級響應為測試一網路系統之暫態行為最可靠的方法,大部份的伺服機構及通信與雷達系統中所使用的脈波寬度調變技術等,均以定電源突然加上時決定此機構的響應。

今考慮圖 4.15 的電路，根據 KVL，則

$$L \frac{di(t)}{dt} + Ri(t) = Eu(t)$$

對正時間而言，$u(t)$為 1，因此上式可表示為

$$L \frac{di(t)}{dt} + Ri(t) = E$$

上式為一典型的一階線性常微分方程式，經變數分離可得

$$\frac{di(t)}{i(t) - \frac{E}{R}} = -\frac{R}{L} dt$$

兩邊取積分得

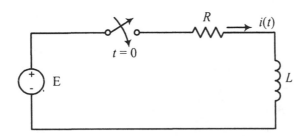

圖 4.14 代表強行響應之一階 *RL* 電路

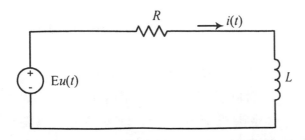

圖 4.15 圖 4.14 之等效步級響應

$$\int \frac{di(t)}{i(t) - \frac{E}{R}} = \int -\frac{R}{L} dt + k' \ , \quad k'為常數$$

積分得　　$\ln[i(t) - \frac{E}{R}] = -\frac{R}{L} t + k'$

或

$$i(t) - \frac{E}{R} = ke^{-\frac{R}{L}t}, \quad (k = e^{k'})$$

為求取 k 值，必須代入初始條件。在 $t < 0$ 期間，$i(0^-) = 0$，由於電感電流不能瞬間變化，故 $i(0^+) = i(0^-) = i(0) = 0$A，由 $i(0) = 0$ 代入上式得

$$k = -\frac{E}{R}$$

因此，

$$i(t) - \frac{E}{R} = -\frac{E}{R} e^{-\frac{R}{L}t}$$

經整理得

$$i(t) = \frac{E}{R}(1 - e^{-\frac{R}{L}t}) \text{A} \quad t \geq 0 \tag{4-12}$$

或

$$i(t) = \frac{E}{R}(1 - e^{-\frac{1}{\tau}t}) \text{ (A)} \ , \qquad \tau = \frac{L}{R}, \quad t \geq 0 \tag{4-13}$$

　　(4-13)式主要由兩項組合而成，其中指數項與 *RL* 電路之自然響應有相同形式，且時間趨近於無限大時該項為零，其與自然響應最大的不同在於該項響應之振幅由激勵函數(電源)決定。(4-13)式的另一項為 *E/R*，它是一項常數。當時間趨向於無限大時，由於能量逐漸消耗，自然響應趨近於零，但全部響應則趨近於 *E/R*，此部份是由激勵函數所貢獻，故稱激勵響應或強行響應，圖 4.16 即為強行響應之特性曲線。由此圖可知，當開關關閉後，電流會由零依指數形式增加到最終的 *E/R*

值，其增加速率由時間常數τ(= L/R)決定，當時間達一倍的時間常數時，電流大約為終值的 63%，即

$$i(\tau) = \frac{E}{R}(1 - e^{-1}) = 0.632(\frac{E}{R})$$

當增加 L 值或減少 R 值，電路中之自然響應部分均需以較長時間衰減至零，故電路亦需以較長時間達至終值(E/R)，圖 4.17 即在不同時間常數下的響應特性曲線。

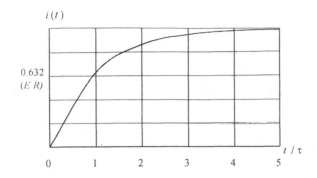

圖 4.16 一階 RL 電路之強行響應特性曲線

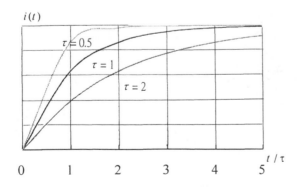

圖 4.17 一階 RL 電路在不同時間常數下的強行響應曲線

例題 **4.5**

圖 4.16 中假設電感 L 無初能,於 $t = 0$ 時開關關閉,當 $t = 0.02$ 秒時,$i(t)$達其最終值的 90%,求 L 值為若干?

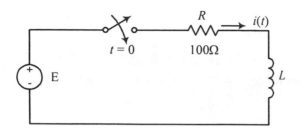

圖 4.16

【解】

圖 4.16 為一強行響應形式,由(4-12)可知

$$i(t) = \frac{E}{R}(1 - e^{-\frac{R}{L}t})$$

其中(E/R)為響應的終值,因此

$$\frac{i(0.02s)}{(E/R)} = 1 - e^{-\frac{R}{L}t} = 0.9$$

即

$$-\frac{R}{L}t = \ln(0.1)$$

得

$$L = -\frac{R}{\ln(0.1)}t = \frac{-100 \times 0.02}{\ln(0.1)}$$

$$= 0.87 \ (H)$$

例題 4.6

圖 4.17 電路之開關於 $t = 0$ 時打開，求 $i(t)$。

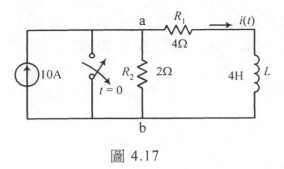

圖 4.17

【解】

圖 4.17 中當開關打開時，電路為一強行響應形式，同時為配合強行響應之電路形式，可將電路中之電流源與 R_2 轉化為戴維寧等效電路，如圖 4.18 所示。由(4-12)可知

$$i(t) = \frac{E}{R_{eq}}(1 - e^{-\frac{R_{eq}}{L}t})$$

其中　$R_{eq} = R_1 + R_2 = 6\Omega$

因此　$i(t) = \frac{10}{3}(1 - e^{-\frac{3}{2}t})(A), \quad t \geq 0$

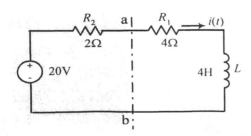

圖 4.18 將 ab 左側電路轉化為戴維寧等效電路

練習題

D4.8 圖 4.16 中，若 $E = 10V$，$R = 100\Omega$，$L = 1H$，當開關閉合後，求(1) 電流達 50%所需時間，(2) 到達穩態所需時間及電流值。

【答】(1)　$t = 6.93$ (ms)，(2) $t = 5\tau = 50$ (ms)，$i(50ms) = 0.099$ (A)

D4.9 圖 4.17 中，(1)當電感器上的電流為 3A 時，求此時時間為若干？ (2)若電感增加為 8H，重做(1)。

【答】(1)1.54 (s)，(b)3.07 (s)

4.3.3　一階 *RL* 電路之完整響應

完整響應由於是同時考慮自然響應與強行響應，因此其響應形式可表示為

$$i(t) = i_n(t) + i_f(t) \tag{4-14}$$

為說明完整響應的形式，今以圖 4.19 為例，假設開關在 A 點已經過一段很長時間，且電路上的電流與電壓不再變化，此時電感視同短路，因此電感上的初始電流為

$$i(0^-) = \frac{E_1}{R_1} = I_0$$

今於 $t = 0$ 時將開關切換至 B 點，為求得自然響應，首先將電源 E 短路，則其響應型式為

$$i_n(t) = ke^{-\frac{R}{L}t}$$

當電路達穩態時，則電感短路，即

$$i_f(t) = \frac{E}{R} = I$$

整合上兩式，得

$$i(t) = I + ke^{-\frac{R}{L}t}$$

由於電感電流不能瞬間變化，因此 $i(0^+) = i(0^-) = i(0) = I_0$，將此初始條件代入上式可得

$$i(0) = I_0 = I + k$$

即

$$k = I_0 - I$$

因此完整響應型式為

$$i(t) = I + (I_0 - I)e^{-\frac{R}{L}t} \tag{4-15}$$

上式亦可表示為

$$i(t) = i(\infty) + [i(0) - i(\infty)]e^{-\frac{R}{L}t} \tag{4-16}$$

其中 $i(\infty)$ 表示電路達穩態時的電流值，$i(0)$ 則為電路之初始電流。

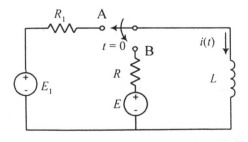

圖 4.19 用以說明完整響應之一階 RL 電路

例題 **4.7**

在圖 4.20 中，假設 $t = 0$ 之前已達穩態，今開關 S_1 於 $t = 0$ 時關閉，S_2 於 $t = 0$ 時打開，求電流 $i(t)$ 及其響應曲線。

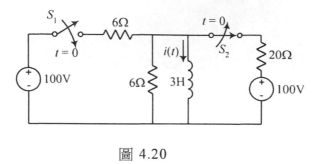

圖 4.20

【解】

圖 4.20 中，由於 $t = 0$ 之前已達穩態，故電感短路，此時 $i(0^-) = 100/20 = 5A$。今於 $t = 0$ 時將 S_1 關閉，S_2 打開，則電路受左側電源所激勵，其自然響應形式為

$$i_n(t) = ke^{-\frac{R_{eq}}{L}t}$$

其中　$R_{eq} = 6 // 6 = 3 \ (\Omega)$

因此　$i_n(t) = ke^{-\frac{3}{3}t} = ke^{-t}$

求激勵響應時，令電路已達穩態，因此

$$i_f(t) = \frac{100}{6} = 16.67 \ (A)$$

整合上二式，可得完整響應為

$$i(t) = \frac{50}{3} + ke^{-t}$$

將初始電流 $i(0^+) = i(0^-) = i(0) = 5\text{A}$ 代入上式，得

$$i(0) = \frac{50}{3} + k = 5$$

即

$$k = 5 - \frac{50}{3} = -11.67$$

因此

$$i(t) = 16.67 - 11.67e^{-t}\,(\text{A}) \quad , \quad t \geq 0$$

圖 4.21 為其響應曲線，當時間趨近於 5 秒時，電流 $i(t)$則趨近於 16.67A。

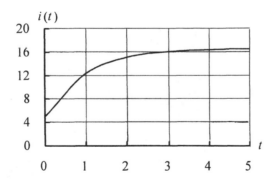

圖 4.21 例題 4.7 之電流響應曲線

例題 **4.8**

(ㄧ)圖 4.22 電路中，於 $t = 0$ 時將開關置於 A 位置，求 $i(t)$、$v_R(t)$、及 $v_L(t)$。

(2) 當時間 $t = 20\text{ms}$ 時，求 $i(t)$、$v_R(t)$、及 $v_L(t)$ 之值。

(3) 當時間 $t = 100\text{ms}$ 時將開關置於 B 位置，求此時之 $i(t)$、$v_R(t)$、及 $v_L(t)$。

(4) 畫出 $i(t)$、$v_R(t)$、及 $v_L(t)$ 之響應曲線。

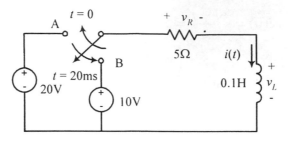

圖 4.22

【解】

(1) 圖 4.22 中，當開關置於 A 位置時，電路為一強行響應形式。由(4-12)式可知

$$i(t) = \frac{20}{5}(1 - e^{-\frac{5}{0.1}t}) = 4(1 - e^{-50t}) \ (\text{A}), \ t \ge 0$$

$$v_R(t) = 5i(t) = 20(1 - e^{-50t}) \ (\text{V}), \ t \ge 0$$

$$v_L(t) = L\frac{di(t)}{dt} = 0.1(200e^{-50t})$$
$$= 20e^{-50t} \ (\text{V}), \ t \ge 0$$

(2) 當 $t = 20\text{ms}$ 時，

$$i(20\text{ms}) = 4(1 - e^{-50(20\times10^{-3})}) = 2.53 \ (\text{A})$$

$$v_R(20\text{ms}) = 5 \times i(20\text{ms}) = 12.65 \ (\text{V})$$

$$v_L(20ms) = 20e^{-50(20\times10^{-3})} = 7.36 \ \text{(V)}$$

(3) 當 $t = 100$ms 時，由於 $t = 5\tau$，此時原電路可視為已達穩態。今將開關置於 B 位置時，則所形成的新電路為一完整響應形式。由(4-16)式

$$i(\infty) = \frac{10}{5} = 2 \ \text{A}$$

$$i(100\text{ms}^+) = i(100\text{ms}^-) = i(100\text{ms}) \cong 4 \ \text{(A)}$$

因此，

$$i(t) = 2 + (4 - 2)e^{-50(t-100\times10^{-3})}$$

$$= 2 + 2e^{-50t'} \ \text{(A)}, \ (t' = t - 100\times10^{-3}), \ t' \geq 0$$

$$v_R(t) = 5i(t) = 10 + 10e^{-50t'} \ \text{(V)}, \ t' \geq 0$$

$$v_L(t) = L\frac{di(t)}{dt} = 0.1(-50 \times 2e^{-50t'})$$

$$= -10e^{-50t'} \ \text{(V)}, \ t' \geq 0$$

(4) 圖 4.23 為 $i(t)$、$v_R(t)$、及 $v_L(t)$之響應曲線。

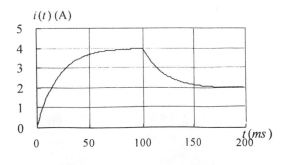

(a)電流 $i(t)$之響應曲線

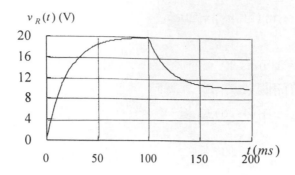

(b) 電阻電壓 $v_R(t)$ 之響應曲線

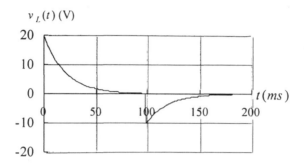

(c) 電感電壓 $v_L(t)$ 之響應曲線

圖 4.23

練習題

D4.10 圖 D4.7 電路中，開關在打開情況下已達穩態，現於 $t = 0$ 時將開關關閉，求電流 $i(t)$。

【答】 $i(t) = 10 - 5e^{-2t}$ (A), $t \geq 0$

D4.11 圖 D4.8 電路中，假設電感無初能，該電路於 $t = 0$ 時將開關關閉，求電流 $i(t)$。

【答】 $i(t) = 3.33(1 - e^{-1000t})$ (A), $t \geq 0$

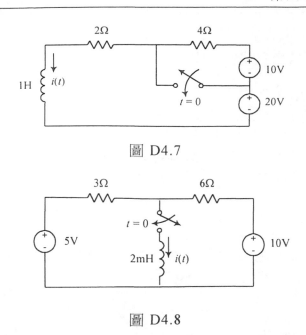

圖 D4.7

圖 D4.8

4.4 電容器特性分析

　　電容器主要由兩導體板中間包圍著一高電阻的介電質所構成，其結構如圖 4.24(a)所示，圖 4.24(b)則為其電路符號。由圖 4.24(a)可知，當電流流入導體板時，會在此導體板上感應一正電荷，當電流流出另一導體板時，則會在此導體板上感應一負電荷，兩導體板間的介電質0則存在由正電荷到負電荷所形成的電場。今考慮當電容器接於電路時的情況。為滿足克希荷夫電流定律，馬克斯威爾(Maxwell)即假設時變的電場或電荷會產生"位移電流"(displacement current)，此電流剛好等於導線上的傳導電流，即

$$i_d = \frac{dq}{dt} = C\frac{dv}{dt} = i \tag{4-17}$$

由上式可知，電容器的電容值 C 為電荷 q 的變化率 (或傳導電流)

　　與電容器兩端電壓變化率的比值，其比值若為線性時，則 C 為一常數，其單位為法拉 (Farad, F)。

(4-17)式說明了電容器的電容值與電路特性有關，事實上，電容器的電容值與材料結構也有關係，如下式所示：

$$C = \epsilon \frac{A}{d} \tag{4-18}$$

其中 A 為面積，d 為兩平行板間的距離，通常 $d \ll A$，ϵ 為介電係數，其值與絕緣材料有關，且

$$\epsilon = \epsilon_r \epsilon_0 \tag{4-19}$$

ϵ_r 為相對介電係數，ϵ_0 為空氣或真空中之介電係數，其值約等於 8.85×10^{-12} 法拉/公尺。

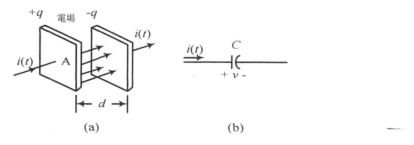

圖 4.24 (a)平兩行導體所構成的電容器，(b)電容器之電路符號

由(4-18)式可發覺當電容器兩端的電壓在瞬間產生變化時，則將產生甚大之電流與功率，此情形就如同我們不允許電感器電流突然變化一樣。因此，在實際應用上，我們仍不允許電容器的電壓在瞬間產生變化。

電容器與電感器一樣，均為一種儲能裝置，即本身並不消耗功率，**電容器究竟以何種形式儲存能量**？今假設電容器所儲存的功率為 $p(t)$，則

$$p(t) = vi = v \times C \frac{dv}{dt}$$

此時儲存於電容器兩導體間板間的能量為

$$w_C(t) - w_C(t_0) = \int_0 p(t)dt = \int_0 (v \times C \frac{dv}{dt}) \ dt$$

$$= C \int_{v(t_0)}^{v(t)} vdv = \frac{1}{2} Cv^2(t) \Big|_{v(t_0)}^{v(t)}$$

即 $\qquad w_C(t) - w_C(t_0) = \frac{1}{2} C[v^2(t) - v^2(t_0)]$ (4-20)

上式中，令電容器初始電壓 $v_C(t_0) = V_0$，且 $v_C(t) = 0$，則電容器 初始能量為

$$w_C(t_0) = \frac{1}{2} Cv^2(t_0)$$ (4-21)

根據(4-21)式，任何時刻電容器上的能量可表示為

$$w_C(t) = \frac{1}{2} Cv^2(t)$$ (4-22)

電容器即為一種儲能裝置，其所儲存的能量勢必依一定程序進行釋能，日常電器如照像機的閃光燈動作，緊急照明設備的充放電效果，及應用於積體電路的積微分器等均為電容器因釋能所造成的現象。

例題 4.9

圖 4.25 中開關於 $t = 0$ 時關閉，假設電容器之初始電壓為零，求 5 秒後電容器上的電壓及儲存能量為若干？

【解】

由(4-17)式知電容器上的電壓為電流的積分，因電容器之初始電壓為零，因此

$$v(t) = \frac{1}{C} \int_0^5 (10)dt = \frac{1}{2} \int_0^5 (10)dt$$

$$= \frac{1}{2} 10t \Big|_0^5 = 25 \ (V)$$

在此時間內儲存能量為

$$w_C = \frac{1}{2} Cv^2(t) = \frac{1}{2} \times 2 \times 25^2$$

$$= 625 \ (J)$$

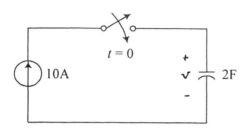

圖 4.25

4.5 電容器串並聯

電容器也可類似電感之串、並聯連接而獲得所需要的電容值。今考慮圖 4.26 之電路,其中 n 個電容器串聯連接,若外加電壓為 $v(t)$,則流經每一個電容器的電流均為 $i(t)$,應用 KVL 於該電路,則

$$v(t) = v_1(t) + v_2(t) + \ldots + v_n(t)$$

即

$$\frac{1}{C_{eq}} \int_0^t v(t) \, dt = \frac{1}{C_1} \int_0^t v(t) \, dt + \frac{1}{C_2} \int_0^t v(t) \, dt + \ldots + \frac{1}{C_n} \int_0^t v(t) \, dt$$

$$= \left(\frac{1}{C_1} + \frac{1}{C_2} + \ldots + \frac{1}{C_n} \right) \int_0^t v(t) \, dt$$

因此,n 個電容器串聯時的等效電容值為

$$C_{eq} = \cfrac{1}{\cfrac{1}{C_1} + \cfrac{1}{C_2} + ... + \cfrac{1}{C_n}} \quad \text{(F)} \qquad (4\text{-}23)$$

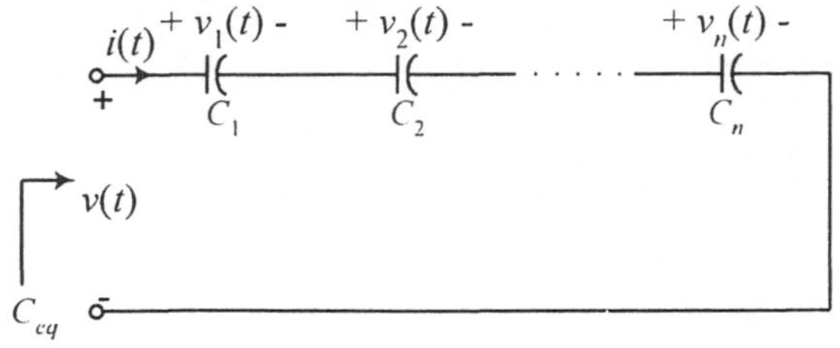

圖 4.26 電容器做串聯連接

現考慮圖 4.27 之電路,其中 n 個電容器做並聯連接,若外加電壓為 $v(t)$,電流為 $i(t)$,則每一個電感器的電壓均為 $v(t)$,應用 KCL 於該電路,則

$$i(t) = i_1(t) + i_2(t) + ... + i_n(t)$$

即

$$C_{eq} \frac{di(t)}{dt} = C_1 \frac{di(t)}{dt} + C_2 \frac{di(t)}{dt} + ... + C_n \frac{di(t)}{dt}$$

$$= (C_1 + C_2 + ... + C_n) \frac{di(t)}{dt}$$

因此,當 n 個電容器做並聯連接時,其等效電容值為

$$C_{eq} = C_1 + C_2 + ... + C_n \quad \text{(F)} \qquad (4\text{-}24)$$

由(4.23)及(4.24)式可知電容器做串聯連接時,其等效電容值的計算方式與電阻電路並聯時相同;當電容器做並聯連接時,其等效電容值的計算方式則與電阻電路串聯時相同。

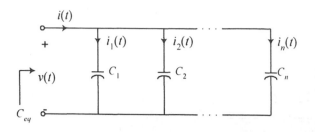

圖 4.27 電容器做並聯連接

練習題

D4.11 求圖 D4.9 電路中之等效電容值。

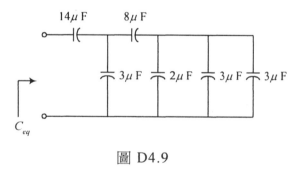

圖 D4.9

【答】$4.67\mu F$

4.6 一階 RC 電路

電容器的充放電效果為一暫態現象，其情形類似於一階 RL 電路，因此，以下將針對一階電路的暫態特性進行分析。

4.6.1 一階 RC 電路之自然響應

考慮圖 4.28 的 RC 電路,時間 $t < 0$ 時電容器已進行充電至電壓 V_0,即 $v(0^-) = V_0$,當 $t = 0$ 時,開關由 A 位置切換至 B 位置,此時電容器與電阻器組合成 RC 電路,應用 KCL 於 B 點可知

$$i_R + i_C = 0$$

或
$$\frac{v_C}{R} + C\frac{dv_C}{dt} = 0$$

經整理得

$$\frac{dv_C}{dt} + \frac{1}{RC}v_C = 0$$

上式與(4-4)式具有相同形式,皆為一階線性齊次微分方程式,因此

$$v_C = V_0 e^{-\frac{1}{RC}t} \qquad t \geq 0 \tag{4-25}$$

或
$$v_C = V_0 e^{-\frac{1}{\tau}t}, \quad \tau = RC, \quad t \geq 0 \tag{4-26}$$

圖 4.29 為(4-26)式的響應曲線,在時間 $t = \tau$ 時,$v_C(\tau) = 0.368V_0$,此情形與圖 4.11 之 RL 響應曲線類似。在圖 4.29 的響應曲線中,若增加 R 值,則流經電阻器的電流愈小,即消耗功率變慢,因此需要較長時間將儲能轉變為熱,其響應曲線愈緩慢;同理,若提高 C 值,則儲存能量愈多,因此需要更長時間進行釋能,不同時間常數的響應情形則顯現於圖 4.30 中。

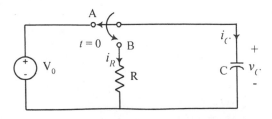

圖 4.28 一階 RC 電路之自然響應

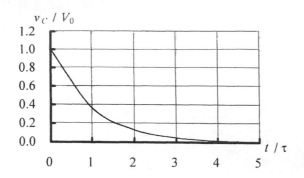

圖 4.29　一階 *RC* 電路之自然響應曲線

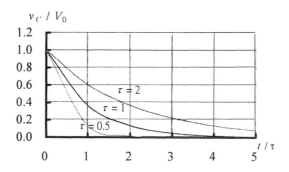

圖 4.30　一階 *RC* 電路在不同時間常數(τ)情況下之自然響應曲線

例題 **4.10**

圖 4.31 中，當 *t* < 0 時開關在位置 A 已達穩態，今於 *t* = 0 時將開關切換至 B 位置，求(1)電容器電壓 $v_c(t)$的響應方程式，(2)在一個時間常數時電容器電壓為初始電壓的幾倍?(3)當時間 *t* = 4ms 時，電容器釋能多少百分比?(4)當 C = 4μF 時，重做(3)。

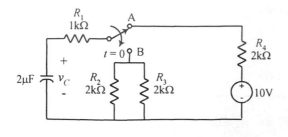

圖 4.31

【解】

(1) $t < 0$ 時，開關置於 A 且已達穩態，電容器將充電至 10 伏特，即 $v_C(0^-) = V_0 = 10V$。當 $t = 0$ 時開關置於 B 位置，其響應方程式為

$$v_C(t) = ke^{-\frac{1}{\tau}t}$$

其中　$\tau = R_{eq}C = [R_1 + (R_2 /\!/ R_3)]C$

$$= [1 + (2 /\!/ 2)] \times 10^3 \times 2 \times 10^{-6} = 4 \ (ms)$$

因此　$v_C(t) = ke^{-250t}$

因電容器兩端電壓不能瞬間變化，即 $v_C(0^+) = v_C(0^-) = 10$ V，將此初始條件代入上式，得

$$v_C(t) = 10e^{-250t} \ (V), \quad t \geq 0$$

(2) 當 $t = \tau = 4ms$ 時，

$$\frac{v(\tau)}{V_0} = \frac{10e^{-1}}{10} = 0.368 倍$$

(3) 電容器初始儲存能量

$$w_C = \frac{1}{2}CV_0^2 = \frac{1}{2} \times 2 \times 10^{-6} \times 10^2 = 0.1 \ (mW)$$

當 $t = \tau = 4ms$ 時，電容器上儲存的能量變為

$$w_C(\tau) = \frac{1}{2}C(V_0(\tau))^2 = \frac{1}{2} \times 2 \times 10^{-6} \times 3.68^2 = 0.01354 \ (mW)$$

因此，電容器釋能百分比(%) $= \dfrac{0.1 - 0.01354}{0.1} \times 100\% = 86.46\%$

(4) 當 C 提高為 $4\mu F$ 時，電容器初始儲存能量為

$$w_C = \frac{1}{2}CV_0{}^2 = \frac{1}{2} \times 4 \times 10^{-6} \times 10^2 = 0.2 \quad (mW)$$

且 $\qquad \tau = R_{eq}C = [R_1 + (R_2 // R_3)]C = 8 \quad (ms)$

此時 $\quad v_C(4ms) = 10\,e^{-\frac{4\times10^{-3}}{8\times10^{-3}}} = 6.0653 \quad (V)$

$$w_C(4ms) = \frac{1}{2} \times 4 \times 10^{-6} \times (6.0653)^2 = 0.07358 \quad (mW)$$

此時，電容器釋能百分比$(\%) = \dfrac{0.2 - 0.07358}{0.2} \times 100\% = 63.21\%$

比較(3)與(4)的結果可知，提高電容值會減緩電容器釋能速度。

練習題

D4.12 圖 D4.10 電路中，開關於 $t = 0$ 時關閉，求(1) $v_C(t)$, $t \geq 0$，(2)電容器釋能百分之五十所需時間。

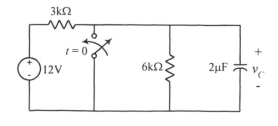

圖 D4.10

【答】(1) $v_C(t) = 8e^{-83.33t}$ (V), $t \geq 0$，(2) 4.16 (ms)

4.6.2 一階 *RC* 電路之強行響應

強行響應爲在沒有初能條件下，由電源激發所引起的響應行爲。圖 4.32 即爲一具有直流電源激發所形成的一階 *RC* 電路，應用 KVL 於該電路，則

$$Ri(t) + v_C(t) = E$$

又 $i(t) = C\dfrac{dv_C(t)}{dt}$ ，因此上式可整理爲

$$\frac{dv_C(t)}{dt} + \frac{1}{RC}v_C(t) = \frac{E}{RC}$$

上式經變數分離可得

$$\frac{dv_C(t)}{v_C(t) - E} = -\frac{1}{RC}dt$$

兩邊取積分

$$\int\frac{dv_C(t)}{v_C(t) - E} = -\int\frac{1}{RC}dt + k'$$

積分得

$$\ln[v_C(t) - E] = -\frac{1}{RC}t + k'$$

或 $\qquad v_C(t) - E = ke^{-\frac{1}{RC}t}, \quad$ （其中 $k = e^{k'}$）

得 $\qquad v_C(t) = E + ke^{-\frac{1}{RC}t}$

因電容器無初能，即 $v_C(0^-) = 0$，且由前面分析可知電容器的電壓不能瞬間改變，因此，$v_C(0^+) = v_C(0^-) = 0$，將此初始條件代入上式，即

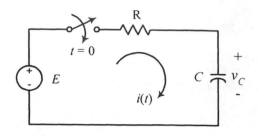

圖 4.32 一階 *RC* 電路之強行響應

$$v_C(0) = E + k = 0$$

得 $\qquad k = -E$

因此 $\qquad v_C(t) = E(1 - e^{-\frac{1}{RC}t}), \quad t \geq 0$ $\qquad\qquad$ (4-27)

或 $\qquad v_C(t) = E(1 - e^{-\frac{1}{\tau}t}), \quad \tau = RC, \quad t \geq 0$ $\qquad\qquad$ (4-28)

(4-28)式與(4-13)式的響應非常類似,不同在於 *RL* 電路響應曲線變數為電流,*RC* 電路則為電壓。圖 4.33 為其不同時間常數下之響應特性曲線,當我們增加電路中之 *R* 或 *C* 值時,響應曲線同樣會以較緩慢速度達至終值 *E*。

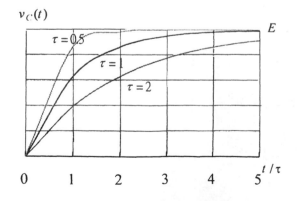

圖 4.33 不同時間常數下一階 *RC* 電路之強行響應

例題 **4.11**

圖 4.34 中，假設電容器無初始能量，電路於 $t = 0$ 時將開關關閉，求(1) $t > 0$ 時之電壓響應方程式，(2)需時多久才能將電容器充電至 150 伏特？

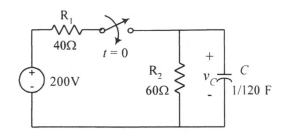

圖 4.34

【解】

(1) 由(4-28)式知

$$v_C(t) = E(1 + e^{-\frac{1}{\tau}t})$$

其中 $E = 200$ (V)

$$\tau = R_{eq}C = (R_1 /\!/ R_2)C = \frac{40 \times 60}{40 + 60} \times \frac{1}{120} = 0.2 \text{ (s)}$$

因此，

$$v_C(t) = 200(1 - e^{-\frac{1}{0.2}t})$$

$$= 200(1 - e^{-5t}) \text{ (V)}, \quad t \geq 0$$

(2) 當 $v_C(t) = 150$V 時，則

$$150 = 200(1 - e^{-5t})$$

$$e^{-5t} = 0.25$$

得　$t = \dfrac{\ln(0.25)}{-5} = 0.2773$ (s)

例題 4.12

圖 4.35 電路中，開關起初置於中間位置，今於時間 $t = 0$ 時將開關置於 A，再於 $t = 20$ms 時將開關置於 B，求此時電容器電壓 $v_C(t)$。

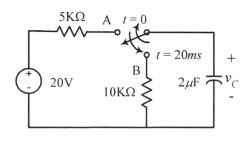

圖 4.35

【解】

開關於 $t = 0$ 置於 A 時，電路為一強行響應形式，由(4-28)式可知

$$v_C(t) = 20(1 - e^{-\frac{1}{\tau_1}t})$$

其中，　$\tau_1 = 5 \times 10^3 \times 2 \times 10^{-6} = 10$ (ms)

因此，　$v_C(t) = 20(1 - e^{-\frac{1}{10 \times 10^{-3}}t})$

$$= 20(1 - e^{-100t}) \text{ (V)}, \quad t \geq 0$$

當 $t = 20\text{ms}$ 時將開關置於 B，此時電容器電壓已充電至

$$v_C(20\text{ms}) = 20(1 - e^{-100 \times 20 \times 10^{-3}})$$

$$= 17.29 \text{ (V)}$$

由於開關置於 B 時為一自然響應形式，且電容器電壓不能瞬間變化，因此其電壓方程式為

$$v_C(t) = v_C(20\text{ms})e^{-\frac{t}{\tau_2}}$$

其中，　　　　　$\tau_2 = 10 \times 10^3 \times 2 \times 10^{-6} = 20 \text{ (ms)}$

因此，　　　　　$v_C(t) = 17.29e^{-50(t-20\times10^{-3})} \text{ (V)}, \quad t \geq 0$

或　　　　　　　$v_C(t) = 17.29e^{-50t'} \text{ (V)}, \quad t' \geq 20 \times 10^{-3} \text{ (s)}$

例題 **4.13**

圖 4.36 為一理想放大器，其輸入阻抗無限大，輸出阻抗趨近於零，假設電容器無初始能量，求 $v_o(t)$，$t \geq 0$。

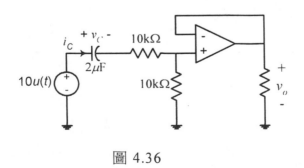

圖 4.36

【解】

圖 4.36 為一理想放大器，其正負輸入為虛接(virtual ground)，

因此，原電路可等效如下

上圖中，　$v_C(0) = 0,\ \text{且}\ v_C(\infty) = 10\ \text{(V)}$

因此，　　$v_C(t) = 10(1 - e^{-\frac{1}{\tau}t})$

其中　　　$\tau = R_{eq}C = (10 + 10) \times 10^3 \times 2 \times 10^{-6} = 40\ \text{(ms)}$

即　　　　$v_C(t) = 10(1 - e^{-25t})$

同時，　　$i_C(t) = C\dfrac{dv_C(t)}{dt} = 2 \times 10^{-6} \times \dfrac{d}{dt}[10(1 - e^{-25t})]$

$$= 0.0005e^{-25t}\ \text{(A)}$$

因此，　　$v_o(t) = 10 \times 10^3 \times 0.0005e^{-25t}$

$$= 5e^{-25t}\ \text{(V)}, \quad t \geq 0$$

練習題

D4.13　圖 D4.11 中，開關起初置於中間位置，今於時間 $t = 0$ 時將開關
　　　　置於 A，再於 $t = 20\text{ms}$ 時將開關置於 B，求 R_1 及 R_2 之值，使得
　　　　在 $t = 20\text{ms}$ 時電容器電壓 $v_C = 17.29\text{V}$ 且 $t = 30\text{ms}$ 時電容器電
　　　　壓 $v_C = 10.49\text{V}$。

【答】$R_1 = 5\ \text{(k}\Omega)$，$R_2 = 10\ \text{(k}\Omega)$

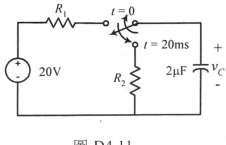

圖 D4.11

D4.14 圖 D4.12 中，放大器之輸入阻抗無限大，輸出阻抗趨近於零，假設電容器無初始能量，求 $v_o(t)$，$t \geq 0$。

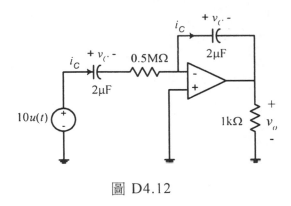

圖 D4.12

【答】 $v_o(t) = 10(e^{-t} - 1)u(t)$ V

4.6.3 一階 *RC* 電路之完整響應

　　一階 *RC* 電路之完整響應亦可由自然響應與強行響應之和求得。以圖 4.37 為例，假設開關在 A 點已有很長的一段時間，由於 E_1 為定值電壓源，對電容器而言兩端視同斷路，故可獲得電容器的初始電壓值，即

$$v_C(0^-) = E_1$$

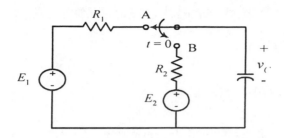

圖 4.37 用以說明完整響應之一階 RC 電路

今於 $t = 0$ 時將開關切換至 B 點，爲求得自然響應，首先將電源 E_2 短路，則其響應型式爲

$$v_{Cn}(t) = ke^{-\frac{1}{R_2 C}t}$$

當電路達穩態時，電容器斷路，即

$$v_{Cf}(t) = E_2$$

整合上兩式，得

$$v_C(t) = E_2 + ke^{-\frac{1}{R_2 C}t}$$

由於電容電壓不能瞬間變化，因此 $v_C(0^+) = v_C(0^-) = v_C(0) = E_1$，將此初始條件代入上式可得

$$v_C(0) = E_1 = E_2 + k$$

即

$$k = E_1 - E_2$$

因此完整響應型式爲

$$i(t) = E_2 + (E_1 - E_2)e^{-\frac{1}{R_2 C}t} \tag{4-29}$$

比較(4-16)式與(4-29)式可整理出一階電路之完整響應的一般型式為

$$f(t) = f_n(t) + f_f(t)$$

$$= f(\infty) + [f(0) - f(\infty)]e^{-\frac{1}{\tau}t} \tag{4-30}$$

上式中若為一階 RL 電路，則變數為電流 $i(t)$，且 $\tau = L/R$；若為一階 RC 電路，則變數為電壓 $v(t)$，且 $\tau = RC$。

例題 4.14 ══════════

　　圖 4.38 電路中，$t < 0$ 時電路已達穩定狀態。今開關於 $t = 0$ 時關閉，求 $v_C(t)$，$t \geq 0$。

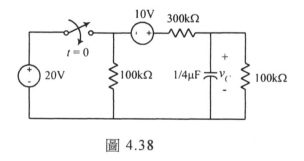

圖 4.38

【解】

　　由於 $t = 0$ 前電路已達穩態，因此電容兩端開路，此時

$$v_C(0^-) = v_C(0^+) = v_C(0) = \frac{100}{100 + 300 + 100} \times 10 = 2 \ \text{(V)}$$

當 $t = 0$ 時開關關閉，由(4-30)式

$$v_C(\infty) = \frac{100}{100 + 300} \times (20 + 10) = 7.5 \ \text{(V)}$$

時間常數為

$$\tau = R_{eq}C = (100 \,//\, 300) \times \frac{1}{4} \times 10^{-6} = 18.75 \ \text{(ms)}$$

因此完整響應為

$$v_C(t) = v_C(\infty) + [v_C(0) - v_C(\infty)]e^{-\frac{1}{\tau}t}$$

$$= 7.5 + (2 - 7.5)e^{-\frac{1}{18.75 \times 10^{-3}}t}$$

$$= 7.5 - 5.5e^{-33.33t} \ \text{(V)}, \qquad t \geq 0$$

練習題

D4.14 圖 D4.12 電路中，$t < 0$ 時電路已達穩定狀態。今開關於 $t = 0$ 時關閉，求 (1) $v_C(t)$，$t \geq 0$，(2) 何時會使電容器電壓為零？

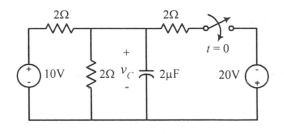

圖 D4.12

【答】(1) $v_C(t) = -\dfrac{10}{3} + \dfrac{25}{3}e^{-7.5 \times 10^5 t} \ \text{(V)}, \qquad t \geq 0$，(2) $t = 1.22 \ (\mu s)$

4.7　一階 RL 電路之弦波響應

　　所謂弦波響應，即前述一階電路中之外加電源部份以一正弦(或餘弦)電源加以取代，其所造成之響應稱弦波響應。由於弦波為一週期性函數，因此，弦波的振幅、頻率及相角等參數將決定其響應的特性。

　　研究一階 *RL* 電路弦波響應的目的在於其響應情形非常類似於同步電動機發生短路故障的現象，其故障電流流動的情形可以電路加以模擬而獲得，以有效幫助電力系統操作人員適當的選擇保護設備容量，如斷路器之啓斷容量等，以增加電力系統之操作穩定度。

　　圖 4.39 爲一 *RL* 電 路 串 聯 一 開 關 及 交 流 電 源 ， 令 $v(t) = V_m \sin(\omega t + \theta)$，其中 V_m 爲弦波振幅，ω 爲角頻率，θ 爲相角。此電路於 $t = 0$ 時將開關關閉，根據 KVL，

$$L\frac{di(t)}{dt} + Ri(t) = V_m \sin(\omega t + \theta) \qquad\qquad (4\text{-}31)$$

上式爲一階線性微分方程式，其完整解可分爲自然響應 $i_n(t)$ 與強行響應 $i_f(t)$ 兩部份，其中

$$i_n(t) = ke^{-\frac{R}{L}t}$$

及　　　　　　$$i_f(t) = \frac{V_m}{Z} \sin(\omega t + \theta - \phi)$$

上式中 Z 爲串聯 *RL* 電路的合成阻抗，即

$$|Z| = \sqrt{R^2 + (\omega L)^2}$$

且　　　　　　$$\phi = \tan^{-1}\frac{\omega L}{R}$$

因此，完整解爲

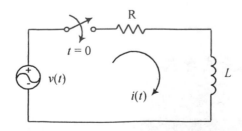

圖 4.39　弦波響應之一階 *RL* 電路

$$i(t) = i_n(t) + i_f(t)$$

$$= \frac{V_m}{Z} \sin(\omega t + \theta - \phi) + ke^{-\frac{R}{L}t}$$

令電感無初能，則 $i(0^-) = i(0^+) = i(0) = 0$，代入上式可得

$$k = -\frac{V_m}{Z} \sin(\theta - \phi)$$

因此

$$i(t) = \frac{V_m}{Z} \sin(\omega t + \theta - \phi) - \frac{V_m}{Z} \sin(\theta - \phi)e^{-\frac{R}{L}t} \qquad (4\text{-}32)$$

上式第一項隨時間作正弦變化，為一穩態成份，第二項則隨時間常數 L/R 作指數衰減，為一暫態成份。值得注意的是，當 $t = 0$ 時，若開關在 $\theta - \phi = 0$ 或 $\theta - \phi = \pi$ 時閉合，則響應中並無暫態成份，且電流瞬間值為零，此與初始條件相符合；但若開關在 $\theta - \phi = \pm(\pi/2)$ 時閉合，則暫態成份最大，圖 4.40 顯示上述兩種情形之電流響應曲線。當電壓加於電路之瞬間，若其暫態成份與穩態電壓成份大小相等、方向相反，則此時之瞬間電流即為零。

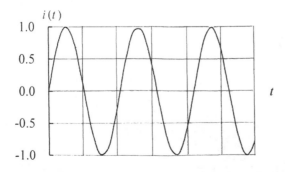

(a)

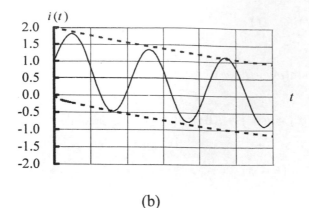

(b)

圖 4.40 (a) $\theta - \phi = 0$ 或 $\theta - \phi = \pi$ 及(b)$\theta - \phi = \pm(\pi/2)$ 之弦波響應曲線

例題 **4.15**

在圖 4.39 電路中，令 $v(t) = 150\sin(1000\pi t + 30^0)$, $i(0^-) = 0.5\text{A}$, 且 $R = 100\Omega$，$L = 0.2\text{H}$，試求 $i(t)$ 之響應曲線。

【解】

根據(4-32)式

$$i(t) = \frac{V_m}{Z}\sin(\omega t + \theta - \phi) - \frac{V_m}{Z}\sin(\theta - \phi)e^{-\frac{R}{L}t}$$

其中

$$V_m = 150 \ (\text{V})$$

$$Z = \sqrt{R^2 + (\omega L)^2} = \sqrt{(100)^2 + (1000\pi \times 0.2)^2} = 636 \ (\Omega)$$

$$\phi = \tan^{-1}\frac{\omega L}{R} = \tan^{-1}\frac{1000\pi \times 0.2}{100} = 89.09^0$$

$$\tau = \frac{L}{R} = \frac{0.2}{100} = 2 \ (\text{ms})$$

因此，電流 $i(t)$ 之響應方程式為

$$i(t) = \frac{150}{636}\sin(1000\pi t + 30^0 - 89.09^0) - \frac{150}{636}\sin(30^0 - 89.09^0)e^{-500t}$$

$$= 0.2358\sin(3141t - 59.09^0) - 0.2023e^{-500t} \quad (\text{A}), \quad t \ge 0$$

其響應曲線如圖 4.41 所示。

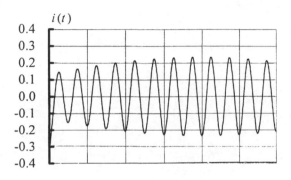

圖 4.41 例題 4.15 之電流響應曲線

4.8　脈衝響應與迴旋定理

一線性非時變電路於 $t = 0$ 時外加一單位脈衝所造成的強行響應，稱為脈衝響應(impulse response)。嚴格言之，單位脈衝並非函數，因此在求解其響應的過程中，應特別留意脈衝函數之基本定義。此外，迴旋定理(convolution theorem)則說明**任意輸入的強行響應為此輸入函數與脈衝響應的迴旋積分**，此觀念對於電機工程師極為重要，底下將逐一探討。

4.8.1　脈衝響應

考慮圖 4.42 之串聯 RL 電路，其電壓源為一脈衝函數 $\delta(t)$，且在 $t < 0$

時，$i(0^-) = 0$，應用 KVL 於該電路，則

$$L \frac{di(t)}{dt} + Ri(t) = \delta(t) \tag{4-33}$$

上式的響應方程式可從兩方面加以探討。

(一) 該電路於 $t < 0$ 時，$\delta(t) = 0$，且 $i(0^-) = 0$，因此，其響應形式為

$$i(t) = 0 \ (A), \ t < 0 \tag{4-34}$$

(二) 當 $t > 0$ 時，$\delta(t) = 0$，則電路((4-33)式)形成一自然響應形式，其解為

$$i(t) = i(0^+)e^{-\frac{R}{L}t} \ (A), \ t > 0 \tag{4-35}$$

圖 4.43 則顯示(4-34)與(4-35)式的響應曲線。將此二式加以整合可得

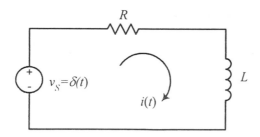

圖 4.42　電壓源為一脈衝函數之串聯 RL 電路

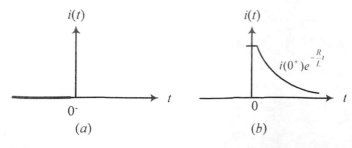

圖 4.43 (a) t < 0 及(b) t > 0 時之電流響應曲線

$$i(t) = u(t)i(0^+)e^{-\frac{R}{L}t} \text{ (A), 對所有 } t \tag{4-36}$$

上式中 $i(0^+)$ 之值尚需決定。今對(4-36)式取微分，即

$$\frac{di(t)}{dt} = \frac{du(t)}{dt}i(0^+)e^{-\frac{R}{L}t} - \frac{R}{L}u(t)i(0^+)e^{-\frac{R}{L}t}$$

$$= \delta(t)i(0^+)e^{-\frac{R}{L}t} - \frac{R}{L}i(t) \tag{4-37}$$

上式中使用了(4-36)式與 $\delta(t) = du(t)/dt$ 的關係。由於除 $t = 0$ 外，$\delta(t)$ 均為零，因此上式第一項中可令 $t = 0$ 並保存 $\delta(t)$ 項，即

$$\frac{di(t)}{dt} = \delta(t)i(0^+) - \frac{R}{L}i(t) \tag{4-38}$$

將上式代入(4-33)式可得

$$L\delta(t)i(0^+) - Ri(t) + Ri(t) = \delta(t)$$

即 $\qquad\qquad i(0^+) = \dfrac{1}{L}$

因此，串聯 RL 電路之脈衝響應形式為

$$i(t) = \frac{1}{L}e^{-\frac{R}{L}t} \text{ (A), } t > 0 \tag{4-39}$$

同理，針對一階 RC 電路(圖 4.44)，其脈衝響應可表示為

$$v_C(t) = \frac{1}{RC}e^{-\frac{1}{RC}t} \text{ (V), } t > 0 \tag{4-40}$$

上式之推導過程讀者可自行練習(見習題 4.21)。

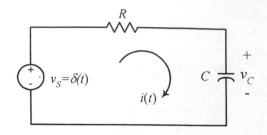

圖 4.44 電壓源爲一脈衝函數之串聯 RC 電路

4.8.2 迴旋定理

　　上一小節已探討脈衝響應存在於一線性非時變電路，本小節則在此基礎上，進一步說明任意輸入的強行響應爲此輸入函數與脈衝響應的迴旋積分(convolution integral)。

　　今考慮一線性非時變電路，其輸入函數爲 $x(t)$，輸出函數爲 $y(t)$，假定輸入函數可用一序列的脈衝趨近，如圖 4.45(a)所示，則此輸入函數可表示如下：

$$x(t) = \sum_{n=-\infty}^{n=\infty} x(n\Delta)w(t - n\Delta) \tag{4-41}$$

其中 $w(t)$ 爲一高度爲 1 且寬度爲 Δ 的單位脈衝，如圖 4.45(b)所示。

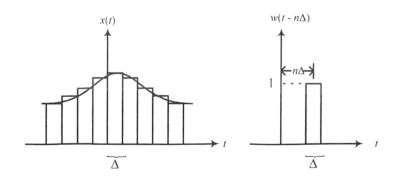

圖 4.45 (a) 輸入函數以一序列的脈衝趨近，(b) 單一脈衝

　　另由圖 4.45 可知，當 Δ 趨近於零，則利用脈衝趨近此函數所造成的誤差將會減少，即

$$\lim_{\Delta \to 0}(\frac{1}{\Delta})w(t - n\Delta) = \delta(t)$$

因此，

$$x(t) = \lim_{\Delta \to 0}\sum_{n=-\infty}^{n=\infty} x(n\Delta)w(t - n\Delta)$$

$$= \lim_{\Delta \to 0}\sum_{n=-\infty}^{n=\infty} x(n\Delta)[\frac{1}{\Delta}w(t - n\Delta)]\Delta$$

$$= \int_{-\infty}^{\infty} x(\tau)\delta(t - \tau)d\tau \qquad (4\text{-}42)$$

上式中，令離散曲間 $n\Delta$ 為連續變數 τ，且 $\Delta = d\tau$。(4-42)亦說明任一函數 $x(t)$為連續脈衝與此函數在此脈衝點強度的乘積再取其積分。

　　任一輸入函數即可利用一序列脈衝取樣趨近，由重疊定理可知，針對一線性非時變電路，其輸出響應 $y(t)$可表示為

$$y(t) = \int_{-\infty}^{\infty} x(\tau)h(t - \tau)d\tau$$

$$= x(t) * h(t) \qquad (4\text{-}43)$$

上式即為迴旋定理的基本公式，其中 $h(t\text{-}\tau)$為電路的脈衝響應，符號 "*" 則代表迴旋積分。前已述及迴旋定理乃針對一般的線性非時變電路才成立，亦即(4-43)式須建立在電路具有輸入- 輸出的線性關係上(如初始條件為零)，且脈衝響應不隨時間而變，只與脈衝應用的時間點有關，如 $\delta(t){\to}h(t)$，$\delta(t\text{-}\tau){\to}h(t\text{-}\tau)$。

　　迴旋積分的另一項重要特性為

$$y(t) = \int_{-\infty}^{\infty} x(\tau)h(t - \tau)d\tau = \int_{-\infty}^{\infty} h(\tau)x(t - \tau)d\tau$$

即　　　　$x(t) * h(t) = h(t) * x(t) \qquad (4\text{-}44)$

應用迴旋積分解電路問題時，應特別留意積分區限。為說明迴旋定理的應用，再次考慮例題 4.6 之電路(圖 4.17)，其 ab 兩端的戴維寧等效電路如圖 4.18 所示，整理後的電路則重畫於圖 4.46 中，此電路的輸入函數可表示為 $x(t) = 20u(t)$，脈衝響應由(4-39)式可知為

$$h(t) = \frac{1}{L}e^{-\frac{R}{L}t} = \frac{1}{4}e^{-\frac{6}{4}t}$$

$$= 0.25e^{-1.5t} \ \text{(A)}, \ t > 0$$

$x(t)$ 與 $h(t)$ 的迴旋積分圖示於圖 4.47 中，其步驟為：(1)折疊，(2)位移，(3)相乘，及(4)積分，其響應結果為

$$i(t) = x(t) * h(t) = \int_0^t x(\tau)h(t-\tau)d\tau$$

$$= \int_0^t 20(0.25)e^{-1.5(t-\tau)}d\tau$$

$$= \frac{10}{3}(e^{-1.5(t-\tau)}\Big|_0^t)$$

$$= \frac{10}{3}(1 - e^{-1.5t}) \ \text{(A)}, \ t > 0$$

此結果與例題 4.6 相同。

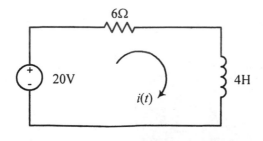

圖 4.46 例題 4.6 經整理後的電路

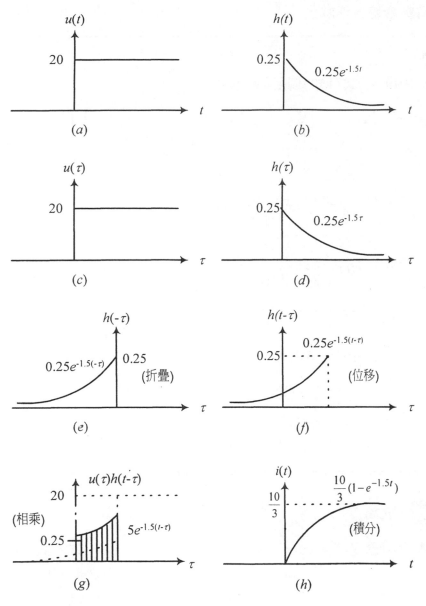

圖 4.47 迴旋積分之圖示法

例題 4.16

再次考慮圖 4.34(例題 4.11)之一階 *RC* 電路，試利用迴旋定理求電壓響應方程試。

【解】

由(4-40)式可知其脈衝響應為

$$h(t) = \frac{1}{R_{eq}C} e^{-\frac{1}{R_{eq}C}t}$$

其中　$R_{eq} = R_1 \mathbin{/\mkern-3mu/} R_2 = 40 \mathbin{/\mkern-3mu/} 60 = 24$　(Ω)

因此，$h(t) = \dfrac{1}{24 \times (1/120)}\ e^{-\frac{1}{24 \times (1/120)}t} = 5e^{-5t}$

由迴旋定理知

$$v_C(t) = x(t) * h(t)$$

$$= \int_0^t x(\tau)h(t-\tau)d\tau = \int_0^t 200 \times 5e^{-5(t-\tau)}d\tau$$

$$= \frac{1000}{5}(e^{-5(t-\tau)}\big|_0^t) = 200(1 - e^{-5t})\ \ \text{(V)},\ \ t > 0$$

4.9　結論

　　本章中已完整介紹一階電路之響應特性及其微分方程式之解。一階電路由於只具有一個儲能元件，在電路上純為指數形式的充放電行為，其充放電的速度則由時間常數決定。在一階 *RL* 電路中，時間常數 $\tau = L/R$，增加電感值或減少電阻值均會減緩其響應速度；而在一階 *RC* 電路中，時間常數 $\tau = RC$，增加電容值或電阻值則會造成響應速度的減緩，即其達到穩定終值的時間會延長，了解上述一階電路之暫態特性，將有助於電機電子工程師對電路在安全上的防護。

　　一階電路的響應形式，本章中分為自然響應、強行響應、及完整響應三方面分別加以探討，由於完整響應係整合自然響應及強行響應，因此(4-30)式所提供的公式可適用於求解三種響應的方程式，這使得一階電路之求解更爲簡捷方便。

　　章末所介紹之脈衝響應與迴旋定理對於電機工程師相當重要，圖示方法求解迴旋積分則有助於讀者對於迴旋定理的瞭解。

　　在具備了一階電路的基礎後，下一章將介紹具有電感與電容兩個儲能元件之二階電路的響應特性，以提供更完整的暫態電路分析。

第五章 二階電路

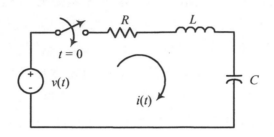

$$\frac{d^2 f(t)}{dt} + k\frac{df(t)}{dt} + kf(t) = r(t)$$

　　第四章有了一階電路的基礎後，研究二階電路的響應特性將更容易。二階系統的應用相當廣泛，如汽車防震的阻尼系統、點火系統、簡單單擺或扭力單擺系統、電子電路上的濾波器及諧波抑制濾波器等皆為二階系統。在同一電路中，若具有電感與電容兩個儲能元件，則將產生一二階電路，以數學式子表示則為二階常係數微分方程式，此方程式具有兩個任意常數，因此，必須決定元件的初始條件及其導數的初始條件，才能求得完整解，這使得分析工作比一階電路更為複雜。

　　在二階系統中，俱有相同結構的電路但元件參數值不同時，其電路響應形式將有所不同。.在電路結構上，串、並聯 *RLC* 電路及無阻尼的串、並聯 *LC* 振盪電路將分別予以探討；在分析方法上，則以自然響應為基礎，並將觀念擴充至強行響應及完整響應。

　　本章內容摘要如下：5.1 為並聯 *RLC* 電路之自然響應，5.2 為串聯 *RLC* 電路之自然響應，5.3 為 *RLC* 電路之完整響應，5.4 為 *LC* 電路之自然響應，5.5 為 *LC* 電路之完整然響應，5.6 則為高階電路，整章的架構先分析並聯 *RLC* 二階電路的響應特性，而串聯 *RLC* 電路則為並聯 *RLC* 電路的對偶電路，先有了並聯 *RLC* 電路的基礎後，串聯 *RLC* 電路的分析工作將更為簡易。而無阻尼的 *LC* 振盪電路為 *RLC* 電路的特例，因此安排於 *RLC* 電路後加以介紹，章末之高階電路，則探討當電路含有兩個以上的儲能元件時，電路響應之分析方法。

5.1　並聯 *RLC* 電路的自然響應

　　並聯 *RLC* 電路的自然響應行為為通信、網路與濾波器設計的基礎，它是由 *L*、*C* 兩個儲能元件加上幾近電感內阻 *R* 所並聯組合而成，如圖 5.1 所示。圖 5.1 中假設電感初始電流為 I_0，電容初始電壓為 V_0。即 $i(0^+) = I_0$，$v(0^+) = V_0$，則根據 KCL 於節點 A 可得：

$$i_R + i_L + i_C = 0$$

即　　　　　　$$\frac{v}{R} + \frac{1}{L}\int_0^t v\,dt + I_0 + C\frac{dv}{dt} = 0$$

將上式微分，可得

$$C\frac{d^2v}{dt^2} + \frac{1}{R}\frac{dv}{dt} + \frac{1}{L}v = 0$$

或

$$\frac{d^2v}{dt^2} + \frac{1}{RC}\frac{dv}{dt} + \frac{1}{LC}v = 0 \tag{5-1}$$

上式為一二階常係數微分方程式，解此方程式的方法甚多，本章將以特徵方程探討其解的特性。令 λ_1 及 λ_2 為(5-1)式的兩個特徵解，則特徵方程式為：

$$\lambda^2 + \frac{1}{RC}\lambda + \frac{1}{LC} = 0 \tag{5-2}$$

解得

$$\lambda_{1,2} = -\frac{1}{2RC} \pm \sqrt{(\frac{1}{2RC})^2 - \frac{1}{LC}} \tag{5-3}$$

上式中，若令 $\omega_0 = \frac{1}{\sqrt{LC}}$, $\alpha = \frac{1}{2RC}$，則(5-2)及(5-3)式可表示為

$$\alpha^2 + 2\alpha + \omega_0^2 = 0 \tag{5-4}$$

及 $$\lambda_{1,2} = -\alpha \pm \sqrt{\alpha^2 - \omega_0^2} \tag{5-5}$$

其中 α 為指數阻尼係數(exponential damping coefficient)，該值的大小直接影響自然響應的衰減速度；ω_0 則為諧振頻率（resonant frequency）。由(5-3)式可知，參數 R、L 及 C 的大小決定電路的響應形式，另由數學觀點而言，α 與 ω_0 的大小則決定特徵根是實數或是複數。表 5-1 則列出了三種特徵根及其其響應形式，**透過調整阻尼係數 α 的大小，可將響**

應分為過阻尼、臨界阻尼、及欠阻尼等三種形式，現在我們分別加以探討。

1. 過阻尼(over damping) 響應

根據表(5.1)，倘 $\alpha^2 > \omega_0^2$，則特徵根為兩個不相等的負實數，其解的方程式，即電壓 $v(t)$ 的響應形式為：

$$v(t) = c_1 e^{\lambda_1 t} + c_2 e^{\lambda_2 t} \tag{5-6}$$

上式兩項均呈指數衰減現象，當時間趨近於無限大時，則 $v(t)$ 趨近於零。

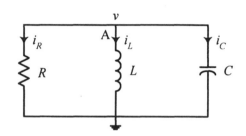

圖 5.1 並聯 RLC 的自然響應電路

表 5.1 RLC 電路之特徵根及其響應形式

判別式	特徵方程式 $\lambda^2 + 2\alpha + \omega_0^2 = 0$		
	$\alpha^2 > \omega_0^2$	$\alpha^2 = \omega_0^2$	$\alpha^2 < \omega_0^2$
根的 特性	兩不相等負實根 $\lambda_{1,2} = -\alpha \pm \sqrt{\alpha^2 - \omega_0^2}$	兩相等負實根 $\lambda_1 = \lambda_2 = \lambda = -\alpha$	兩共軛複數根 $\lambda_{1,2} = -\alpha \pm i\sqrt{\omega_0^2 - \alpha^2}$ $= p \pm iq$
響應 形式	過阻尼	臨界阻尼	欠阻尼
解的 形式	$f(t) = c_1 e^{\lambda_1 t} + c_2 e^{\lambda_2 t}$	$f(t) = c_1 e^{\lambda t} + c_2 t e^{\lambda}$	$f(t) = e^{pt}(c_1 \cos qt + c_2 \sin q$

為明確說明 $v(t)$ 的過阻尼響應特性，底下將舉一例題說明。

例題 **5.1**

在圖 5.2 電路中，電容器初始電壓 $v_C(0) = 0$ (V)，電感器初始電流 $i_L(0) = -1$ (A)，求(1)電壓響應方程式，(2)最大響應時的時間點及其電壓值，(3)畫出響應曲線。

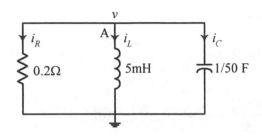

圖 5.2 具有過阻尼特性的並聯 *RLC* 電路

【解】

(1) 先判別響應形式。其幾個參數值計算如下：

$$\alpha = \frac{1}{2RC} = \frac{1}{2 \times 0.2 \times \dfrac{1}{50}} = 125 \ \text{s}^{-1}$$

$$\omega_0 = \frac{1}{\sqrt{LC}} = \frac{1}{\sqrt{5 \times 10^{-3} \times \dfrac{1}{50}}} = 100 \ \text{s}^{-1}$$

顯然 $\alpha^2 > \omega_0^2$，故為一過阻尼響應，兩個特徵值分別為：

$$\lambda_1 = -\alpha + \sqrt{\alpha^2 - \omega_0^2} = -125 + \sqrt{(125)^2 - (100)^2} = -50$$

$$\lambda_2 = -\alpha - \sqrt{\alpha^2 - \omega_0^2} = -125 - \sqrt{(125)^2 - (100)^2} = -200$$

因此，自然響應形式為：

$$v(t) = c_1 e^{-50t} + c_2 e^{-200t} \qquad \text{①}$$

上式具有兩個未知數，因此必須利用電感與電容的初值求出未知常數 c_1 與 c_2。首先由 $v_C(0) = 0$ V 代入上式可得

$$c_1 + c_2 = 0 \qquad \text{②}$$

將① 式微分，則

$$\frac{dv(t)}{dt} = -50c_1 e^{-50t} - 200c_2 e^{-200t} \qquad \text{③}$$

又因 $\quad i_C(0) = C \dfrac{dv(0)}{dt}$

即

$$\frac{dv(0)}{dt} = \frac{i_C(0)}{C} = \frac{-[i_L(0) + i_R(0)]}{C}$$
$$= \frac{-[-1+0]}{\frac{1}{50}} = 50 \quad (\text{V}/\text{s})$$

上式中跨於電阻器兩端的初始電流為零。將 $\dfrac{dv(0)}{dt} = 50$ 代入②式，得

$$-50\, c_1 - 200c_2 = 50 \qquad \text{④}$$

由②及④式可得

$$c_1 = \frac{1}{3}, \quad \text{及} \quad c_2 = -\frac{1}{3}$$

因此，電壓響應方程式為

$$v(t) = \frac{1}{3}(e^{-50t} - e^{-200t}) \ (V), \quad t \geq 0$$

上式在 $t = 0$ 時 $v(t)$ 為零，此與先前之假設一致，且第一項具有 1/50 秒的時間常數，第 2 項則具有 1/200 秒的時間常數，每一項皆從相同的振幅開始，但第 2 項的衰減速度較快，故 $v(t)$ 永遠為正值。但當時間趨近於無限大時，兩項均趨近於零，且響應消失。

(2) 欲求得響應最大時的時間點，則可將 $v(t)$ 取微分後獲得，即

$$\frac{dv(t)}{dt} = \frac{1}{3}(-50e^{-50t_m} + 200e^{-200t_m}) = 0$$

經整理得

$$e^{-150t_m} = 0$$

得 $t_m = 9.24 \ (ms)$

且 $v(t_m) = 0.1573 \ (V)$

(2) 圖 5.3 顯示過阻尼的響應曲線，其中虛線代表兩個指數項，實線則為 $v(t)$ 的過阻尼響應。

2. 臨界阻尼（critical damping）響應

透過適當調整 R 值，使得阻尼係數大小等於諧振頻率時，即 $\alpha^2 = \omega^2$，則稱為臨界阻尼響應。由表 5.1 可知其特徵根為兩個相等負實根，且 $v(t)$ 的響應方程式為

$$v(t) = c_1 e^{\lambda t} + c_2 t e^{\lambda t} \tag{5-7}$$

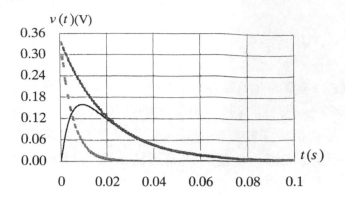

圖 5.3 過阻尼的響應曲線

其響應特性將由底下例題加以說明。

例題 **5.2**

為說明臨界阻尼的響應特性，將圖 5.2 中的 R 值由 0.2Ω 改為 0.25 Ω，電容器初始電壓及電感器初始電流仍維持不變，即 $v_C(0) = 0$ V，$i_L(0) = -1$ A，求(1)電壓響應方程式，(2)最大響應時的時間點及其電壓值，(3)畫出響應曲線。

【解】

  (1) 當 R 值由 0.2Ω 改為 0.25Ω，ω_0值未變(即 $\omega_0 = 100$)，α 值則為

$$\alpha = \frac{1}{2RC} = \frac{1}{2 \times 0.25 \times \dfrac{1}{50}} = 100 \quad s^{-1}$$

因 $\omega_0 = \alpha = 100$，故為一臨界阻尼的響應。由表 5.1 可知兩個特徵根均相同，即

$$\lambda_1 = \lambda_2 = -\alpha = -100$$

因此

$$v(t) = c_1 e^{-100t} + c_2 t e^{-100t} \qquad ①$$

且 $$\frac{dv(t)}{dt} = -100 c_1 e^{-100t} + c_2 e^{-100t} - 100 c_2 t e^{-100t} \qquad ②$$

將 $v_C(0) = 0$ V，及 $\dfrac{dv(0)}{dt} = 50$ 兩個初始條件分別代入①及②式

可得

$$c_1 = 0 \ \ 及 \ \ c_2 = 50$$

因此

$$v(t) = 50 t e^{-100t} \ \text{(V)}, \qquad t \geq 0 \qquad ③$$

上式中當時間 t 趨近於無限大時，可利用羅必達(L'Hôpital)
定理決定其終值，即

$$\lim_{t \to \infty} v(t) = \lim_{t \to \infty} \frac{50t}{e^{100t}} = \lim_{t \to \infty} \frac{50}{100 \times e^{100t}} = 0$$

於是，電壓 $v(t)$ 的初值及終值均為零。

(2) 欲求出最大電壓時的時間點，則令

$$\frac{dv(t)}{dt} = 50 e^{-100 t_m} - 5000 t_m e^{-100 t_m} = 0$$

因此

$$t_m = 10 \ \text{(ms)}$$

且 $$v(t_m) = 0.1893 \ \text{(V)}$$

(3) 圖 5.4 顯示臨界阻尼的響應情形，其曲線可與過阻尼響應做

一比較。由圖 5.4 可知，臨界阻尼之最大電壓較過阻尼為大，
主要原因在於提高 R 值降低阻尼係數，亦即臨界阻尼在較大
的電阻器上消耗較小功率，而發生最大響應時間則稍落後於
過阻尼響應。

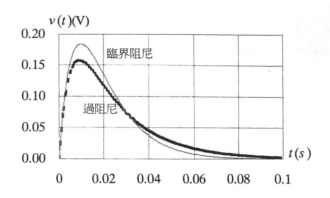

圖 5.4　臨界阻尼之電壓響應曲線

3. 欠阻尼（under damping）響應

在臨界阻尼響應中，若增加 R 值，使得阻尼係數 α 減少，同時 L 及
C 值保持不變，並使 $\alpha^2 < \omega_0^2$，則產生欠阻尼現象。由表 5.1 可知其特
徵根為兩個共軛複數根，且 $v(t)$ 的響應方程式為

$$v(t) = e^{pt}(c_1 \cos qt + c_2 \sin qt) \qquad (5\text{-}8)$$

例題 5.3 中將說明其響應特性。

例題 5.3

假設圖 5.3 中的 R 值再增加為 $0.3\,\Omega$（原 $0.25\,\Omega$），電容器初始電壓
及電感器初始電流仍維持不變，即 $v_C(0) = 0$ V， $i_L(0) = -1$ A，求(1)
電壓響應方程式，(2)最大響應時的時間點及其電壓值，(3)畫出響

應曲線。

【解】

(1) 當 R 值由 $0.25\,\Omega$ 的臨界阻尼改為 $0.3\,\Omega$ 時，ω_0 值仍未變(即 $\omega_0 = 100$)，α 值則為

$$\alpha = \frac{1}{2RC} = \frac{1}{2 \times 0.3 \times \dfrac{1}{50}} = 83.33 \ \text{s}^{-1}$$

由於 $\alpha^2 < \omega_0^2$，故為一欠阻尼響應。由表 5.1 可知兩個特徵根分別為

$$\lambda_{1,2} = -83.33 \pm i\ 55.28$$

因此，電壓響應方程式為

$$v(t) = e^{-83.33t}(c_1 \cos 55.28t + c_2 \sin 55.28t) \qquad ①$$

①式中我們仍須透過 $v_C(0) = 0$ V，及 $i_L(0) = -1$ A 兩個初始條件決定常數 c_1 及 c_2。由 $v_C(0) = 0$ V 代入（5-15）式可得

$$v_C(0) = c_1 = 0$$

因此，①式可直接表示為

$$v(t) = c_2 e^{-83.33t} \sin 55.28t$$

將上式微分，則

$$\frac{dv(t)}{dt} = -83.33 c_2 e^{-83.33t} \sin 55.28t + 55.28 c_2 e^{-83.33t} \cos 55.28t$$

將 $\dfrac{dv(0)}{dt} = 50$ 代入上式，得

$$55.28c_2 = 50$$

即　$c_2 = 0.9045$

因此，欠阻尼的電壓響應形式爲：

$$v(t) = 0.9045\, e^{-83.33t} \sin 55.28t \quad \text{(V)}, \qquad t \geq 0$$

由上式可知，響應之初值爲零，當時間趨近於無限大時，指數項消失，故整個響應的終值亦會趨近於零。

(2) 欲求最大電壓時的時間點，令

$$\frac{dv(t)}{dt} = -83.33 \times 0.9045 \times e^{-83.33t_m} \sin 55.28t_m$$
$$+ 0.9045 \times 55.28 \times e^{-83.33t_m} \cos 55.28t_m = 0$$

因此

$$t_m = 10.6 \ \text{(ms)}$$

且　$v(t_m) = 0.2068 \ \text{(V)}$

(3) 圖 5.5 顯示欠阻尼的響應情形。由圖中可知，欠阻尼由於具有較小阻尼，其響應的最大振幅較臨界阻尼及過阻尼爲大，但達到最大振幅的響應時間則較落後。

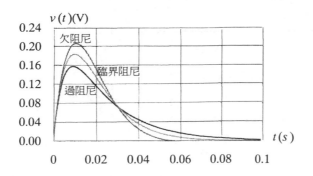

圖 5.5 欠阻尼的電壓響應曲線

在欠阻尼的情況下，若繼續提高 R 值，或使 R 值無限大，則 $\alpha = 0$，此時 $v(t)$ 為一無阻尼的弦波，或稱振盪波形，其為信號產生器的基本原理。故 R 值的存在，會消耗掉 LC 在充放電過程中的部份能量，使得終值趨近於零，基本的 LC 振盪電路將於 5-4 節中加以探討研究。

綜合上述分析，可將三種響應情形做以下三點結論：
(1) 當電阻器存在於並聯 RLC 電路中時，調整 R 值使得當 $\alpha^2 > \omega_0^2$ 時為過阻尼，$\alpha^2 = \omega_0^2$ 時為臨界阻尼，$\alpha^2 < \omega_0^2$ 時為欠阻尼。
(2) 具有較小阻尼(α)者，其響應的最大振幅較大，但時間則較落後。
(3) 當阻尼等於零時，則響應變成一振盪電路，其終值亦不會等於零。

例題 5.4

圖 5.6 電路中，開關於 $t = 0$ 時打開，(1)判別電路屬於何種響應？(2)求 $v_C(t)$, t ≥ 0 。

【解】

(1) $t < 0$ 時，$v_C(0^-) = -100$ (V)，且 $i_L(0^-) = 10/5 = 2$ (A)，

當 $t = 0$ 時開關打開，10(V)電源與電路隔開，且 $100u(-t)$ 電源為零伏特，電路形成一並聯 RLC 電路。因此，

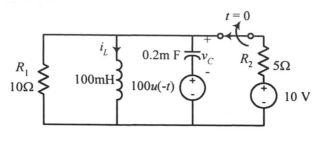

圖 5.6

$$\frac{dv(0^+)}{dt} = \frac{i_C(0^+)}{C} = \frac{-[i_L(0^+) + i_R(0^+)]}{C}$$

$$= \frac{-[i_L(0^+) + v_C(0^+)/R_1]}{C}$$

$$= \frac{-[2 + (-100/10)]}{0.2 \times 10^{-3}} = 40000 \ (V/s)$$

參數 α 及 ω_0 為

$$\alpha = \frac{1}{2RC} = \frac{1}{2 \times 10 \times 0.2 \times 10^{-3}} = 250 \ s^{-1}$$

$$\omega_0 = \frac{1}{\sqrt{LC}} = \frac{1}{\sqrt{100 \times 10^{-3} \times 0.2 \times 10^{-3}}} = 224 \ s^{-1}$$

顯然 $\alpha^2 > \omega_0^2$，故為一過阻尼響應

(2) 兩個特徵值分別為

$$\lambda_1 = -\alpha + \sqrt{\alpha^2 - \omega_0^2} = -250 + \sqrt{(250)^2 - (224)^2} = -139$$

$$\lambda_2 = -\alpha - \sqrt{\alpha^2 - \omega_0^2} = -250 - \sqrt{(250)^2 - (224)^2} = -361$$

因此，自然響應形式為：

$$v(t) = c_1 e^{-139t} + c_2 e^{-361t}$$

且電壓的導數為

$$\frac{dv(t)}{dt} = -139c_1 e^{-139t} - 361c_2 e^{-361t}$$

將 $v_C(0^-) = -100$ V 及 $\frac{dv(0)}{dt} = 40000$ V/s 代入上二式，得

$$c_1 + c_2 = -100 \quad \text{及} \quad -139c_1 - 361c_2 = 40000$$

解上二式，得

$$c_1 = 14, \quad c_2 = -114$$

因此，電壓響應方程式為

$$v(t) = 14e^{-139t} - 114e^{-361t} \text{ (V)}, \quad t \geq 0$$

練習題

D5.1 圖 5.6 電路中，若將 10Ω 電阻改為 12.5Ω，(1) 求 α 及 ω ，(2) 判別電路屬於何種響應？(3)求 $dv(0)/dt$ 及 $v_C(t)$, $t \geq 0$ 。

【答】(1)$\alpha = 200$ s^{-1}，$\omega = 224$ s^{-1}，(2)欠阻尼響應，(3) $dv(0)/dt = 30000$

V/s，$v(t) = 100$ $e^{-200\ t}$ (cos 100 t + sin 100 t) (V)，$t \geq 0$

D5.2 假設圖 5.1 為一臨界阻尼電路，並且 $v_C(0) = 50$ V, $i_L(0) = 2$ A。如果 $R = 5$Ω，$\alpha = 200$ s^{-1}，(1)求 L 與 C ，(2) $dv(0)/dt$ ，(3) $v_C(t)$， $t \geq 0$ 。

【答】(1)$L = 0.05$H 與 $C = 0.5$mF，(2) $dv(0)/dt = -24000$ V/s，$v_C(t) = 50$ $e^{-200t} - 14000t$ e^{-200t} V，$t \geq 0$ 。

5.2 串聯 *RLC* 電路的自然響應

串聯 *RLC* 電路係由一理想電阻器、一理想電容器及一理想電感器串聯而成,如圖 5.7 所示。其中電阻器可視為電感器的內阻。應用 KVL 於該電路,則

$$v_R + v_L + v_C = 0$$

即

$$Ri + L\frac{di}{dt} + \frac{1}{C}\int_0^t idt + v_C(0) = 0$$

兩邊取導數,則

$$L\frac{d^2i}{dt^2} + R\frac{di}{dt} + \frac{i}{C} = 0$$

整理之,得

$$\frac{d^2i}{dt^2} + \frac{R}{L}\frac{di}{dt} + \frac{i}{LC} = 0 \tag{5-9}$$

(5-9)式與(5-1)式具有相同形式,因此,並聯 *RLC* 電路的響應特性分析方法適用於串聯 *RLC* 電路上,兩種電路在特性上具有互為對偶關係。其特徵方程式為:

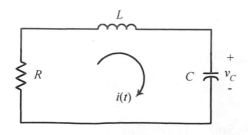

圖 5.7 串聯 *RLC* 電路

$$\lambda^2 + \frac{R}{L}\lambda + \frac{1}{LC} = 0 \tag{5-10}$$

解得 $\quad \lambda_{1,2} = -\frac{R}{2L} \pm \sqrt{(\frac{R}{2L})^2 - \frac{1}{LC}} = 0$

$$= -\alpha \pm \sqrt{\alpha^2 - \omega_0^2} \tag{5-11}$$

其中

$$\alpha = \frac{R}{2L}, \quad 及 \quad \omega_0 = \frac{1}{\sqrt{LC}} \tag{5-12}$$

由上述分析可知，串聯 RLC 電路的諧振頻率 ω_0 與並聯 RLC 電路相同，唯阻尼係數稍有不同（並聯電路中 $\alpha = 1/2RC$），且串聯 RLC 電路中增加 R 值會使阻尼係數增加，減緩響應速度；此外，並聯電路中的響應函數為 $v(t)$，串聯電路則為電流 $i(t)$。

例題 5.5

圖 5.8 中，$R = 1\Omega$，$L = 1H$，$C = 1F$，且 $v_C(0) = 10$ V，$i(0) = 0.5A$，(1)判別電路之響應形式，(2)求 $di(0)/dt$，(3)求 $i(t)$，(4)畫出電流 $i(t)$ 的響應曲線。

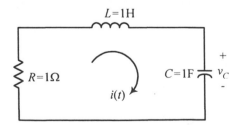

圖 5.8

【解】

(1) 由(5-21)可知

$$\alpha = \frac{R}{2L} = \frac{1}{2 \times 1} = \frac{1}{2}$$

$$\omega_0 = \frac{1}{\sqrt{LC}} = \frac{1}{\sqrt{1 \times 1}} = 1$$

因 $\alpha^2 < \omega^2$，故此電路為一欠阻尼響應。

(2) 因　　$v_R(0) + v_L(0) + v_C(0) = 0$

即　　$Ri(0) + L\dfrac{di(0)}{dt} + v_C(0) = 0$

因此

$$\frac{di(0)}{dt} = -\frac{1}{L}[Ri(0) + v_C(0)]$$

$$= -\frac{1}{1}[1 \times 0.5 + 10] = -10.5 \ (\text{A/s})$$

(3) 此欠阻尼響應的兩個特徵解為：

$$\lambda_{1,2} = -\frac{1}{2} \pm i\sqrt{1^2 - (\frac{1}{2})^2} = -\frac{1}{2} \pm \frac{\sqrt{3}}{2}$$

因此，$i(t)$可表示為

$$i(t) = e^{-\frac{1}{2}t}(c_1 \cos \frac{\sqrt{3}}{2}t + c_2 \sin \frac{\sqrt{3}}{2}t)$$

將上式取導數可得

$$\frac{di(t)}{dt} = -\frac{1}{2}e^{-\frac{1}{2}t}(c_1\cos\frac{\sqrt{3}}{2}t + c_2\sin\frac{\sqrt{3}}{2}t)$$

$$+ e^{-\frac{1}{2}t}(-\frac{\sqrt{3}}{2}c_1\sin\frac{\sqrt{3}}{2}t + \frac{\sqrt{3}}{2}c_2\cos\frac{\sqrt{3}}{2}t)$$

將 $i(0) = 0.5$A 及 $di(0)/dt = -10.5$ A/s 兩個初始條件分別代入上二式可得

$$c_1 = 0.5 \quad 及 \quad c_2 = -11.84$$

故電流響應方程式為

$$i(t) = e^{-\frac{1}{2}t}(0.5\cos\frac{\sqrt{3}}{2}t - 11.84\sin\frac{\sqrt{3}}{2}t) \quad (ÁÁ \quad t \geq 0$$

(4) 圖 5.9 為電流 $i(t)$ 的響應曲線。

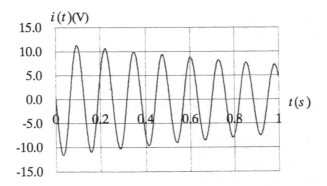

圖 5.9 例題 5.5 之響應曲線

練習題

D5.3 圖 5.8 電路中，若將 1Ω 電阻改為 2Ω，(1) 判別電路屬於何種響應，求(2) $di(0)/dt$ ，及(3) $i(t)$, $t \geq 0$ 。

【答】(1) 臨界阻尼響應,(2) -11 A/s,(3) $i(t) = e^{-t}(0.5 - 10.5t)$ (A), $t \geq 0$

D5.4 接上題,若將 1Ω 電阻改爲 2.5Ω,(1) 判別電路屬於何種響應,求(2) $di(0)/dt$,及(3) $i(t)$, $t \geq 0$ 。

【答】(1)過阻尼響應,(2) -11.25 A/s,(3) $i(t) = -6.83e^{-0.5}t+7.33e^{-2t}$ (A), $t \geq 0$

5.3 *RLC* 電路之完整響應

　　RLC 電路不論是在串聯或並聯情況下,當受到直流電源激勵時,其響應情形與一階電路相同,均由一暫態成份與一穩態成份所組成,暫態成份即爲自然響應,穩態成份則爲強行響應。由於其響應分成三種形式,因此完整響應亦可分成三方面加以探討:

1. 過阻尼響響 ($\alpha^2 > \omega_0^2$)

$$f(t) = f_n(t) + f_f(t)$$
$$= c_1 e^{\lambda_1 t} + c_2 e^{\lambda_2 t} + A, \quad t \geq 0 \tag{5-13}$$

其中 $f_n(t) = c_1 e^{\lambda_1 t} + c_2 e^{\lambda_2 t}$ 爲自然響應成份, $f_f(t) = A = f(\infty)$

爲強行響應成份,且

$$\alpha = \frac{1}{2RC} \quad (並聯)$$

$$\alpha = \frac{R}{2L} \quad (串聯)$$

$$\omega_0 = \frac{1}{\sqrt{LC}}$$

$$\lambda_{1,2} = -\alpha \pm \sqrt{\alpha^2 - \omega_0^2}$$

2. 臨界阻尼響應（$\alpha^2 = \omega_0^2$）

$$f(t) = c_1 e^{\lambda t} + c_2 t e^{\lambda t} + A, \quad t \geq 0 \tag{5-14}$$

其中　　$\lambda_{1,2} = \lambda = -\alpha$

阻尼係數 α 與諧振頻率公式與過阻尼響應相同。

3. 欠阻尼響應（$\alpha^2 < \omega_0^2$）

$$f(t) = e^{pt}(c_1 \cos qt + c_2 \sin qt) + A, \quad t \geq 0 \tag{5-15}$$

其中　　$\lambda_{1,2} = -\alpha \pm i\sqrt{\omega_0^2 - \alpha^2}$
$$= p \pm iq$$

阻尼係數 α 與諧振頻率 ω_0 公式亦與過阻尼響應相同

上述各項方程式中，若為並聯電路，則變數 $f(t)$ 以取電壓 $v(t)$ 為宜；若為串聯電路，則 $f(t)$ 以取電流 $i(t)$ 為宜。同時，係數 c_1 及 c_2 須仰賴初始條件方能求出。

例題 5.6

圖 5.10 電路之開關於 $t = 0$ 時關上，其初始條件為 $i(0^+) = 10A$，$v_C(0^+) = 5V$，求 $i(t)$ 及 $v_C(t)$。

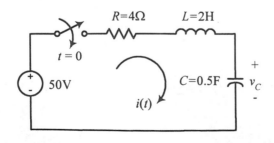

圖 5.10

【解】

圖 5.10 為一串聯 RLC 電路，因此

$$\alpha = \frac{R}{2L} = \frac{4}{2 \times 2} = 1 \ s^{-1}$$

$$\omega_0 = \frac{1}{\sqrt{LC}} = \frac{1}{\sqrt{2 \times 0.5}} = 1 \ s^{-1}$$

因 $\alpha^2 = \omega_0^2$，故為一臨界阻尼響應，其特徵根為：

$$\lambda_{1,2} = \lambda = -\alpha = -1 \ (\text{重根})$$

因此，電流響應形式為

$$i(t) = c_1 e^{-t} + c_2 t e^{-t} + A$$

當時間趨近於無限大時，電容器開路，故 $i(\infty) = A = 0$，於是

$$i(t) = c_1 e^{-t} + c_2 t e^{-t}$$

將上式取導數，則

$$\frac{di(t)}{dt} = -c_1 e^{-t} + c_2 e^{-t} - c_2 t e^{-t}$$

當開關關閉的瞬間，由 KVL 知：

$$v_R(0^+) + v_L(0^+) + v_C(0^+) = 50$$

或　　$v_L(0^+) = L\frac{di(0^+)}{dt} = 50 - v_R(0^+) - v_C(0^+)$

$$\frac{di(0^+)}{dt} = \frac{1}{L}[50 - v_R(0^+) - v_C(0^+)]$$

$$= \frac{1}{L}[50 - i(0^+) \times R - v_C(0^+)]$$

$$= \frac{1}{2}[50 - 10 \times 4 - 5] = 2.5 \text{ (A/s)}$$

將 $i(0^+) = 10$ A 及 $di(0^+)/dt = 2.5$ A/s 兩個初始條件分別代入 $i(t)$ 及 $di(t)/dt$ 兩式,可得

$$i(0^+) = c_1 = 10$$

及 $\quad \dfrac{di(0^+)}{dt} = -c_1 + c_2 = 2.5$

由上二式可得

$$c_1 = 10 \quad 及 \quad c_2 = 12.5$$

因此

$$i(t) = 10e^{-t} + 12.5te^{-t} \text{ (A)}, \quad t \geq 0$$

電容器兩端電壓為

$$v_C(t) = v_C(0^+) + \frac{1}{C}\int_{0^+}^{t} i(t)dt$$

$$= 5 + 2\int_{0^+}^{t}(10e^{-t} + 12.5te^{-t})dt$$

$$= 5 + 2[(-10e^{-t}\Big|_{0^+}^{t}) + 12.5(-te^{-t} - e^{-t}\Big|_{0^+}^{t})]$$

$$= 5 + 2[(-10e^{-t} + 10) + 12.5(-te^{-t} - e^{-t} + 1)]$$

$$= 50 - 45\,e^{-t} - 25\,te^{-t}\ \text{(V)}\,,\quad t \geq 0$$

例題 **5.7**

圖 5.11 電路中，在開關打開很長一段時間後，於 $t = 0$ 時關上，求 $v_C(t)$，$t \geq 0$ 。

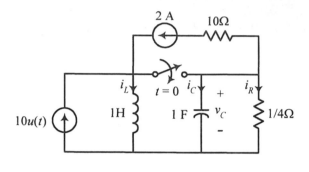

圖 5.11

【解】圖 5.11 電路中，於 $t < 0$ 時電路已達穩態，故電感器視同短路，電容器視同開路，且電源 $10u(t)$ 為 0A(開路)，因此，$v_C\,(0^-) = -2 \times 1/4$ $= -1/2$ V，且 $i_L(0^-) = 2A$。

當 $t = 0$ 時開關關閉，則 2A 電源被短路，此時電路為一並聯 RLC 電路，因此

$$\alpha = \frac{1}{2RC} = \frac{1}{2 \times \dfrac{1}{4} \times 1} = 2\ s^{-1}$$

$$\omega_0 = \frac{1}{\sqrt{LC}} = \frac{1}{\sqrt{1 \times 1}} = 1\ s^{-1}$$

因 $\alpha^2 > \omega_0^2$，故為一過阻尼響應，其特徵根為：

$$\lambda_{1,2} = -\alpha \pm \sqrt{\alpha^2 - \omega_0^2}$$

$$= -2 \pm \sqrt{4-1}$$

$$= -0.27 \ \text{及} \ -3.73$$

因此,

$$v_C(t) = c_1 e^{-0.27t} + c_2 e^{-3.73t} + A$$

因 $v_C(\infty) = 0 = A$,故

$$v_C(t) = c_1 e^{-0.27t} + c_2 e^{-3.73t}$$

且

$$\frac{dv_C(t)}{dt} = -0.27 c_1 e^{-0.27t} - 3.73 c_2 e^{-3.73t}$$

於 $t = 0^+$ 時,根據 KCL 可得

$$i_L(0^+) + i_C(0^+) + i_R(0^+) = 10$$

即 $i_L(0^+) + C\frac{dv_C(0^+)}{dt} + \frac{v_C(0^+)}{R} = 10$

或 $\frac{dv_C(0^+)}{dt} = \frac{1}{C}[10 - i_L(0^+) - \frac{v_C(0^+)}{R}]$

$$= \frac{1}{1}[\ 10 - 2 - \frac{-\frac{1}{2}}{\frac{1}{4}} \ ]$$

$$= 10 \ (V/s)$$

將 $v_C(0^+) = -1/2$ V 及 $dv_C(0^+)/dt = 10$ V/s 兩個初始條件分別代入 $v_C(t)$ 及 $dv_C(t)/dt$ 兩式,可得

$$v_C(0^+) = c_1 + c_2 = -\frac{1}{2}$$

及 $\dfrac{dv_C(0^+)}{dt} = -0.27c_1 - 3.73c_2 = 10$

由上二式可得

$$c_1 = 2.35 \quad 及 \quad c_2 = -2.85$$

因此，電容電壓方程式為

$$v_C(t) = 2.35e^{-0.27t} - 2.85c_2 e^{-3.73t} \text{ (V)}, \quad t \geq 0$$

練習題

D5.5 圖 D5.1 中，求(1) $i_L(0^+)$，(2) $di_L(0^+)/dt$ 及(3) $i_L(t)$，$t \geq 0$

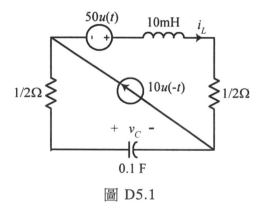

圖 D5.1

【答】(1) 10 (A)，(2) 4500 (A/s)，(3) $i_L(t) = 69.55e^{-11.27t} - 59.55e^{-88.73t}$ (A)，$t \geq 0$

D5.6 圖 D5.2 中，開關於 A 位置已達穩態，今於 $t = 0$ 時將開關切換至 B 位置，此時電路可視為一串聯 RLC 電路，求(1) $i_L(0^+)$，(2)

$di_L(0^+)/dt$ 及 (3) $i_L(t)$，$t \geq 0$

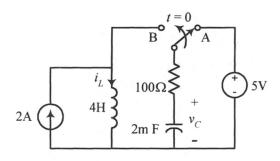

圖 D5.2

【答】(1) 2 (A)，(2) -48.75 (A/s)，(3) $i_L(t) = 2+4.39(e^{-6.95t} - e^{-18.05t})$ (A), $t \geq 0$

D5.7 圖 D5.3 中，開關於 $t < 0$ 時已達穩態，今於 $t = 0$ 時將開關關閉 $v_1(t)$，$t \geq 0$

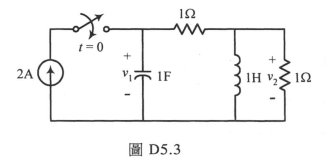

圖 D5.3

【答】 $v_1(t) = 2 + 2e^{-\frac{1}{2}t} (\sin \frac{1}{2}t - \cos \frac{1}{2}t)$ (V)， $t \geq 0$

5.4 *LC 電路之自然響應*

在並聯 *RLC* 電路中，若將電阻 *R* 逐漸增加至無限大，或將 *RLC* 串

聯電路中的電阻 R 逐漸減少至零,則形成所謂的 LC 電路。LC 電路中,由於阻尼係數 á 為零,且存在一諧振頻率,故其自然響應為一波幅維持不變的弦波,此弦波因產生振盪而不會消失。

為說明 LC 振盪電路的觀念,假設圖 5.12 中電容器開關關閉之前已具備初能 V_0,當開關關閉後,電容器經電感器放電,由於電感不會損耗能量,逐將電容之電場能量轉換為磁場能量,此時電容器上的電壓降為零,且電感器中存在電流 I_0,由於電感電流的慣性作用,此電流又流向電容器,使電容器反相充電至$-V_0$,並將磁場能量轉換為電場能量,同時電感電流降為零;電容器的反相電壓又再使電感儲能至$-I_0$,此$-I_0$又使電容器充電至$+V_0$,自此以後,又回復至原始狀態。上述過程循環不已,形成 LC 電路的振盪現象。

LC 電路的自然響應即在具備初能情況下所產生的一種振盪現象,此振盪現象可用一函數加以表示,即

$$f(t) = c_1 \cos \omega_0 t + c_2 \sin \omega_0 t \qquad (5-25)$$

其中 c_1 及 c_2 為未知係數,$\omega_0 = \dfrac{1}{\sqrt{LC}}$ 為振盪頻率。底下將舉例說明 LC 振盪電路之響應情況。

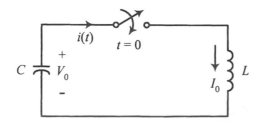

圖 5.12 用以說明能量轉移之 LC 振盪電路

例題 5.8

圖 5.13 電路中,開關於 $t = 0$ 時關閉,求電流 $i_L(t)$,$t \geq 0$,並畫出

響應曲線。

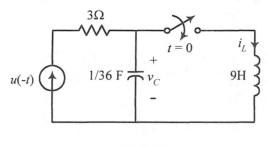

圖 5.13

【解】

在 $t < 0$ 時，$u(-t)$電流源為 1A，此電流源使電容器充電至-3 V，即 $v_C(0^-) = -3V$，且 $i_L(0^-) = 0$ A。

當 $t = 0$ 時開關關上，由於 $u(-t)$電流源失去作用(形同開路)，故形成一 LC 振盪電路，此振盪電路即由電容所具有的初能，即 $v_C(0^+) = v_C(0^-) = -3$ V 開始。

依據(5-25)式，

$$i_L(t) = c_1 \cos \omega_0 t + c_2 \sin \omega_0 t$$

其中

$$\omega_0 = \frac{1}{\sqrt{LC}} = \frac{1}{\sqrt{9 \times \dfrac{1}{36}}} = 2$$

因此

$$i_L(t) = c_1 \cos 2t + c_2 \sin 2t$$

今求未知係數 c_1 及 c_2。將上式微分，則

$$\frac{di_L(t)}{dt} = -2c_1 \sin 2t + 2c_2 \cos 2t$$

又　$v_C(0^+) = v_L(0^+) = L\dfrac{di_L(0^+)}{dt}$

即

$$\frac{di_L(0^+)}{dt} = \frac{v_C(0^+)}{L} = \frac{-3}{9} = -\frac{1}{3} \ \text{A}/s$$

將 $i_L(0^+) = 0$ A 及 $di_L(0^+)/dt = -1/3$ A/s 兩個初始條件分別代入 $i_L(t)$ 及 $di_L(t)/dt$ 兩式，可得

$$i_L(0^+) = c_1 = 0$$

及　$\dfrac{di_L(0^+)}{dt} = 2c_2 = -\dfrac{1}{3}$

即　$c_1 = 0$ 及 $c_2 = -\dfrac{1}{6}$

因此，電流響應方程式為

$$i_L(t) = -\frac{1}{6} \times \sin 2t \ ,\text{(A)} \quad t \geq 0$$

圖 5.14 為其響應曲線。

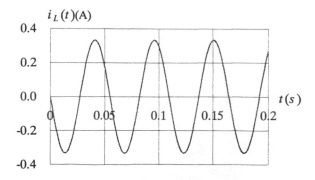

圖 5.14 例題 5.8 之電流響應曲線

練習題

D5.8 圖 5.13 電路中，若將電容器兩端電壓 v_C 視爲變數，求(1)電壓 $v_C(t)$，$t \geq 0$，(2)利用 $v_C(t) = v_L(t) = L\dfrac{di_L(t)}{dt}$ 求 $v_C(t)$，其中 $i_L(t) =$ -(1/6) sin2t，(3)畫出 $v_C(t)$ 之響應曲線。

【答】(1) $v_C(t)$ = -3cos2t (V), $t \geq 0$，(2) $v_C(t)$ = -3cos2t (V), $t \geq 0$，(3)$v_C(t)$ 之響應曲線如下：

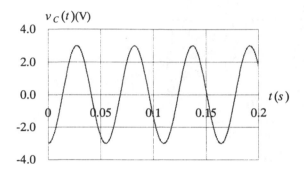

圖 5.15 練習題 D5.7 之電壓響應曲線

5.5 *LC 電路之完整響應*

　　LC 電路之自然響應爲一種無損耗的響應行爲，故爲穩態響應，而 *LC* 電路之完整響應即在此穩態響應情形下，再加上一穩態成份(通常爲直流電)，此穩態成份與 *LC* 電路所具有的穩態響應在觀念上應予區別。

　　LC 電路之完整響應亦必由一自然響應成份與一穩態成份所構成，其一般型式爲

$$f(t) = c_1 \cos\omega_0 t + c_2 \sin\omega_0 t + A \tag{5-16}$$

其中 A 爲穩態成份，即 $A = f(\infty)$。值得一提的是，電阻等於零的 LC 電路雖較不切實際，但可做爲 RLC 電路之阻尼係數 α 甚小時之近似解答，因此，LC 電路之分析仍有其實用價值。

例題 **5.9**

圖 5.16 中，若 $v_C(0^+) = 0$，且 $i(0^+) = 0$，(1)求電流 $i(t)$ 及電容器電壓 $v_C(t)$ 之響應方程式，(2)畫出 $i(t)$ 及 $v_C(t)$ 之響應曲線。

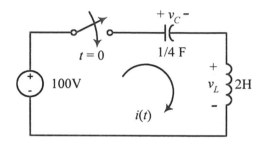

圖 5.16

【解】

(1) 設電流響應方程式爲

$$i(t) = c_1 \cos \omega_0 t + c_2 \sin \omega_0 t + A$$

因　　$\omega_0 = \dfrac{1}{\sqrt{LC}} = \dfrac{1}{\sqrt{2 \times \dfrac{1}{4}}} = \sqrt{2}$

且　　$i(\infty) = 0 = A$

$i(0^+) = 0 = c_1$

因此　$i(t) = c_2 \sin \sqrt{2} t$

將上式微分得

$$\frac{di(t)}{dt} = \sqrt{2}c_2 \cos \sqrt{2}t$$

又 $\quad v_L(0^+) + v_C(0^+) = 100$

即 $\quad L\frac{di(0^+)}{dt} + v_C(0^+) = 100$

故 $\quad \frac{di(0^+)}{dt} = \frac{1}{L}[100 - v_C(0^+)]$

$$= \frac{1}{2}[100 - 0]$$

$$= 50 \ (\text{A/s})$$

將 $di(0+)/dt = 50$ 代入 $di(t)/dt$，則

$$\frac{di(0^+)}{dt} = \sqrt{2}c_2 = 50$$

即 $\quad c_2 = \frac{50}{\sqrt{2}} = 25\sqrt{2}$

因此電流響應方程式為

$$i(t) = 25\sqrt{2} \sin \sqrt{2}t \ ,(\text{A}) \quad t \geq 0$$

電容器兩端電壓為

$$v_C(t) = v_C(0^+) + \frac{1}{C}\int_{0^+}^{t} i(t)dt$$

$$= 0 + 4\int_{0^+}^{t} 25\sqrt{2} \sin \sqrt{2}t \ dt$$

$$= 100\sqrt{2}(-\frac{1}{\sqrt{2}}\cos\sqrt{2}t\Big|_{0^+}^{t})$$

$$= 100(1-\cos\sqrt{2}t) \ (\text{V}), \quad t \geq 0$$

(2) 圖 5.17 及圖 5.18 分別爲 $i(t)$ 及 $v_C(t)$ 之響應曲線。

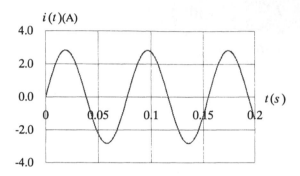

圖 5.17 例題 5.9 之電流響應曲線

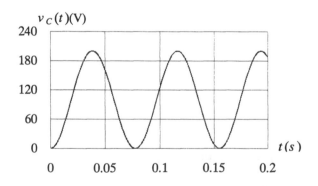

圖 5.18 例題 5.9 之電壓響應曲線

由上述結果可知，電容器及電感器雖不具備有初能，但仍可透過外加電源的激勵，使電路產生振盪現象。

練習題

D5.9 圖 5.16 電路中，若將電容器兩端電壓 v_C 視為變數，求(1)電壓 $v_C(t)$，$t \geq 0$，(2)利用 $v_C(t) = v_L(t) = L\dfrac{di(t)}{dt}$ 求 $v_C(t)$，其中 $i(t) = 25\sqrt{2}\sin\sqrt{2}\,t$。

【答】(1) $v_C(t) = 100(1 - \cos\sqrt{2}t)\ V$，　$t \geq 0$，(2) 同(1)。

5.6　高階電路

所謂高階電路即電路所造成的響應形式，以數學式子表示時，其微分方程式大於二階者均稱為高階電路。高階電路通常存在兩個以上的儲能元件，因此在架構上與典型的 *RLC* 串、並聯電路不同。由於高階電路具有 N(N > 2)個任意常數，因此，分析的複雜度也相對的提高，一般須配合節點電壓壓、網目電流法等網路定理求解。

例題 5.10

圖 5.19 中，開關於 $t = 0$ 時關閉，假定所有元件均無初能，求電壓響應 $v_2(t)$。

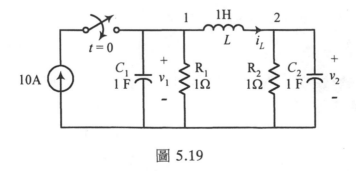

圖 5.19

【解】

因元件均無初能，因此 $v_1(0^-) = v_2(0^-) = 0$，且 $i_L(0^-) = 0$。當開關於 $t = 0$ 關閉時，應用節點電壓法於 1、2 兩點可得

$$\begin{cases} C_1 \dfrac{dv_1}{dt} + \dfrac{v_1}{R_1} + \dfrac{1}{L}\int_0^t (v_1 - v_2)dt = 10 \\ C_2 \dfrac{dv_2}{dt} + \dfrac{v_2}{R_2} + \dfrac{1}{L}\int_0^t (v_2 - v_1)dt = 0 \end{cases}$$

將各個元件值代入上式，並經整理後可得

$$\begin{cases} \dfrac{dv_1}{dt} + v_1 + \int_0^t v_1 dt - \int_0^t v_2 dt = 10 \\ -\int_0^t v_1 dt + \dfrac{dv_2}{dt} + v_2 + \int_0^t v_2 dt = 0 \end{cases}$$

今利用微分運算子(differential operator)求解上述聯立微分方程式。令 $\dfrac{d}{dt} = D$，且 $\int_0^t dt = \dfrac{1}{D}$，則上式可修改為

$$\begin{cases} (D + 1 + \dfrac{1}{D})v_1 - \dfrac{1}{D}v_2 = 10 \\ -\dfrac{1}{D}v_1 + (D + 1 + \dfrac{1}{D})v_2 = 0 \end{cases}$$

以數學觀點而言，自然響應即上述聯立微分方程式之齊性解，強行響應則為聯立微分方程式之特解。求解聯立微分方程式之齊性解時，可令上述聯立微分方程式之行列式值等於零，即

$$\begin{vmatrix} D + 1 + \dfrac{1}{D} & -\dfrac{1}{D} \\ -\dfrac{1}{D} & D + 1 + \dfrac{1}{D} \end{vmatrix} = 0$$

上式之特徵方程式為

$$(\lambda + 1 + \frac{1}{\lambda})^2 - \frac{1}{\lambda^2} = 0$$

即　　$(\lambda + 1)(\lambda^2 + \lambda + 2) = 0$

特徵根為：

$$\lambda_1 = -1, \text{ 及 } \lambda_{2,3} = -\frac{1}{2} \pm i\frac{\sqrt{7}}{2}$$

因此，自然響應為

$$v_{2n}(t) = c_1 e^{-t} + e^{-\frac{1}{2}t}(c_2 \cos\frac{\sqrt{7}}{2}t + c_3 \sin\frac{\sqrt{7}}{2}t)$$

欲求電路之強行響應，則須求聯立微分方程式之特解。由 Gramer's rule 知

$$v_{2f}(t) = \frac{\begin{vmatrix} D + 1 + \dfrac{1}{D} & 10 \\ -\dfrac{1}{D} & 0 \end{vmatrix}}{\begin{vmatrix} D + 1 + \dfrac{1}{D} & -\dfrac{1}{D} \\ -\dfrac{1}{D} & D + 1 + \dfrac{1}{D} \end{vmatrix}} = \frac{10}{D^3 + 2D^2 + 3D + 2}$$

$$= \frac{10}{D^3 + 2D^2 + 3D + 2} \times e^{0t} = \frac{10}{0^3 + 2 \times 0^2 + 3 \times 0 + 2}$$

$$= 5 \ (\text{V})$$

上式之結果亦可令電路趨近於穩態(電感器短路、電容器斷路)而獲得，即 $v_2(\infty) = 5$ V。因此，電路之完整響應為

$$v_2(t) = v_{2n}(t) + v_{2f}(t)$$

$$= c_1 e^{-t} + e^{-\frac{1}{2}t}(c_2 \cos\frac{\sqrt{7}}{2}t + c_3 \sin\frac{\sqrt{7}}{2}t) + 5$$

上式中具有三個未知數，因此必須透過 $v_2(0^+)$、$dv_2(0^+)/dt$、及 $d^2 v_2(0^+)/dt^2$ 等三個初始條件求得。$v_2(t)$的一次導數及二次導數分別為：

$$\frac{dv_2}{dt} = -c_1 e^{-t} - \frac{1}{2}e^{-\frac{1}{2}t}(c_2 \cos\frac{\sqrt{7}}{2}t + c_3 \sin\frac{\sqrt{7}}{2}t)$$

$$+ e^{-\frac{1}{2}t}(-\frac{\sqrt{7}}{2}c_2 \sin\frac{\sqrt{7}}{2}t + \frac{\sqrt{7}}{2}c_3 \cos\frac{\sqrt{7}}{2}t)$$

及

$$\frac{d^2 v_2}{dt^2} = c_1 e^{-t} - \frac{3}{2}e^{-\frac{1}{2}t}(c_2 \cos\frac{\sqrt{7}}{2}t + c_3 \sin\frac{\sqrt{7}}{2}t)$$

$$+ \frac{\sqrt{7}}{2}e^{-\frac{1}{2}t}(c_2 \sin\frac{\sqrt{7}}{2}t - c_3 \cos\frac{\sqrt{7}}{2}t)$$

由 $v_2(0^+) = v_1(0^+) = 0$ 可分別獲得 $dv_2(0^+)/dt = 0$ 及 $d^2 v_2(0^+)/dt^2 = 0$，將此三個已知初始條件分別代入 $v_2(t)$、$dv_2(t)/dt$ 及 $d^2 v_2(t)/dt^2$ 可得：

$$\begin{cases} c_1 + c_2 = -5 \\ -c_1 - \frac{1}{2}c_2 + \frac{\sqrt{7}}{2}c_3 = 0 \\ c_1 - \frac{3}{2}c_2 - \frac{\sqrt{7}}{2}c_3 = 0 \end{cases}$$

解得三個未知常數為：

$$c_1 = -5, \quad c_2 = 0, \quad 及 \quad c_3 = -\frac{10\sqrt{7}}{7}$$

因此，電壓 $v_2(t)$ 之響應方程式為

$$v_2(t) = -5e^{-t} + e^{-\frac{1}{2}t}(-\frac{10\sqrt{7}}{7}\sin\frac{\sqrt{7}}{2}t) + 5$$

$$= 5(1-e^{-t}) - \frac{10\sqrt{7}}{7}e^{-\frac{1}{2}t}\sin\frac{\sqrt{7}}{2}t) \text{ V}, \quad t \geq 0$$

練習題

D5.10 圖 D5.3 電路中，若 $i_1(0^-) = 0A$，$i_2(0^-) = 1A$，$v_C(0^-) = 0V$，且開關於 $t = 0$ 時關閉，求電流響應 $i_2(t)$ 。

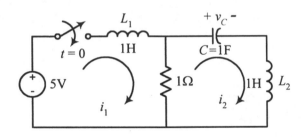

圖 D5.3

【答】$i_2(t) = 1.9729\ e^{-1.75t} + e^{-0.12t}(-0.9729\cos 0.74t + 3.1567\sin 0.74t)$ (A), $t \geq 0$

5.7 結論

　　本章中首先分析串、並聯 *RLC* 電路之響應狀況，藉著調整阻尼係數大小以改變電路的響應形式：(1) 當 $\alpha^2 > \omega_0^2$ 時，電路為過阻尼響應，(2) 當 $\alpha^2 = \omega_0^2$ 時，電路為臨界阻尼響應，(3) 當 $\alpha^2 < \omega_0^2$ 時，電路則為欠阻尼響應。由並聯 *RLC* 電路之響應狀況可知，阻尼愈小(提高 *R* 值)，則發生最大響應之振幅愈大，時間愈落後，且響應速度愈快。串聯 *RLC* 電路欲產生相同效果，則必須減少 *R* 值。

　　無阻尼的 *LC* 振盪電路為 *RLC* 電路的特例。並聯 *RLC* 電路在欠阻尼的情況下，若繼續提高 *R* 值，或使 *R* 值無限大，或將串聯 *RLC* 電路中的 *R* 值逐漸減少至零，則 $\alpha = 0$，此時響應為一無阻尼的振盪弦波，振盪電路被廣泛應用於電子電路上。

　　章末所探討的高階電路主要分析當電路中存在兩個以上的儲能元件時，響應函數的分析方法，其過程雖較複雜，卻可提供讀者對 *RLC* 電路更深一層的瞭解。

　　至目前為止，我們所函概的領域僅限於直流電路分析，對於影響人類生活至巨的交流電路則仍未觸及。下一章開始，我們將序列介紹交流電路的分析方法。

第六章　弦波穩態分析

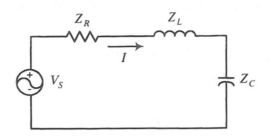

　　弦波在工程科學上的應用相當廣泛，其頻率範圍可由數赫茲(Hz)至數百萬赫茲(Hz)。例如台灣的電力輸送網路採用 60Hz 的弦波電壓，日本則採用 50Hz，一般實驗室中所使用的弦波信號產生器則含有數個頻率範圍。因此，了解任意線性時變電路對於弦波之響應，可加深對任意信號於線性時變電路響應的認識。

　　弦波響應由於頻率固定，故為一種穩態電路，為分析此種穩態電路，本章中將以相量方法將弦波電源、被動元件如電阻 R、電感 L 及電容 C 等均以相量方式表示，最後再以第三章所介紹的基礎網路定理求解電路參數。以相量方法求解弦波穩態電路較一般積分方法更為簡捷，故為工程師們所極力採用。

　　本章內容摘要如下：6.1 為複數，6.2 為相量基本觀念，6.3 為 RLC 元件之相量表示法，6.4 為弦波穩態響應，6.5 為最大功率轉移定理，6.6 為諧振電路。其中 6.1 至 6.3 節主要為弦波穩態響應分析做準備，6.4 節則應用第三章所介紹的基礎網路定理，如節點電壓法、網目電流法、及戴維寧定理等求解電路參數，6.5 節介紹交流電路之最大功率轉移定理的五種情況，6.6 節則探討在交流電源頻率可調變情況下所產生的諧振現象，其中品質因數參數亦將在本節中討論。

6.1　複數

　　相量方法主要源於複數的觀念，在複數平面上，x 軸代表實數軸，y 軸則為虛數軸，複數平面上的任何一個點，均可以利用實軸與虛軸的觀念予以表示。一般用來表示複數的形式有三種：直角座標法、極座標法、及指數法，每種方法均能用以表示複數平面上的一點或自原點至該點的一條向徑。

1: 直角座標法(Rectangular Form)

　　複數之直角座標法表示方式如圖 6.1 所示，其中

$$A = a + jb \tag{6-1}$$

A 表示複數，a 為複數之實部(real part)，或以 R_e 表示為

$$a = R_e(A) = R_e A \tag{6-2}$$

b 為複數之虛部(imaginary part)，或以 I_m 表示為

$$b = I_m(A) = I_m A \tag{6-3}$$

因此，複數之直角座標法亦可表示為

$$A = R_e A + j I_m A \tag{6-4}$$

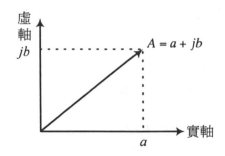

圖 6.1 複數之直角座標表示法

2. 極座標法(Polar Form)

複數亦可用極座標法予以表示，如圖 6-2 所示，其中

$$A = |A| \angle \theta \tag{6-5}$$

其中
$$|A| = \sqrt{a^2 + b^2} \tag{6-6}$$

$$\theta = \tan^{-1}(\frac{b}{a}) \tag{6-7}$$

3. 指數法(Exponential Form)

由尤拉公式(Eula Equation)可知

$$e^{\pm j\theta} = \cos\theta \pm j\sin\theta = \angle \pm \theta \qquad (6\text{-}8)$$

將(6-8)式代入(6-5)式，則

$$A = |A|e^{\pm j\theta} = |A|\cos\theta \pm j|A|\sin\theta \qquad (6\text{-}9)$$

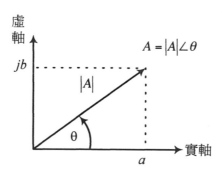

圖 6.2 複數之極座標表示法

例題 6.1

將下列直角座標變換為極座標(1) $A = 4 - j3$，(1) $A = -1 + j2$

【解】

(1) $\quad |A| = \sqrt{4^2 + 3^2} = 5$

$$\theta = \tan^{-1}(\frac{-3}{4}) = -36.87°$$

$$A = 5\angle -36.87°$$

(2) $\quad |A| = \sqrt{(-1)^2 + 2^2} = \sqrt{5}$

$$\theta = \tan^{-1}(\frac{2}{-1}) = 116.57^{\circ}$$

$$A = \sqrt{5} \angle 116.57^{\circ}$$

例題 **6.2**

　　將下列極座標變換為直角座標(1) $A = 10 \angle 145^{\circ}$，(2) $A = 20 \angle -30^{\circ}$

【解】

　　(1)　$A = 10 \angle 145^{\circ} = 10[(\cos(145^{\circ}) + j\sin(145^{\circ})]$

　　　　　　$= -8.19 + j5.74$

　　(2)　$A = 20 \angle -30^{\circ} = 20[(\cos(-30^{\circ}) + j\sin(-30^{\circ})]$

　　　　　　$= 17.32 - j10$

6.2　相量基本觀念

　　相量表示法，或稱頻域表示法，係將一時間領域(Time-domain)的信號轉換成頻率領域(Frequency-domain)的信號，經轉換後的信號在計算上較為簡捷，計算後所獲得的結果仍須還原為時間領域。

　　為說明相量的觀念，考慮圖 6.3 的正弦波形，此正弦波形的變化可用一半徑(R)固定的旋轉向量在縱軸上的投影（ 即 $R\sin\theta$ ）表示，此投影量即代表弦波電壓（ 或電流 ）在該時間點的最大值。當此旋轉向量以某一速度反時針方向旋轉時，則弦波電壓正以某一角頻率的速度重複出現，因此，**此正弦波的旋轉向量即稱為相量(phasor)**。相量的表示方法與複數的表示方法相同，即垂直座標法、極座標法、及指數法，任何位置之旋轉向量距離水平軸的角度稱為相角(phase angle) ，當角度由水平軸反時針方向起算，則相角為正，否則相角為負。此外，相量仍具有空間向量的性質，可用於同頻率弦波之加減。

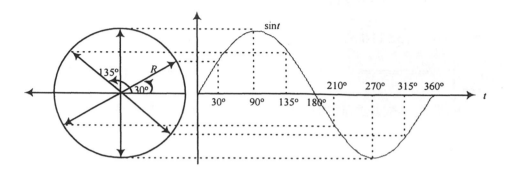

圖 6.3 旋轉向量與相量的關係

假定 $f(t)$ 為一正弦波函數,即

$$f(t) = F_m \sin(\omega t + \theta) \tag{6-10}$$

則弦波函數(時域)與相量(頻域)之間的轉換可以下列表示:

$$F_m \sin(\omega t + \theta) = \frac{F_m}{\sqrt{2}} \angle \theta = F_{rms} \angle \theta \tag{6-11}$$

其中 F_{rms} 為弦波函數的有效值。有效值在日常生活中較為普遍使用,如一般家庭用為電壓 110V,負載電流為 10A 等用語均指有效值。上式之相量表示法亦可直接用最大值表示,即

$$F_m \sin(\omega t + \theta) = F_m \angle \theta \tag{6-12}$$

但由於一般交流電表所測得的結果為有效值,因此較為少用。

　　(6-12)式之正弦函數與相量之間的轉換係取旋轉相量在虛軸上的投影,若取旋轉相量在實軸上的投影,則正弦函數將以餘弦函數表示。

例題 **6.3**

令 $v_1 = 50\sin(377t + 30°)$ ， $v_2 = 30\cos(377t + 60°)$ ，求(1) $v_1 + v_2$ ，

(2) $v_1 \times v_2$ 。

【解】

(1) v_1 為正弦函數， v_2 為餘弦函數，因此先將 v_2 化為正弦函數(或將 v_1 化為餘弦函數)，即

$$v_2 = 30\cos(377t + 60°)$$

$$= 30\sin(377t + 150°)$$

因此，

$$v_1 = \frac{50}{\sqrt{2}} \angle 30° = 35.36 \angle 30°$$

$$v_2 = \frac{30}{\sqrt{2}} \angle 150° = 21.21 \angle 150°$$

為進行相加，將 v_1 及 v_2 化為直角座標，即

$$v_1 = 35.36 \angle 30° = 35.36(\cos 30° + j\sin 30°)$$

$$= 30.62 + j17.68$$

$$v_2 = 21.21 \angle 150° = 21.21(\cos 150° + j\sin 150°)$$

$$= -18.37 + j10.61$$

因此，

$$v_1 + v_2 = 12.25 + j28.29 = 30.83 \angle 66.59°$$

$$= 30.83 \times \sqrt{2}\sin(377t + 66.59°)$$

$$= 43.60 \sin(377t + 66.59^\circ) \qquad \text{(V)}$$

(2) $v_1 \times v_2 = (35.36 \angle 30^\circ) \times (21.21 \angle 150^\circ)$

$$= (35.35 \times 21.21) \angle (30^\circ + 150^\circ)$$

$$= 750 \angle 180^\circ$$

$$= 750\sqrt{2} \sin(377t + 180^\circ) \qquad \text{(V)}$$

6.3 *RLC* 元件之相量表示法

　　將電路元件轉換成相量的目的是僅透過代數運算即可分析穩態響應狀況，本節中將詳細說明 *RLC* 元件之相量表示方法。

1. 電阻元件

　　圖 6.4 所示爲電阻元件電路，假定 $v(\text{t}) = V_\text{m}\cos(\omega t+\theta)$，$i(\text{t}) = I_\text{m}\cos(\omega t+\alpha)$，根據 KVL，則

$$V_m \cos(\omega t + \theta) = RI_m \cos(\omega t + \alpha)$$

上式亦可表示爲：

$$R_e[V_m e^{j(\omega t+\theta)}] = R_e[RI_m e^{j(\omega t+\alpha)}]$$

或　　　　　$$R_e[V_m e^{j\omega t} e^{j\theta}] = R_e[RI_m e^{j\omega t} e^{j\alpha}]$$

上式消去 $e^{j\omega t}$ 項，則

$$V_m e^{j\theta} = RI_m e^{j\alpha}$$

即 $\qquad V = RI = Z_R I$

得 $\qquad Z_R = R$ $\hfill$ (6-13)

(6-13)式即為純電阻元件之相量表示法。圖 6.5(a)與 6.5(b)為電阻電路之相量電路與相量圖，V 與 I 之相位差為零。同時由(6-13)式可知元件 R 的相量表示方法與時域相同。

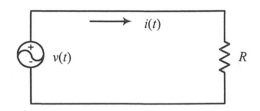

圖 6.4 電阻元件電路

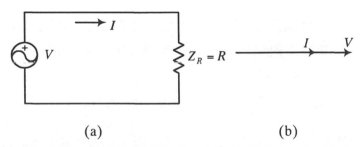

(a) $\qquad\qquad\qquad\qquad$ (b)

圖 6.5 電阻電路之相量表示法：(a)相量電路，(b)相量圖

2. 電感元件

圖 6.6 為電感元件電路，應用 KVL 於該電路，則

$$V_m \cos(\omega t + \theta) = L \frac{di(t)}{dt}$$

$$= L \frac{d}{dt} [I_m \cos(\omega t + \alpha)]$$

上式亦可表示爲：

$$R_e[V_m e^{j(\omega t+\theta)}] = L\frac{d}{dt}[R_e(I_m e^{j(\omega t+\alpha)})]$$

$$= j\omega L I_m R_e[e^{j(\omega t+\alpha)}]$$

或 $\quad R_e[V_m e^{j\omega t} e^{j\theta}] = j\omega L I_m R_e[e^{j\omega t} e^{j\alpha}]$

上式消去 $e^{j\omega t}$ 項，則

$$V_m e^{j\theta} = (j\omega L)I_m e^{j\alpha}$$

即 $\quad V = (j\omega L)I = Z_L I$

得 $\quad Z_L = j\omega L$ \hfill (6-14)

　　(6-14)式即爲純電感阻抗之相量表示法。圖 6.7(a)及 6.7(b)分別爲純電感電路之相量電路與相量圖，其中電流落後電壓 90°。

3. 電容元件

　　電容元件電路示於圖 6.8 中，由於 $i(t) = i_C(t)$，因此

$$I_m \cos(\omega t + \alpha) = C\frac{dv(t)}{dt}$$

$$= C\frac{d}{dt}[V_m \cos(\omega t + \theta)]$$

上式亦可表示爲：

$$R_e[I_m e^{j(\omega t+\alpha)}] = C\frac{d}{dt}[R_e(V_m e^{j(\omega t+\theta)})]$$

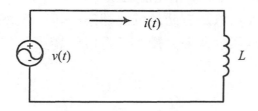

圖 6.6 電感元件電路

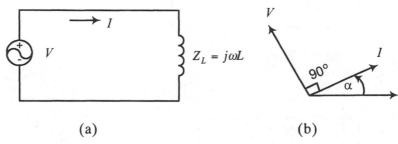

(a)   (b)

圖 6.7 電感電路之相量表示法：(a)相量電路，(b)相量圖

$$= j\omega C V_m R_e[e^{j(\omega t+\theta)}]$$

或 $\qquad R_e[I_m e^{j\omega t} e^{j\alpha}] = j\omega C V_m R_e[e^{j\omega t} e^{j\theta}]$

上式消去 $e^{j\omega t}$ 項，則

$$I_m e^{j\alpha} = (j\omega C) V_m e^{j\theta}$$

即 $\qquad I = (j\omega C)V = \dfrac{V}{Z_C}$

因此， $\qquad Z_C = \dfrac{1}{j\omega C}$ $\hspace{4cm}$ (6-15)

(6-15)式即為純電容阻抗之相量表示法。電容元件之相量電路與相

量圖如圖 6.9(a)及 6.9(b)所示，其中電流超前電壓 90°。

　　瞭解 *RLC* 元件之相量表示法將有助於弦波穩態分析，在下一節中將分析探討 *RLC* 元件在交流穩態電源激勵下所造成的響應，其分析方法主要以相量電路爲基礎。

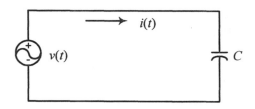

圖 6.8 電容元件電路

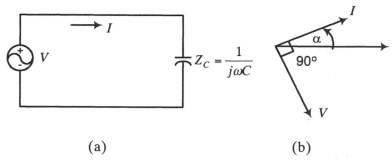

(a) (b)

圖 6.9　電容電路之相量表示法：(a)相量電路，(b)相量圖

6.4　弦波穩態響應

　　在穩態交流電路中，由於電壓和電流均爲弦波函數，因此，穩態響應具有相同的頻率和函數，唯一的差別在於振幅與相角均依電路參數而定。

　　本節中將探討一般 *RLC* 電路之穩態響應狀況，其分析方法係將 *RLC* 元件及電源均以相量方式表示爲相量電路，再應用第三章所學習到的基本網路定理求解電路中各項變數，最後將相量參數轉換爲時間函數，即為電路解答。底下將舉幾個例題以說明相量的應用。

例題 **6.4**

考慮圖 6.10 之串聯 *RLC* 電路，電源電壓 $v_s = 10\sin2t$ ， $R = 4\Omega$，$L = 2$H 及 $C = 1/2$F，求穩態電流 $i(t)$。

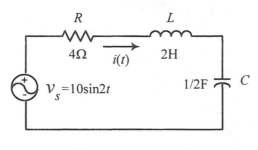

圖 6.10

【解】

由於電源頻率 $\omega = 2$ (rad/s)，因此

$$Z_R = R = 4 \; (\Omega)$$

$$Z_L = j\omega L = j2 \times 2 = j4 \; (\Omega)$$

$$Z_C = \frac{1}{j\omega C} = -j\frac{1}{2 \times \frac{1}{2}} = -j1 \; (\Omega)$$

且電源電壓為

$$V_S = \frac{10}{\sqrt{2}} \angle 0^\circ$$

其相量電路則畫於圖 6.11 中。依據 KVL 可得

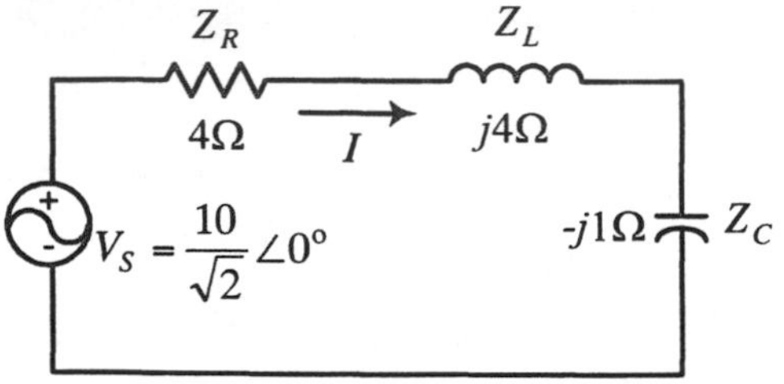

圖 6.11 圖 6.10 之相量電路

$$I = \frac{V_S}{Z_R + Z_L + Z_C} = \frac{(10/\sqrt{2})\angle 0°}{4 + j4 - j1}$$

$$= \frac{(10/\sqrt{2})\angle 0°}{4 + j3} = \frac{(10/\sqrt{2})\angle 0°}{5\angle 36.9°}$$

$$= \frac{2}{\sqrt{2}} \angle -36.9° \ (Á)$$

因此，時域電流為

$$i(t) = 2\sin(2t - 36.9°) \ (Á)$$

例題 6.5

圖 6.12 為一穩態相量電路，利用戴維寧定理求電流 I。

【解】

將 10Ω 電阻由 AB 兩點斷開，則開路電壓 V_{th} 為

$$V_{th} = \frac{-j5}{4 + j3 - j5} \times 10\angle 0°$$

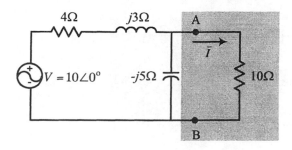

圖 6.12

$$= \frac{5\angle - 90^\circ}{4.47\angle - 26.6^\circ} \times 10\angle 0^\circ$$

$$= 11.18\angle - 63.4^\circ \ (V)$$

將電壓源短路，可求得等效阻抗 Z_{th} 爲

$$Z_{th} = (4 + j3) // (-j5) = \frac{-j5(4 + j3)}{4 + j3 - j5}$$

$$= \frac{15 - j20}{4 - j2} = \frac{25\angle - 53.1^\circ}{4.47\angle - 26.6^\circ}$$

$$= 5.59\angle - 26.5^\circ \ = 5 - j2.49 \ (Ù)$$

其戴維寧等效電路畫於圖 6.13 中。由圖中可知，流過 10Ω 電阻
的電流爲

$$I = \frac{11.18\angle - 63.4^\circ}{10 + 5.59\angle - 26.5^\circ} = \frac{11.18\angle - 63.4^\circ}{10 + 5 - j2.49}$$

$$= \frac{11.18\angle - 63.4^\circ}{15 - j2.49} = \frac{11.18\angle - 63.4^\circ}{15.21\angle - 9.4^\circ}$$

$$= 0.74\angle - 54^\circ \ (Á)$$

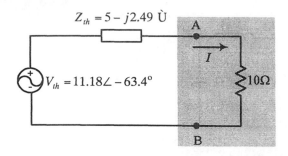

圖 6.13 圖 6.12 之戴維寧等效電路

例題 **6.6**

考慮圖 6.14 的電路,求電流 i_1 之值

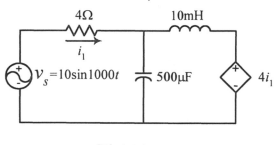

圖 6.14

【解】

將圖 6.14 之時域電路轉換爲相量電路,如圖 6.15 所示,其中

$$V_S = \frac{10}{\sqrt{2}} \angle 0°$$

$$Z_R = R = 4 \ (\text{Ù})$$

$$Z_L = j\omega L = j1000 \times 10 \times 10^{-3} = j10 \ (\text{Ù})$$

$$Z_C = \frac{1}{j\omega C} = -j\frac{1}{1000 \times 500 \times 10^{-6}} = -j2 \ (\dot{\text{U}})$$

利用網目電流法可列出兩個網目方程式：
由網目 1 得

$$4I_1 + (-j2)(I_1 - I_2) = \frac{10}{\sqrt{2}} \angle 0°$$

或 $(4 - j2)I_1 + j2I_2 = \frac{10}{\sqrt{2}} \angle 0°$ ①

另由網目 2 得

$$-j2 \ (I_2 - I_1) + j10I_2 + 4I_1 = 0$$

或 $(4 + j2)I_1 + j8I_2 = 0$ ②

由①②式解得

$$I_1 = \frac{(80/\sqrt{2})\angle 90°}{31.24\angle 50.2°} = 1.81\angle 39.8° \ (\text{A})$$

因此

$$i_1 = 1.81\sqrt{2}\sin(1000t + 39.8°) \ (\text{A})$$

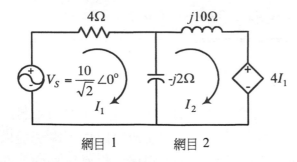

圖 6.15 圖 6.14 之相量電路

練習題

D6.1 圖 D6.1 中，若$\omega = 10$ rad/s，求 AB 兩端之戴維寧等效電路。

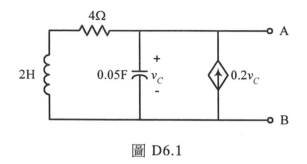

圖 D6.1

【答】$V_{th} = 0$ (V)，$Z_{th} = -0.79 - j1.88$ (Ω)

D6.2 圖 D6.2 中，求電流 i_1。(註：v_{S1} 與 v_{S2} 之電源頻率不同，讀者可利用重疊定理解之。但特別注意，重疊定理並不適用於求解電路元件之瞬時功率，不論電源頻率是否相同(詳見習題 6.4)。)

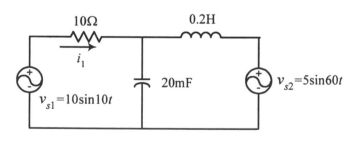

圖 D6.2

【答】$i_1 = 0.948\sin(10t-18.42°)+0.037\sin(60t+5.1°)$ A

6.5　最大功率轉移定理

　　第三章中已探討直流電路之最大功率轉移定理，本節中將針對交流電路之最大功率轉移定理進行分析。在一交流電路中，電源提供功率至負載，負載則將此電功率轉化為熱、光、機械、化學等功率。在實際應用上,電源與負載之功率轉移非常重視其轉移效率及轉移功率量的大小,前者如電力系統之功率傳輸,其轉換效率經常影響成本高低;後者如電訊系統的信號傳輸,由於傳輸功率較小,故較強調功率轉移量的大小,而不考慮其效率的高低。本節所探討的最大功率轉移定理是屬於後者。

今考慮圖 6.16 之電路,其中 Z_S 為交流電源內部阻抗,Z_L 為交流負載阻抗,且

$$Z_S = R_S + jX_S \tag{6-16}$$

$$Z_L = R_L + jX_L \tag{6-17}$$

上式中,R_S 為電源內部電阻,X_S 為電源內部電抗,R_L 為負載電阻,X_L 為負載電抗。假定 R_S 及 X_S 為已知,而負載端之 R_L 及 X_L 為可變,則負載吸收之複數功率 S_L 為

$$S_L = V_L I_L^* = (\frac{Z_L V_S}{Z_S + Z_L})(\frac{V_S}{Z_S + Z_L})^* \tag{6-18}$$

因此,負載吸收之複數功率大小為

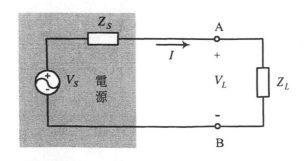

圖 6.16 交流電源與交流負載

$$S_L = |S_L| = \frac{|V_S|^2 Z_L}{|Z_S + Z_L|^2} = P_L + jQ_L \qquad (6\text{-}19)$$

將 $Z_S = R_S + jX_S$、$Z_L = R_L + jX_L$ 及 $V_{Sm} = |V_S|$ 代入上式可得：

$$P_L = \frac{V_{Sm}^2 R_L}{(R_S + R_L)^2 + (X_S + X_L)^2} \qquad (6\text{-}20)$$

及

$$Q_L = \frac{V_{Sm}^2 X_L}{(R_S + R_L)^2 + (X_S + X_L)^2} \qquad (6\text{-}21)$$

上式中 P_L 為轉移至負載的平均功率或實功率，Q_L 則為轉移至負載的虛功率。今欲求得轉移至負載端的最大平均功率，根據 R_L 及 X_L 的調變狀況，可分為下列五種情形加以分析探討：

1. R_L 及 X_L 均可調變：

首先探討 X_L 調變時之最大功率轉移條件，即令

$$\frac{dP_L}{dX_L} = \frac{-2V_{Sm}^2 R_L (X_S + X_L)}{[(R_S + R_L)^2 + j(X_S + X_L)^2]^2} = 0$$

得　　$X_L = -X_S$ 　　　　　　　　　　　　　　　　　(6-22)

再求 R_L 調變時之最大功率轉移條件，即

$$\frac{dP_L}{dR_L} = \frac{V_{Sm}^2 [(R_S + R_L)^2 - 2R_L (R_S + R_L)]}{(R_S + R_L)^4} = 0$$

得　　　$R_L = R_S$　　　　　　　　　　　　　　　　(6-23)

整合(6-22)及(6-23)式可知當 $X_L = -X_S$ 且 $R_L = R_S$ 時可獲得最大功率轉移條件，上二式亦可簡略表示如下：

$$Z_L = Z_S^*$$　　　　　　　　　　　　　(6-24)

此時最大功率轉移功率爲

$$P_{L,\max} = \frac{V_{Sm}^2 R_L}{(2R_L)^2} = \frac{V_{Sm}^2}{4R_L}$$　　　　　　(6-25)

2. 若 R_L 可調變，但 X_L 固定，且 $X_L \neq -X_S$：

由 $dP_L/dR_L = 0$ 求 R_L 調變時之最大功率轉移條件，即令

$$\frac{dP_L}{dR_L} = \frac{V_{Sm}^2[(R_S + R_L)^2 + (X_S + X_L)^2] - 2R_L(R_S + R_L)]}{[(R_S + R_L)^2 + (X_S + X_L)^2]^2} = 0$$

則可得

$$(R_S + R_L)^2 + (X_S + X_L)^2 - 2R_L(R_S + R_L) = 0$$

即　　　$R_L = \sqrt{R_S^2 + (X_S + X_L)^2}$

$$= |Z_S + jX_L|$$　　　　　　　　　　(6-26)

上式即在 R_L 可調變，但 X_L 固定，且 $X_L \neq -X_S$ 情況下之最大功率轉移條件。

3. 若 X_L 可調變，但 R_L 固定，且 $R_L \neq R_S$：

由(6-22)式可知當 $X_L = -X_S$ 時可得最大功率轉移條件。

4. 若 R_L 可調變，且 $X_L = 0$：

由(6-26)式可知當 $R_L = \sqrt{R_S^2 + (X_S + 0)^2} = |Z_S|$ 時可獲得最大功率轉移條件。

5. 若負載阻抗大小可調變，但相角不變：

假設

$$Z_L = |Z_L| \angle \theta = |Z_L| \cos\theta + j|Z_L| \sin\theta$$

$$= R_L + jX_L$$

則

$$I = \frac{V_S}{(R_S + |Z_L|\cos\theta) + j(X_S + |Z_L|\sin\theta)}$$

轉移至負載的功率為

$$P_L = \frac{V_{Sm}^2 |Z_L| \cos\theta}{(R_S + |Z_L|\cos\theta)^2 + (X_S + |Z_L|\sin\theta)^2}$$

由 $dP_L / d|Z_L| = 0$ 可得

$$|Z_L| = \sqrt{R_S^2 + X_S^2} = |Z_S| \tag{6-27}$$

上式即在負載阻抗大小可調變，但相角不變情況下之最大功率轉移條件。

例題 6.7

圖 6.17 中，若 C = 1/120 法拉，求(1)負載吸收之平均功率，(2)1Ω 電阻之平均功率，(3)電源提供之視在功率，(4)負載之功率因數，(5)欲使轉移至負載的功率為最大，求 C 值大小，(6)轉移至負載的最大功率 $P_{L,\text{max}}$。

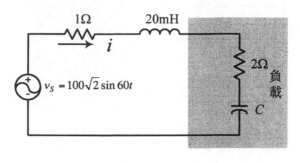

圖 6.17

【解】

(1) 當 C = 1/120 法拉，則

電容電抗：

$$X_C = -jX_C = -j\frac{1}{\omega C} = -j\frac{1}{60 \times (1/120)} = -j2 \ (\text{Ù})$$

電感電抗：

$$X_L = jX_L = j\omega L = j60 \times 20 \times 10^{-3} = j1.2 \ (\text{Ù})$$

圖 6.18 即為圖 6.17 之相量電路。由圖中可知：

$$I = \frac{100\angle 0^\circ}{1 + j1.2 + 2 - j2} = \frac{100\angle 0^\circ}{3 - j0.8}$$

$$= \frac{100\angle 0^\circ}{3.10\angle -14.93^\circ} = 32.26\angle 14.93^\circ \ (\text{A})$$

因此，負載吸收之平均功率為

$$P_{2\Omega} = |I|^2 R_{2\Omega} = (32.26)^2 \times 2 = 2081 \ (\text{W})$$

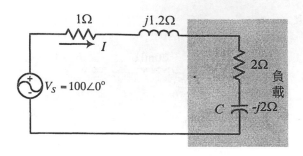

圖 6.18 圖 6.17 之相量電路

(2) 1Ω電阻之平均功率爲

$$P_{1\Omega} = |I|^2 R_{1\Omega} = (32.26)^2 \times 1 = 1405.5 \ (\text{W})$$

(3) 電源提供之視在功率爲

$$S = V_S I = 100 \times 32.26 = 3226 \ (\text{VA})$$

(4) 因負載阻抗 $Z_L = 2 - j2$ (Ω)，因此負載之功率因數爲

$$P.F. = \cos\theta = \cos[\tan^{-1}(\tfrac{-2}{2})]$$

$$= \cos(-45^\circ) = 0.71(超前)$$

(5) 由(6-22)式可知當 $X_C = -X_L$ 時可得最大功率轉移條件，其中

$$X_C = -\frac{1}{\omega C} = -\frac{1}{60 \times C} \ ，且$$

$$X_L = \omega L = 60 \times 20 \times 10^{-3} = 1.2 \ (\text{Ù})$$

因此，

$$C = \frac{1}{1.2 \times 60} = \frac{1}{72} \ (F)$$

(6) 當 C = 1/72 法拉時，電流相量值為

$$I = \frac{100\angle 0^\circ}{1+2} = \frac{100\angle 0^\circ}{3} = 33.33 \ (A)$$

因此，轉移至負載的最大功率為

$$P_{L,\max} = \left|I\right|^2 R_{2\Omega} = (33.33)^2 \times 2 = 2222 \ (W)$$

例題 **6.8**

圖 6.19 中，欲使轉移至負載 Z_L 的功率為最大，求(1) Z_L 之值，(2) 此時之最大功率？

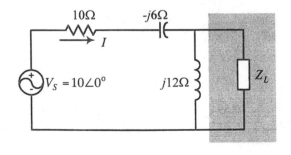

圖 6.19

【解】

(1) 先求圖 6.19 中負載兩端之戴維寧等效電路：

$$V_{th} = \frac{j12}{10 - j6 + j12} \times 10\angle 0^\circ = \frac{12\angle 90^\circ}{11.66\angle 30.96^\circ} \times 10\angle 0^\circ$$

$$= 10.29\angle 59.04^\circ \ (V)$$

$$Z_{th} = (10 - j6)//(j12) = \frac{j12(10 - j6)}{10 - j6 + j12}$$

$$= \frac{72 + j120}{10 + j6} = \frac{139.94\angle 59.04^\circ}{11.66\angle 30.96^\circ}$$

$$= 12\angle 28.08^\circ = 10.59 + j5.65 \ (\Omega)$$

圖 6.20 為其戴維寧等效電路。欲使轉移至負載 Z_L 的功率為最大，則由情況(1)可知：

$$Z_L = Z_{th}^* = 10.59 - j5.65 \ (\Omega)$$

(2) 此時之最大功率由(6-25)式可知為

$$P_{L,max} = \frac{V_{Sm}^2}{4R_L} = \frac{10^2}{4 \times 10.59} = 2.36 \ (W)$$

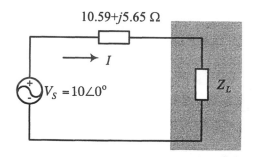

圖 6.20 圖 6.19 之戴維寧等效電路

練習題

D6.3 求圖 D6.3 電路中欲使轉移至 R_L 的功率為最大，求(1)R_L 之值，(2)此時之最大功率？

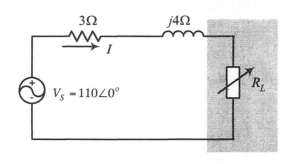

圖 D6.3

【答】 (1)$R_L = 5$ (Ω), (b) $P_{L,max} = 756.45$ (W)(註：滿足情況(4))

6.6 諧振電路

5.4 節及 5.5 節中曾介紹 *LC* 電路之振盪現象，其觀念在於探討 *LC* 電路於具備初能情況下，或 *LC* 電路並不具備初能，但在受到直流電源激勵後所產生的弦波振盪響應，其振盪頻率是固定的。**而本節所探討的諧振電路則是透過交流電源頻率的調變，所產生的一種振盪現象。**

諧振(resonance)又稱共振，是各種物理系統如電、聲音、光波、水波、及機械等所產生的一種特殊現象。諧振現象的產生，並不一定是好或不好，它代表此物理系統的能量達到最高點。如女高音的聲波會震破高腳杯子;軍隊通過橋樑不能齊步走，以防震斷橋樑;在一車輛行走的控制系統中，工程師們得確保控制系統的諧振頻率不會引起車輛的變形或彎曲等。

在一 *RLC* 電路的電子系統中，當儲能元件轉移相等能量，或其輸入阻抗為純電阻性時就會產生諧振現象。諧振電路也被廣泛應用於通訊電子上，本章中將探討串、並聯諧振電路響應及品質因數等問題。

6.6.1　串聯諧振

考慮圖 6.21 之串聯 *RLC* 電路，其中電源之振幅為定值，頻率為可調變。電路之輸入總阻抗為

$$Z = R + j(\omega L - \frac{1}{\omega C}) \tag{6-28}$$

其中　　　　　$\omega = 2\pi f \tag{6-29}$

由上二式可知，電感器的電抗值隨頻率(f)增加而增加，電容器的電抗值則隨頻率(f)增加而減少，因此，若調整電源頻率，則電感與電容器的電抗值均會隨之改變，當頻率較小時，由(6-28)式可知電感器的電抗值較小，電容器的電抗值較大，電路阻抗呈現電容性；當電源頻率逐漸增加時，電路之總阻抗愈小，電容性的現象愈不明顯；當調整電源頻率使得$\omega_r L = 1/\omega_r C$ 時，即

$$\omega_r = \frac{1}{\sqrt{LC}} \tag{6-30}$$

此時電路之總阻抗值最小，即

$$Z = R + j(\omega L - \frac{1}{\omega C}) = R \tag{6-31}$$

電路即產生諧振，其諧振頻率如(6-30)式所示；當電源頻率再增加時，電路阻抗則呈現電感性。另由(6-31)式可知在串聯諧振時，各元件上的電壓值，依 KVL 可得

$$V_S = I\,Z = I[R + j(\omega_r L - \frac{1}{\omega_r C})]$$

$$= V_R + V_L + V_C = V_R \qquad\qquad (6\text{-}32)$$

上式亦說明當電路產生串聯諧振時，$V_L + V_C = 0$，即電感器上的電壓與電容器上的電壓大小相等、相位相反。

圖 6.22 即在 $v_S = 156\sin\omega t$，$R = 1000\Omega$，$L = 2\text{H}$，及 $C = 2\mu\text{F}$ 情況下所畫出之總阻抗值隨頻率變化的曲線，其中 ω_r (=500 rad/s)為諧振頻率，圖 6.23 則顯示電流隨頻率變化情形，在諧振頻率時電流可獲得最大響應。

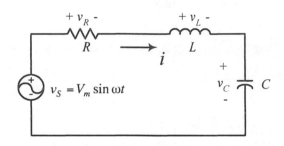

圖 6.21 電源頻率可調變之串聯 *RLC* 電路

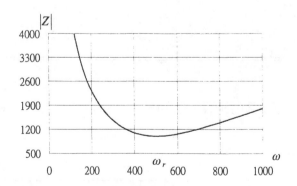

圖 6.22 阻抗大小與電源頻率之關係曲線

(ω_r = 500 rad/s)

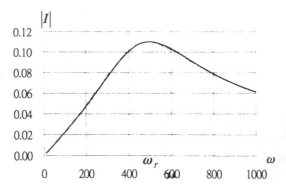

圖 6.23 電流大小與電源頻率之關係曲線

(ω_r = 500 rad/s)

綜合上述分析,當電路產生串聯諧振時,電路具有下列幾點特性:

(1) 在固定電壓值下,線路電流最大。

(2) 線路阻抗最小。

(3) 電壓與電流同相位,功率因數等於 1。

(4) 電感器上的電壓與電容器上的電壓大小相等、相位相反。

(5) 低於諧振頻率時,線路阻抗呈現電容性(即電容器支配串聯電路的阻抗值),高於諧振頻率時,線路阻抗呈現電感性,等於諧振頻率時,線路阻抗呈現純電阻性。

例題 6.9 ▍

一 RLC 串聯電路如圖 6.21 所示,已知 v_S = 156sinωt ,R = 10Ω,L = 2.5mH,及 C = 0.1μF,求(1)諧振頻率 f_r,(2)電流值,(3)各元件上的電壓值。

【解】(1) 發生諧振時,諧振頻率 f_r 為

$$f_r = \frac{1}{2\pi\sqrt{LC}} = \frac{1}{2\pi\sqrt{2.5\times10^{-3}\times0.1\times10^{-6}}}$$

$$= 10.065 \ (\text{kHz})$$

(2) 電流值為

$$I = \frac{156/\sqrt{2}}{10} = 11 \ (\text{A})$$

(3) 各元件上的電壓值為

$$V_R = I \times R = 11 \times 10 = 110 \ (\text{V})$$

$$V_L = I \times X_L = I \times \omega L = I \times 2\pi f_r L$$

$$= 11 \times (2\pi \times 10.065 \times 10^3 \times 2.5 \times 10^{-3})$$

$$= 1739 \ (\text{V})$$

$$V_C = I \times X_C = I \times \frac{1}{\omega C} = I \times \frac{1}{2\pi f_r C}$$

$$= 11 \times \frac{1}{2\pi \times 10.065 \times 10^3 \times 0.1 \times 10^{-6}}$$

$$= 1739 \ (\text{V})$$

6.6.2 並聯諧振

考慮圖 6.24 之並聯 *RLC* 電路,其中電源之振幅亦為定值,頻率為可調變。電路之輸入總導納為

$$Y = G + j(\omega C - \frac{1}{\omega L}) \tag{6-33}$$

上式與(6-28)式具有相同型式,因此,並聯諧振電路與串聯諧振電路在

特性上為互為對偶的電路，其分析方法與串聯諧振電路相同，只要將：
電阻(R)與電導(G)、電抗(X)與電納(B)、阻抗(Z)與導納(Y)、電壓
(V)與電流(I)、電感(L)與電容(C)依對偶原則轉換即可。圖 6.25 即
在 $i_S = 156\sin\omega t$ ，$R = 0.001\Omega$，$L = 2\mu H$，及 $C = 2F$ 情況下所畫出之總
導納值隨頻率變化的曲線，其中 ω_r (=500 rad/s)為諧振頻率，圖 6.26 則
顯示電壓隨頻率變化情形，在諧振頻率時電壓響應最大。

　　根據上述說明，一並聯諧振電路應具有下列特性：

(1) 在固定電流下，線路電壓最大。

(2) 線路導納最小。

(3) 電流與電壓同相位，功率因數等於 1。

(4) 電感器上的電壓與電容器上的電壓大小相等、相位相反。

(5) 低於諧振頻率時，線路導納呈現電感性(即電感器支配並聯電路的
導納值)，高於諧振頻率時，線路導納呈現電容性，等於諧振頻率
時，線路導納呈現純電導性。

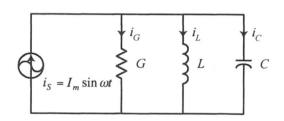

圖 6.24 電源頻率可調變之並聯 *RLC* 電路

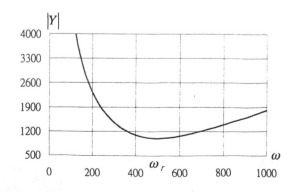

圖 6.25 導納大小與電源頻率之關係曲線(ω_r = 500 rad/s)

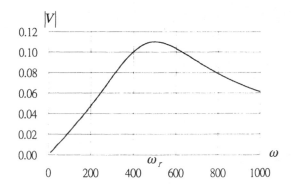

圖 6.26 電壓大小與電源頻率之關係曲線

(ω_r = 500 rad/s)

6.6.3 諧振電路之品質因數

在電子電路上，品質因數(Quality Factor，Q)通常被用來探討諧振電路的能量分析。Q 值愈大，代表儲能元件(電感或電容)儲存能量的能力愈大。Q 值一般可定義為

$$Q = 2\pi \left[\frac{諧振時所儲存的最大能量}{每週期所消耗能量} \right] \tag{6-34}$$

為明確定義 Q 值含意，首先探討諧振電路的能量關係。當電路發生串聯諧振時，電壓與電流為同相位，因此，若

$$v_S = \sqrt{2}v_{rms} \cos\omega_r t$$

則
$$i_S = \sqrt{2}i_{rms} \cos\omega_r t$$

$$= \sqrt{2}\frac{v_{rms}}{R} \cos\omega_r t$$

電感上所儲存的瞬時能量為

$$w_L = \frac{1}{2}Li_S^2 = \frac{1}{2}L(\sqrt{2}i_{rms})^2 \cos^2 \omega_r t$$

$$= Li_{rms}^2 \cos^2 \omega_r t \qquad (6\text{-}35)$$

電容器兩端的電壓為電流的積分,即

$$v_C = \frac{1}{C}\int_0^t i_S\, dt = \frac{1}{C}\int_0^t \sqrt{2}i_{rms} \cos\omega_r t\, dt$$

$$= -\frac{\sqrt{2}i_{rms}}{\omega_r C}\sin\omega_r t$$

因此,電容器上所儲存的瞬時能量為

$$w_C = \frac{1}{2}Cv_C^2 = \frac{1}{2}C(-\frac{\sqrt{2}i_{rms}}{\omega_r C})^2 \sin^2 \omega_r t$$

$$= \frac{i_{rms}^2}{\omega_r^2 C}\sin^2 \omega_r t$$

因諧振時,$L = 1/\omega_r^2 C$,代入上式可得

$$w_C = Li_{rms}^2 \sin^2 \omega_r t \qquad (6\text{-}36)$$

電路中的總儲存能量為

$$w = w_L + w_C = Li_{rms}^2 (\cos^2 \omega_r t + \sin^2 \omega_r t)$$

$$= Li_{rms}^2 \qquad (6\text{-}37)$$

由(6-37)式可知,當電路發生串聯諧振時,電路中所儲存的總能量不隨時間而變,亦即儲能元件與電源間無能量的往返流動,此刻電源所提供的能量完全消耗在電阻器上;同時,電感器上的磁場能量與電容器上的電場能量進行交換,此情形與 5.4 節所述之 *LC* 電路的自然響應類似。

(6-37)式即電路發生諧振時儲存的最大能量,此刻每週期所消耗的能量為電阻器上的平均功率乘上一週期的時間,即

$$w_R = (i_{rms}^2 R) \times \frac{2\pi}{\omega_r} \qquad (6\text{-}38)$$

將(6-37)及(6-38)式代入(6-34)式可得

$$Q = 2\pi \times \frac{w}{w_R} = 2\pi \times \frac{Li_{rms}^2}{(i_{rms}^2 R) \times \dfrac{2\pi}{\omega_r}}$$

$$= \frac{\omega_r L}{R} \qquad (6\text{-}39)$$

上式即為品質因數較明確的式子,它代表電路產生串聯諧振時電感電抗與電阻的比值。同時,因諧振時電感器的電抗等於電容器的電抗,因此,(6-39)式亦可利用電容表示,即

$$Q = \frac{X_C}{R} = \frac{1}{\omega_r RC} \qquad (6\text{-}40)$$

同理,當電路產生並聯諧振時,根據對偶性質亦可推導其 Q 值的表示式為:

$$Q = \frac{R}{\omega_r L} = \omega_r RC \qquad (6\text{-}41)$$

值的一提的是,當電路產生串聯諧振時,電感器與電容器的電壓亦可使用 Q 值表示,即

$$|V_L| = \omega_r L I = \omega_r L \frac{|V_S|}{R} = Q|V_S| = |V_C| \tag{6-42}$$

當電路產生並聯諧振時,電感器與電容器的電流為

$$|I_L| = \frac{|V_S|}{\omega_r L} = \frac{|I_S|R}{\omega_r L} = Q|I_S| = |I_C| \tag{6-43}$$

上二式說明電路產生諧振時,電感器或電容器上的電壓或電流均為電源電壓或電流的 Q 倍。

品質因數的另一個重要特性是它代表諧振電路內頻率響應曲線之銳度(sharpness)的良好量度,並可定義如下:

$$Q = \frac{\omega_r}{B_d} \tag{6-44}$$

且

$$B_d = \omega_2 - \omega_1 \tag{6-45}$$

或

$$\omega_{1,2} = \omega_r \mp \frac{1}{2}B_d \tag{6-46}$$

上式中,ω_r 為諧振頻率,B_d 為頻帶寬度(bandwidth),ω_1 稱為下半功率(lower half-power)頻率,ω_2 稱為上半功率(upper half-power)頻率,在此兩點上,其電壓響應(並聯諧振)為諧振電壓的 $1/\sqrt{2}$ 倍,而電阻器上消耗的功率恰為諧振時的一半,如圖 6.27 所示。另由圖中可知,具有高 Q 值的電路,其響應曲線較窄或較尖銳,同時具有較高的頻率選擇性(frequency selectivity),因此,一般工程師均希望將電路設計成具有較大的 Q 值。

為加深讀者對本節的瞭解,表 6.1 列出串、並聯諧振電路在定態特性上的比較。

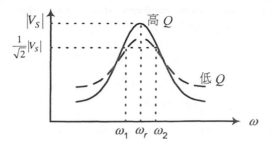

圖 6.27 *RLC* 並聯諧振曲線

表 6.1 諧振電路之弦波定態性質

串聯諧振電路	並聯諧振電路

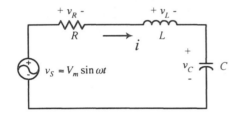

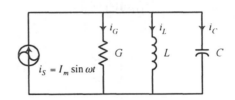

$$Z = R$$
$$V_L = V_C = Q|V_S|$$
$$Q = \frac{\omega_r L}{R} = \frac{1}{\omega_r RC}$$

$$Y = G = 1/R$$
$$I_L = I_C = Q|I_S|$$
$$Q = \omega_r RC = \frac{R}{\omega_r L}$$

$$\omega_r = \frac{1}{\sqrt{LC}}$$

$$Q = \frac{\omega_r}{B_d}$$

$$B_d = \omega_2 - \omega_1$$

$$\omega_{1,2} = \omega_r \mp \tfrac{1}{2}B_d$$

例題 **6.10**

一串聯 *RLC* 電路如圖 6.21 所示，其中 $R = 25\Omega$，$L = 0.03\text{H}$，$C = 0.005\mu\text{F}$，試求(1) 諧振頻率 ω_r，(2) 品質因數 Q，(3) 頻寬 B_d， (4) 下半功率頻率 ω_1 及上半功率頻率 ω_2。

【解】

   (1) 由(6-30)式可知

$$\omega_r = \frac{1}{\sqrt{LC}} = \frac{1}{\sqrt{0.03 \times 0.005 \times 10^{-6}}}$$

$$= 81.65 \ (\text{krad/s})$$

   (2) 由(6-40)式得

$$Q = \frac{\omega_r L}{R} = \frac{81.65 \times 10^3 \times 0.03}{25} = 97.98$$

   (3) 由(6-44)式可知

$$B_d = \frac{\omega_r}{Q} = \frac{81.65 \times 10^3}{97.98} = 833.33 \ (\text{rad/s})$$

   (4) 由(6-46)式

$$\omega_1 = \omega_r - \tfrac{1}{2}B_d = 81650 - \tfrac{1}{2} \times 833.33$$

$$= 81.23 \ (\text{krad/s})$$

$$\omega_2 = \omega_r + \tfrac{1}{2}B_d = 81650 + \tfrac{1}{2} \times 833.33$$

$$= 82.07 \ (\text{krad/s})$$

例題 **6.11**

圖 6.28 為一並聯 *RLC* 電路發生諧振時阻抗與頻率的響應曲線，試求 *R*、*L*、及 *C* 值。

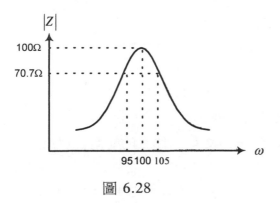

圖 6.28

【解】

當 $\omega_r = 100$ (rad/s)時，

$$|Z| = R = 100\Omega$$

又

$$Q = \frac{\omega_r}{B_d} = \frac{100}{105 - 95} = 10$$

並聯諧振時，

$$Q = \omega_r RC$$

因此，

$$C = \frac{Q}{\omega_r R} = \frac{10}{100 \times 100} = 0.001 \text{ (F)}$$

又

$$\omega_r = \frac{1}{\sqrt{LC}}$$

即

$$L = \frac{1}{\omega_r^2 C} = \frac{1}{100^2 \times 0.001} = 0.1 \ (H)$$

練習題

D6.4 一串聯 *RLC* 電路如圖 6.21 所示，其中 $R = 10\Omega$，$L = 0.1H$，$C = 0.1\mu F$，其交流電源電壓 $V_S = 100\angle 0^o$ ，試求諧振時之(1) 頻率 ω_r，(2) 電流 I，(3) 跨於 R、L、及 C 元件上的電壓，(4) Q。

【答】　(1) $\omega_r = 10^4$ (rad/s)，　(2) $I = 10$ (A)，(3) $V_R = 100$ (V)，$V_L = 10^4$ (V)，$V_C = 10^4$ (V)，(4) $Q = 100$。

6.7. 結論

本章中首先介紹 *RLC* 元件及交流電源的相量表示方式，以為弦波穩態響應分析奠定基礎。在進行弦波穩態響應分析的同時，我們也複習了第三章所介紹的基礎網路定理，如節點電壓法、網目電流法、及戴維寧定理等，以使讀者能溫故知新，並加以靈活運用。

交流電路之最大功率轉移定理，在本章中共整理出五種不同的情況，以使讀者對此問題能有更深一層的瞭解，同時，讀者亦可與第三章所介紹之直流電路最大功率轉移定理做一比較。

章末所介紹之諧振電路係在交流電源頻率可調變情況下所產生的諧振現象，其響應情形類似於 5.4 節所介紹之 *LC* 電路的自然響應，不同在於前者係利用調整交流電源頻率使輸出達到最大響應，而後者則是由元件的初能所產生的弦波振盪現象，二者應加以區別。

在具備了交流電路的基礎觀念後，下一章中將探討電感元件在考慮互感情況下之磁耦合現象，變壓器原理亦將於該章中加以介紹。

習題

1.1 何謂訊號？就訊號對時間、週期與對稱性將訊號分類，並說明各種訊號之性質。

【解】

所謂的訊號係指具有資訊或訊息之物理量。

(1) 就訊號與時間而言，可區分為連續訊號與非連續(離散或間斷) 訊號。連續與非連續是針對時間而言，所謂連續訊號是指，在某一時間範圍內，任一時間點都存在一訊號值。而非連續訊號是指只有在某些特殊之時間點才存在訊號值。

(2) 就訊號之週期性而言，可區分成週期訊號與非週期訊號。所謂週期訊號係指訊號 $f(t)$ 經過一固定時間 T 之後，又回到原有之波形大小，如此每間隔時間 T 重複現象就會出現，亦即是:

$$f(t) = f(t \pm nT) \qquad n = 0,\ 1,\ 2,\ 3,\ \ldots$$

若訊號不具有週期性，則稱此信號為非週期訊號。常見之訊號，如弦波、方波、三角波皆為週期訊號。

(3) 就訊號之對稱性而言，可分為奇對稱和偶對稱。

(a) 奇對稱

若 $f(t) = -f(-t)$，則 $f(t)$ 具有奇對稱性質，亦即是此訊號 $f(t)$ 對稱於原點 $t = 0$。

(b) 偶對稱

若 $f(t) = f(-t)$，則 $f(t)$ 具有偶對稱性質，亦即是此訊號 $f(t)$ 對稱於 $f(t = 0)$ 之軸(又稱 y 軸，或縱軸)。

1.2 如圖 P1.2 所示，將訊號 $f(t)$ 分解成奇對稱成分 $f_o(t)$ 與偶對稱成分 $f_e(t)$ 之和。

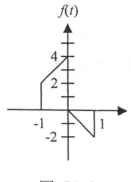

圖 P1.2

【解】

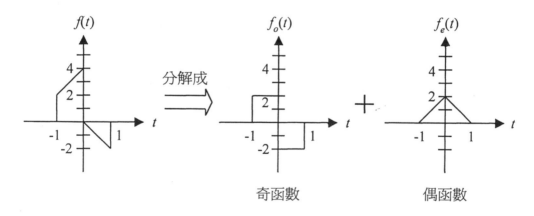

1.3 試以步級函數描述如圖 P1.3 之函數。

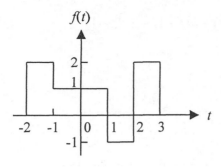

圖 P1.3

【解】

$f_1(t) = 2u(t+2)$

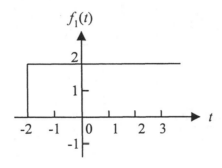

$f_2(t) = 2u(t+2) - u(t+1)$

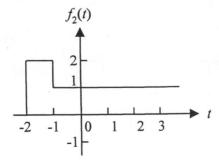

$$f_3(t) = 2u(t+2) - u(t+1) - 2u(t-1)$$

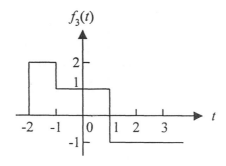

$$f_4(t) = 2u(t+2) - u(t+1) - 2u(t-1) + 3u(t-2)$$

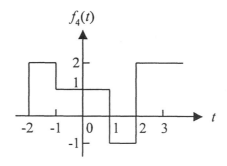

$$\therefore f(t) = 2u(t+2) - u(t+1) - 2u(t-1) + 3u(t-2) - 2u(t-3)$$

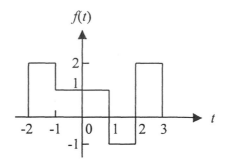

1.1 函數 $f(t) = \begin{cases} 0, & t \le -2 \\ 2(t+2), & -2 \le t \le 2 \\ 8, & 2 \le t \le 4 \\ -2, & 4 < t \le 6 \end{cases}$

(1) 試繪出函數 $f(t)$ 之圖形。

(2) 以步級函數與脈衝函數描述訊號 $\dfrac{d}{dt} f(t)$。

【解】

(1) 函數 $f(t)$ 之圖形如下圖所示。

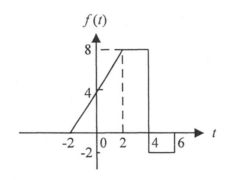

(2) 訊號 $\dfrac{d}{dt} f(t)$ 圖形如下圖所示。

$$\because \quad f(t) = 2r(t+2) - 2r(t-2) - 10u(t-4) + 2u(t-6)$$

$$\therefore \quad \frac{d}{dt} f(t) = 2u(t+2) - 2u(t-2) - 10\delta(t-4) + 2\delta(t-6)$$

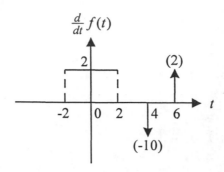

1.5 已知函數

$$f(t) = 2r(t+4) - 2r(t+2) - 2r(t-2) + r(t-4) + 2r(t-6) - r(t-8)$$

試繪出 $f(t)$ 之圖形。

【解】

$$f_1(t) = 2r(t+4)$$

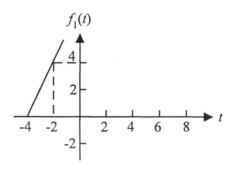

$$f_2(t) = 2r(t+4) - 2r(t+2)$$

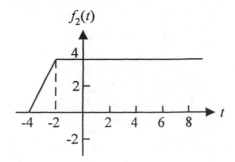

$$f_3(t) = 2r(t+4) - 2r(t+2) - 2r(t-2)$$

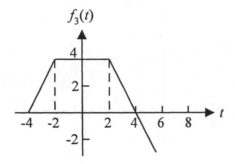

$$f_4(t) = 2r(t+4) - 2r(t+2) - 2r(t-2) + r(t-4)$$

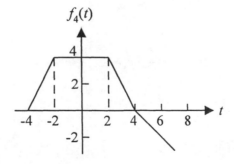

$$f_5(t) = 2r(t+4) - 2r(t+2) - 2r(t-2) + r(t-4) + 2r(t-6)$$

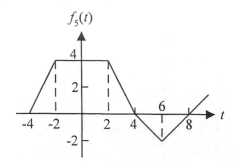

$$\therefore f(t) = 2r(t+4) - 2r(t+2) - 2r(t-2) + r(t-4) + 2r(t-6) - r(t-8)$$

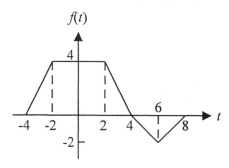

1.6 函數

$$f(t) = 2r(t+4) - 2r(t+2) - 2r(t-2) + r(t-4) + 2r(t-6) - r(t-8)$$

(1) 試求 $\dfrac{d}{dt} f(t)$。

(2) 繪出 $\dfrac{d}{dt} f(t)$ 之圖形。

【解】

(1) $\dfrac{d}{dt} f(t)$

$\quad = 2u(t+4) - 2u(t+2) - 2u(t-2) + u(t-4) + 2u(t-6) - u(t-8)$

(2) $\dfrac{d}{dt} f(t)$ 之圖形

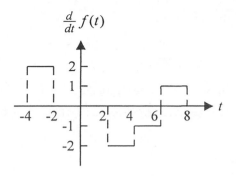

1.7 系統可分成哪幾大類，並敘述該類系統之性質。

【解】

(1) 連續時間與離散時間系統：

　　若一系統之輸入、輸出及狀態變數皆為連續時間 t 之函數，則稱此系統為連續時間系統。相反的，若一系統之輸入、輸出或狀態變數僅在某些時間點上才有值，則稱此系統為離散時間系統。

(2) 瞬時與動態系統：

　　若一系統在時間 t 時之輸出只和時間 t 之輸入有關，而與輸入之過去歷史或未來無關之系統，稱為瞬時或無記憶系統。反之，若系統之輸出與過去歷史之輸入有關，則稱為動態或記憶系統。

(3) 單變數與多變數系統：

　　只具有單一輸入與單一輸出之系統，稱為單變數系統。若一系統具有多輸入或多輸出時，稱此系統為多變數系統。

(4) 因果與非因果系統：

　　若一系統之輸出與過去和現在的輸入有關，而與未來輸入無關之系統，稱為因果系統。反之，輸出若與未來輸入有關之系統，則爲非因果系統。

(5) 時變與非時變系統：

　　若一系統之特性不隨時間而變，則稱此系統爲非時變系統。反之，若一系統之特性隨時間而變，則稱爲時變系統。

(6) 線性與非線性系統：

　　若一系統之特性滿足重疊原理，則稱此系統爲線性系統。反之，若一系統之特性不滿足重疊原理，則稱爲非線性系統。

1.8　(1) 何謂重疊原理？

　　　　(2) 重疊原理與系統是否爲線性有何關係？

【解】

　　　(1) 如下圖所示，若 $u(t)$ 爲系統之輸入，$y(t)$ 爲對應於輸入爲 $u(t)$ 時之輸出，則令輸入爲 $u_1(t)$ 時，產生輸出 $y_1(t)$，輸入爲 $u_2(t)$ 時，產生 $y_2(t)$ 即：

$$u_1(t) \rightarrow y_1(t)$$
$$u_2(t) \rightarrow y_2(t)$$

　　　　若 $au_1(t) + bu_2(t) \rightarrow ay_1(t) + by_2(t)$
　　　　則重疊原理成立。

　　　　其中 a, b 爲任意常數。

(2) 若一系統之特性滿足重疊原理，則稱此系統爲線性系統。
反之，若一系統之特性不滿足重疊原理，則稱爲非線性系統。
換言之，系統若爲線性，若且爲若重疊原理必須成立。反之，
重疊原理不成立之系統，稱爲非線性系統。因此，滿足重疊
原理與線性系統兩者之間是互爲充份且必要條件。

1.9 若一系統之輸入對輸出之描述爲 $y(t) = au(t) + b$，其中 a、b 皆
爲常數，試問在何種條件下此系統爲線性非時變系統。

【解】

$$u_1(t) \rightarrow y_1(t) = au_1(t) + b$$
$$u_2(t) \rightarrow y_2(t) = au_2(t) + b$$

若欲使系統爲線性非時變系統，則必須使得

$$\alpha u_1(t) + \beta u_2(t) \rightarrow \alpha y_1(t) + \beta y_2(t)$$

$$\because \quad a[\alpha u_1(t) + \beta u_2(t)] + b = a[\alpha u_1(t) + \beta u_2(t)] + (\alpha + \beta)b$$

$$\therefore \quad b = 0$$

1.10 若一系統之輸入對輸出之描述爲 $y(t) = au(t + b)$，其中 a、b 皆
爲常數，試問此系統是否爲線性系統？

【解】

$$u_1(t) \rightarrow y_1(t) = au_1(t + b)$$
$$u_2(t) \rightarrow y_2(t) = au_2(t + b)$$

$$\because \quad \alpha u_1(t) + \beta u_2(t) \rightarrow y(t) = a[\alpha u_1(t + b) + \beta u_2(t + b)]$$

$$= \alpha[au_1(t + b)] + \beta[au_2(t + b)]$$

$$= \alpha y_1(t) + \beta y_2(t) \quad \text{其中} \alpha \cdot \beta \text{為常數}$$

∴此系統為線性系統。

1.11 如下所描述之系統輸入對輸出之特性，試問此系統是否為時變系統？

(1) $y(t) = \begin{cases} 0, & t < 5 \\ 3u(t), & t \geq 5 \end{cases}$

(2) $y(t) = u(3t)$

【解】

(1) 輸入對輸出之特性

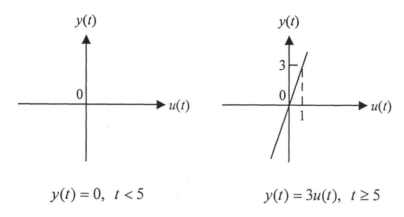

$$y(t) = 0, \ t < 5 \qquad\qquad y(t) = 3u(t), \ t \geq 5$$

∴ 此系統為時變系統。

(2) 將輸入延遲時間 τ

$u(t - \tau) \rightarrow u[3(t - \tau)] = y(t - \tau)$

∴ 此系統為非時變系統。

1.12 如下所描述之系統輸入對輸出之特性，試問此系統是否為因果系統？

(1)　$y(t) = u(t^2)$

(2)　$y(t) = u(t-3)$

(3)　$y(t) = u(-t)$

【解】

 (1)

  ∵ 當 $t < 0$ 時，系統之輸出與未來之輸入有關

  ∴ 此系統為非因果系統。

 (2)

  ∵ 系統之輸出只和過去之輸入有關

  ∴ 此系統為因果系統。

 (3)

  ∵ 當 $t < 0$ 時，系統之輸出與未來之輸入有關

  ∴ 此系統為非因果系統。

1.13 如圖 P1.13 為一線性非時變系統之輸入信號 $u(t)$ 與輸出信號 $y(t)$ 之波形，試求當輸入信號為 $2u(t-2)$ 時，其輸出信號波形為何？

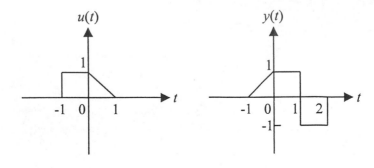

圖 P1.13

【解】

∵ 系統爲線性非時變系統

∴ 若 $u(t) \to y(t)$，

則 $2u(t-2) \to 2y(t-2)$

所以，當輸入信號爲 $2u(t-2)$ 時，其輸出信號波形爲 $2y(t-2)$，其波形如下所示。

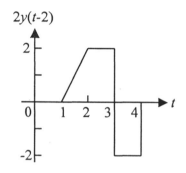

1.14 若 $f(t) = F_m \sin \omega t$，試求 $f(t)$ 之平均值與有效值。

【解】

(1) 平均值

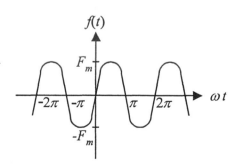

令 $\theta = \omega t$，

$$\therefore \quad f(t) \text{之平均值為} \frac{1}{2\pi} \int_0^{2\pi} F_m \sin\theta d\theta = 0$$

因此，任一弦波函數之平均值皆為0。

(2) 有效值

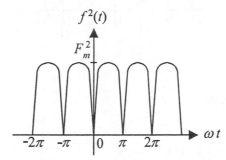

$f(t)$ 之有效值為 $\sqrt{\dfrac{1}{\pi} \int_0^{\pi} F_m^2 \sin^2\theta d\theta}$

$$= \sqrt{\frac{F_m^2}{\pi} \int_0^{\pi} \frac{1 - \cos 2\theta}{2} d\theta}$$

$$= \sqrt{\frac{F_m^2}{\pi} \left[\frac{\theta}{2} - \frac{\sin 2\theta}{4} \right]_0^{\pi}}$$

$$= \frac{F_m}{\sqrt{2}}$$

1.15 試求如圖 P1.15 所示之信號 $f(t)$ 之有效值。

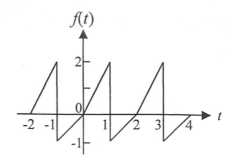

【解】

$f(t)$之有效值

$$= \sqrt{\frac{1}{2} \int_0^2 f^2(t)\, ft}$$

$$= \sqrt{\frac{1}{2} \int_0^1 (2t)^2\, dt + \frac{1}{2} \int_1^2 (t-2)^2\, dt}$$

$$= \sqrt{\frac{4}{2}\left[\frac{t^3}{3}\right]_0^1 + \frac{1}{2}\left[\frac{t^3}{3} - 2t^2 + 4t\right]_1^2}$$

$$= \sqrt{\frac{5}{6}}$$

$$= 0.91$$

1.16 若一電路的輸入電壓為 $v(t) = 110\sqrt{2}\sin(377t)$，

電流為 $i(t) = 8\sqrt{2}\sin(377t - 25°)$，求

(1) 功率因數。

(2) 電源所提供之實功率與虛功率各為何？

【解】

由題意可知

電壓之相量表示 $V = 110\angle 0°$

電流之相量表示 $I = 8\angle -25°$

(1) 功率因數

$$pf = \cos\theta = \cos 25° = 0.906 \quad （落後）$$

(2) 實功率 $P = |V||I|\cos\theta$

$$= 110 \times 8 \times \cos 25°$$

$$= 798 \text{ (W)}$$

虛功率 $Q = |V||I|\sin\theta$

$$= 110 \times 8 \times \sin 25°$$

$$= 372 \text{ (Var)}$$

1.17 已知一負載所吸收之複功率 $S = 500 + j866\,(\text{VA})$，若電源電壓之有效值爲 $100\,(\text{V})$，求

(1) 此電路之功因。

(2) 電源所提供之電流有效值爲何？

【解】

(1) 功因

$$\because \quad \tan\theta = \frac{Q}{P} = \frac{866}{500}$$

$$\therefore \quad \cos\theta = \cos\tan^{-1}(\frac{866}{500}) = 0.5 \quad （落後）$$

(2) 電流有效值

$$\because \quad P = |V||I|\cos\theta = 500$$

$$\text{電流有效值} |I| = \frac{500}{|V|\cos\theta} = \frac{500}{100 \times 0.5} = 10 \ (\text{A})$$

1.18 某一電路之輸入電壓 $v(t) = 110\sqrt{2}\cos(377t - 40°)$，

電流 $i(t) = 10\sqrt{2}\sin(377t + 20°)$，求

(1) 此電路之功率因數為何？

(2) 此電源所提供之複功率大小為何？

【解】

由題意可知

電壓 $v(t) = 110\sqrt{2}\cos(377t - 40°)$

$$= 110\sqrt{2}\cos(377t - 40° + 90°)$$

$$= 110\sqrt{2}\sin(377t + 50°)$$

所以，電壓之相量表示 $V = 110\angle 50°$

電流 $i(t) = 10\sqrt{2}\sin(377t + 20°)$

電流之相量表示 $I = 10\angle 20°$

所以，電壓與電流之相角差 $\theta = 50° - 20° = 30°$

(1) 功率因數 $\cos\theta = \cos 30°$

$$= 0.866 \ (\text{落後})$$

(2) 複功率 $S = P + jQ$

$$= |V||I|\angle\theta$$

$$= 110 \times 10 \angle 30°$$

$$= 953 + j550 \ (VA)$$

1.19 若一電路之輸入電壓 $v(t) = 110\sqrt{2}\cos(377t - 40°)$，

電流 $i(t) = 10\sqrt{2}\cos(377t - 60°)$，求

(1) 電路之功率因數為何？

(2) 電源所提供之視在功率大小為何？

【解】

電壓 $v(t) = 110\sqrt{2}\cos(377t - 40°)$

所以，電壓之相量表示 $V = 110\angle -40°$

電流 $i(t) = 10\sqrt{2}\cos(377t - 60°)$

電流之相量表示 $I = 10\angle -60°$

所以，電壓與電流之相角差 $\theta = -40° - (-60°) = 20°$

(1) 功率因數 $\cos\theta = \cos 20°$

$$= 0.94 \ （落後）$$

(2) 複功率 $|S| = |V||I|$

$$= 110 \times 10$$

$$= 1100 \ (VA)$$

1.20 一電感性電路，其所吸收之視在功率為1000 (VA)，虛功率為600 (Var)，求此電路之實功率、複功率與功率因數各為何？

【解】

(1) 實功率

$$\because \ |S| = \sqrt{P^2 + Q^2}$$

$$\therefore \ 實功率\ P = \sqrt{|S|^2 - Q^2}$$

$$= \sqrt{1000^2 - 600^2}$$

$$= 800 \ (\text{W})$$

(2) 功率因數

$$pf = \frac{P}{|S|}$$

$$= \frac{800}{1000}$$

$$= 0.8 \quad (落後)\,(\because 電感性電路)$$

(3) 複功率

$$S = P + jQ$$

$$= 800 + j600 \ (\text{VA})$$

習題

2.1 試判斷下列之電阻器具有何種特性。

(1) $v = 2i + 3$

(2) $v = i + 3i^2$

(3) $v = (2\sin t)i - 1$

(4) $v - 8i = 0$

(5) $i - 3\log(v) = 0$

其中 v 的單位是伏特， i 為安培。

【解】

(1) $v = 2i + 3$ 為一非線性非時變電阻器。

(2) $v = i + 3i^2$ 為一非線性非時變電阻器。

(3) $v = (2\sin t)i - 1$ 為一非線性時變電阻器。

(4) $v - 8i = 0$ 為一線性非時變電阻器。

(5) $i - 3\log(v) = 0$ 為一非線性非時變電阻器。

2.2 一電阻器之 $v-i$ 曲線如圖 P2.2 所示，

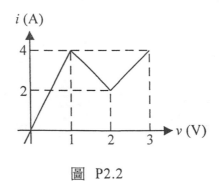

圖 P2.2

(1) 寫出 i 與 v 之關係式。

(2) 試判斷此為何種性質之電阻器。

【解】

(1) i 與 v 之關係式

$$i = \begin{cases} 4v, & v \leq 1 \\ -2v + 6, & 1 \leq v \leq 2 \\ 2v - 2, & 2 \leq v \end{cases}$$

(2) 此為一非線性非時變電阻器。

2.3 一非線性電阻器之 v–i 曲線為

$$i = \begin{cases} av, & v \leq 1 \\ -bv + 4, & 1 \leq v \leq 2 \\ 2v - c, & 2 \leq v \end{cases}$$

其中 a、b 與 c 皆為常數。若工作於電壓 $v = 3$ (V)時，$i = 5$ (A)。求 c 值與此時之電阻值為何？

【解】

(1) c值

$$\because \ 5 = 2(3) - c$$

$$\therefore \ c = 1$$

(2) 電阻值

$$R = \frac{v}{i} = \frac{3}{5} = 0.6 \ (\Omega)$$

2.4 如圖 P2.4(a) 所示為一電池之等效電路，若此電池之 v–i 曲線如圖 P2.4(b) 所示。試計算電池之內電壓 v_s 與內電阻 R_s 之值。

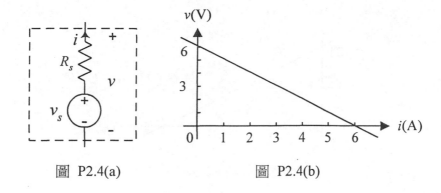

圖 P2.4(a)　　　　　　圖 P2.4(b)

【解】

由 $v = v_s - R_s i$　配合實驗數據可知

$$\begin{cases} v_s - (0)R_s = 6 \\ v_s - 6R_s = 0 \end{cases}$$

解聯立方程式得

$$v_s = 6\,(\text{V})$$

$$R_s = 1\,(\Omega)$$

2.5 如圖 P2.5 所示，爲一電池之 v–i 曲線。試計算

(1) 電池之內電壓 v_s 與內電阻 R_s 之值。

(2) 當輸出電流 $i = 1\,(\text{A})$ 時，電池端電壓 v 之值爲何？

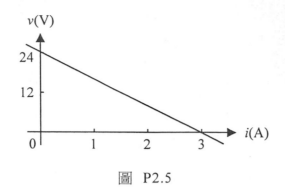

圖 P2.5

【解】

(1) 由 $v = v_s - R_s i$ 配合實驗數據可知

$$\begin{cases} v_s - (0)R_s = 24 \\ v_s - 3R_s = 0 \end{cases}$$

解聯立方程式得

$$v_s = 24 \ (\text{V})$$

$$R_s = 8 \ (\Omega)$$

(2)

$$\because \ v = 24 - 8i$$

$\therefore$ 當 $i = 1$ (A) 時，

$$v = 24 - 8(1) = 16 \ (\text{V})$$

2.6 如圖 P2.6(a) 所示為一電流源之等效電路，若此電流源之 v–i 曲線如圖 P2.6(b) 所示。試計算電流源等效電路之 i_s 與 R_s 之值。

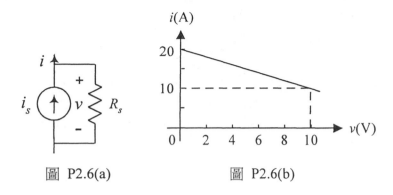

圖 P2.6(a)　　　　　圖 P2.6(b)

【解】

由 $i = i_s - \dfrac{1}{R_s} v$ 配合實驗數據可知

$$\begin{cases} i_s - (0)\dfrac{1}{R_s} = 20 \\ i_s - 10\dfrac{1}{R_s} = 10 \end{cases}$$

解聯立方程式得

$$i_s = 20\,(\text{A})$$

$$R_s = 1\ (\Omega)$$

2.7 如圖 P2.7 所示為一電流源之 v–i 曲線，且 v 與 i 之關係為 $v = a + bi$，試求

(1) a 與 b 之值。

(1) 電流源等效電路之 i_s 與 R_s 之值。

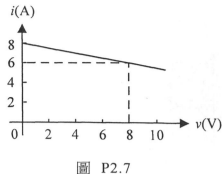

圖 P2.7

【解】

(1)

$$\because v = a + bi$$

$$\therefore \begin{cases} a + b(8) = 0 \\ a + b(6) = 8 \end{cases}$$

解聯立方程式得

$$a = 32$$

$$b = -4$$

(2)

$$\because v = a + bi$$

$$v = 32 - 4i$$

$$\therefore i = 8 - \frac{1}{4}v = i_s - \frac{1}{R_s}v$$

$$i_s = 8\,(\text{A})$$

$$R_s = 4\ (\Omega)$$

2.8 如圖 P2.8 所示，一電壓源加於 $C = 2\mu F$ 之電容器兩端，試繪出流經電容器之電流波形？

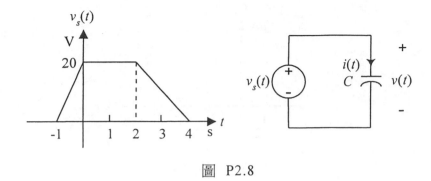

圖 P2.8

【解】

$$i(t) = C\frac{d}{dt}v(t) = C\frac{d}{dt}v_s(t)$$

$$\because \ v_s(t) = \begin{cases} 0, \ t \leq -1 \\ 20(t+1), \ -1 \leq t \leq 0 \\ 20, \ 0 \leq t \leq 2 \\ -10(t-4), \ 2 \leq t \leq 4 \\ 0, \ 4 \leq t \end{cases}$$

$$\therefore \ i(t) = \begin{cases} 0, \ t \leq -1 \\ 40\mu A, \ -1 \leq t \leq 0 \\ 0, \ 0 \leq t \leq 2 \\ -20\mu A, \ 2 \leq t \leq 4 \\ 0, \ 4 \leq t \end{cases}$$

所以，流經電容器之電流 $i(t)$ 波形如圖 P2.8(a) 所示。

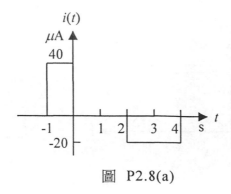

圖 P2.8(a)

2.9 如圖 P2.9 所示，一電流源

$$i_S(t) = \begin{cases} 0, & t \le -1 \\ (t+1)\mu A, & -1 \le t \le 1 \\ 2\mu A, & 1 \le t \le 2 \\ -2(t-3)\mu A, & 2 \le t \le 3 \\ 0, & 3 \le t \end{cases}$$

加於一電容器 $C = 1\mu F$ 上，試求電容器兩端之電壓 $v(t)$。

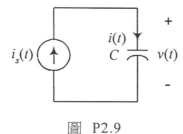

圖 P2.9

【解】

$$\because \quad v(t) = \frac{1}{C} \int_{-\infty}^{t} i_S(\tau) d\tau$$

$$i_s(t) = \begin{cases} 0, & t \le -1 \\ (t+1)\mu A, & -1 \le t \le 1 \\ 2\mu A, & 1 \le t \le 2 \\ -2(t-3)\mu A, & 2 \le t \le 3 \\ 0, & 3 \le t \end{cases}$$

當 $t \le -1$ 時，$v(t) = \int_{-\infty}^{t} i_s(\tau)d\tau = 0$

當 $-1 \le t \le 1$ 時，$v(t) = \int_{-\infty}^{t} i_s(\tau)d\tau$

$$= \int_{-1}^{t} (\tau+1)d\tau + v(-1)$$

$$= \left[\frac{\tau^2}{2} + \tau \right]_{-1}^{t} + 0$$

$$= (\frac{t^2}{2} + t) - (\frac{1}{2} - 1)$$

$$= \frac{t^2}{2} + t + \frac{1}{2}$$

同理可得

$$\therefore \quad v(t) = \begin{cases} 0 \ V, & t \le -1 \\ \frac{t^2}{2} + t + \frac{1}{2} \ V, & -1 \le t \le 1 \\ 2t \ V, & 1 \le t \le 2 \\ -t^2 + 6t - 4 \ V, & 2 \le t \le 3 \\ 5 \ V, & 3 \le t \end{cases}$$

2.10 已知一線性時變電容器其電容 $C(t) = a + b\sin t$（μF），其中 a 與 b 為常數。若此電容器在 $q(t)$-$v(t)$ 平面之特性曲線如圖 P2.10 所示，求 a 與 b 之值為何？

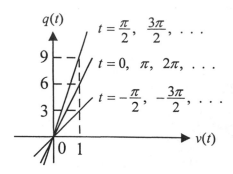

圖 P2.10

【解】

$$\because q(t) = C(t)v(t)$$
$$= (a + b\sin t)v(t)$$

(1) 當 $t = 0$ 與 $v(t) = 1$ 時，

$$q(t) = a + b\sin 0 = 6$$

$$\therefore a = 6$$

(2) 當 $t = \frac{\pi}{2}$ 與 $v(t) = 1$ 時，

$$q(t) = a + b\sin\frac{\pi}{2} = 6 + b = 9$$

$$\therefore b = 3$$

2.11 如圖 P2.11 所示，一電流源加於 $L = 2mF$ 之電感器，試繪出電感器兩端之電壓波形？

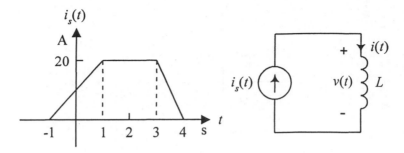

圖 P2.11

【解】

$$v(t) = L\frac{d}{dt}i(t) = L\frac{d}{dt}i_s(t)$$

$$\therefore \ i_s(t) = \begin{cases} 0, \ t \le -1 \\ 10(t+1), \ -1 \le t \le 1 \\ 20, \ 1 \le t \le 3 \\ -20(t-4), \ 3 \le t \le 4 \\ 0, \ 4 \le t \end{cases}$$

$$\therefore \ v(t) = \begin{cases} 0, \ t \le -1 \\ 20mV, \ -1 \le t \le 1 \\ 0, \ 1 \le t \le 3 \\ -40mV, \ 3 \le t \le 4 \\ 0, \ 4 \le t \end{cases}$$

所以，電感器兩端之電壓 $v(t)$ 波形如圖 P2.11(a) 所示。

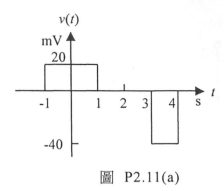

圖 P2.11(a)

2.12 如圖 P2.12 所示,一電壓源

$$v_S(t) = \begin{cases} 0, & t \le -1 \\ (t+1)V, & -1 \le t \le 1 \\ 2V, & 1 \le t \le 2 \\ -2(t-3)V, & 2 \le t \le 3 \\ 0, & 3 \le t \end{cases}$$

加於一電感器 $L = 1mH$ 上,試求流經電感器之電流 $i(t)$。

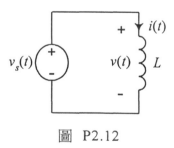

圖 P2.12

【解】

$$\because \quad i(t) = \frac{1}{L} \int_{-\infty}^{t} v_S(\tau) d\tau$$

$$v_s(t) = \begin{cases} 0, & t \le -1 \\ (t+1)V, & -1 \le t \le 1 \\ 2V, & 1 \le t \le 2 \\ -2(t-3)V, & 2 \le t \le 3 \\ 0, & 3 \le t \end{cases}$$

當 $t \le -1$ 時， $v(t) = \int_{-\infty}^{t} i_s(\tau)d\tau = 0$

當 $-1 \le t \le 1$ 時， $v(t) = \int_{-\infty}^{t} i_s(\tau)d\tau$

$$= \int_{-1}^{t} (\tau+1)d\tau + v(-1)$$

$$= \left[\frac{\tau^2}{2} + \tau\right]_{-1}^{t} + 0$$

$$= (\frac{t^2}{2} + t) - (\frac{1}{2} - 1)$$

$$= \frac{t^2}{2} + t + \frac{1}{2}$$

同理可得

$$\therefore \quad i(t) = \begin{cases} 0 \ kA, & t \le -1 \\ \frac{t^2}{2} + t + \frac{1}{2} \ kA, & -1 \le t \le 1 \\ 2t \ kA, & 1 \le t \le 2 \\ -t^2 + 6t - 4 \ kA, & 2 \le t \le 3 \\ 5 \ kA, & 3 \le t \end{cases}$$

2.13 已知一線性時變電感器其電感 $L(t) = a + b\sin t$ (mH)，其中 a 與 b 為常數。若此電容器在 $\phi(t) - i(t)$ 平面之特性曲線如圖 P2.13 所示，求 a 與 b 之值為何？

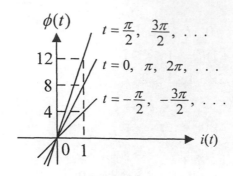

圖 P2.13

【解】

$$\because \phi(t) = L(t)i(t)$$
$$= (a + b \sin t)i(t)$$

(1) 當 $t = 0$ 與 $i(t) = 1$ 時，

$$\phi(t) = a + b \sin 0 = 8$$

$$\therefore \quad a = 8$$

(2) 當 $t = \dfrac{\pi}{2}$ 與 $i(t) = 1$ 時，

$$\phi(t) = a + b \sin \frac{\pi}{2} = 8 + b = 12$$

$$\therefore \quad b = 4$$

習題

3.1 如圖 P3.1 所示之電路，根據 KVL

(1) 此電路共可列出若干組線性獨立之迴路方程式。

(2) 若$v_2 = 5$ (V)，$v_3 = 1$ (V)，$v_4 = 3$ (V)，$v_5 = 2$ (V)，求 v_1、v_7、v_8 之值為何？

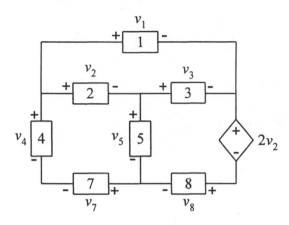

圖 P3.1

【解】

(1) 如圖 P3.1 之電路，共有

節點 $n = 6$，

分支 $b = 8$，

$b - n + 1 = 8 - 6 + 1 = 3$，

所以，共可列出 3 組線性獨立之迴路方程式。

(2)

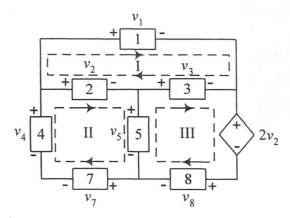

迴路 I 之迴路方程式

$$\because \quad v_1 - v_3 - v_2 = 0$$

$$\therefore \quad v_1 = v_2 + v_3$$

$$= 5 + 1 = 6 \ (V)$$

迴路 II 之迴路方程式

$$\because \quad -v_4 + v_2 + v_5 + v_7 = 0$$

$$\therefore \quad v_7 = -v_2 + v_4 - v_5$$

$$= -5 + 3 - 2 = -4 \ (V)$$

迴路 III 之迴路方程式

$$\because \quad -v_5 + v_3 + 2v_2 + v_8 = 0$$

$$\therefore \quad v_8 = -2v_2 - v_3 + v_5$$

$$= -2(5) - 1 + 2 = -9 \ (V)$$

3.2 如圖 P3.2 所示，

(1) 此電路共可列出若干組線性獨立之迴路方程式。

(2) 已知 $v_2 = 3$ (V)，$v_3 = -1$ (V)，$v_5 = 2$ (V)，$v_7 = 8$ (V)，求 v_1、v_4、v_6 與 k 之值為何？

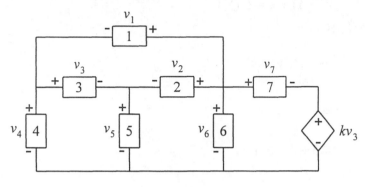

圖 P3.2

【解】如下圖所示

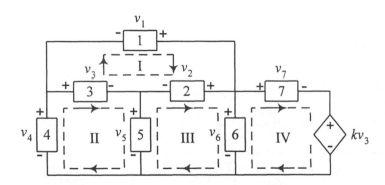

(1) 迴路 I

∵ $-v_1 + v_2 - v_3 = 0$

∴ $v_1 = v_2 - v_3$

$= 3 - (-1) = 4$ (V)

(2) 迴路 II

$$\because \quad -v_4 + v_3 + v_5 = 0$$

$$\therefore \quad v_4 = v_3 + v_5$$

$$= (-1) + 2 = 1 \ (V)$$

(3) 迴路III

$$\because \quad -v_5 - v_2 + v_6 = 0$$

$$\therefore \quad v_6 = v_2 + v_5$$

$$= 3 + 2 = 5 \ (V)$$

(4) 迴路IV

$$\because \quad -v_6 + v_7 + kv_3 = 0$$

$$\therefore \quad kv_3 = v_6 - v_7$$

$$k(-1) = 5 - 8$$

$$k = 3$$

3.3 如圖 P3.3 所示，求 v_1、v_2 與 v_6 之值為何？

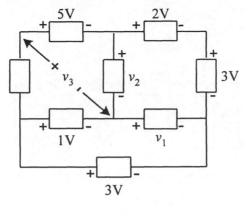

圖 P3.3

【解】

$$\because \quad v_1 - 3 + 1 = 0$$

$$\therefore \quad v_1 = 3 - 1 = 2 \ (\text{V})$$

$$\because \quad v_2 - 2 - 3 + v_1 = 0$$

$$\therefore \quad v_2 = 2 + 3 - v_1 = 2 + 3 - 2 = 3 \ (\text{V})$$

$$v_3 = 5 + v_2 = 5 + 3 = 8 \ (\text{V})$$

3.4　如圖 P3.4 所示，根據 KCL

(1) 此電路共可列出若干組線性獨立之節點方程式。

(2) 已知 $i_2 = 1 \ (\text{A})$，$i_4 = 2 \ (\text{A})$，$i_5 = 3 \ (\text{A})$，求 i_1 與 i_3 之值為何？

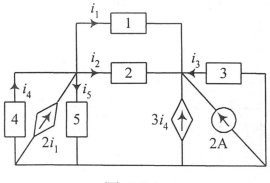

圖　P3.4

【解】

(1) 如下圖所示，

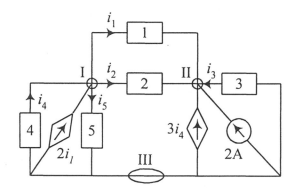

共有節點 $n = 3$，標示為節點 I、II 和 III。

所以，共可列出 $n - 1 = 3 - 1 = 2$ 組線性獨立之節點方程式。

(2) 列出節點方程式

節點 I 之節點方程式為

$$i_1 + i_2 + i_5 - 2i_1 - i_4 = 0$$

$$\therefore \ i_1 = i_2 + i_5 - i_4 = 1 + 3 - 2 = 2 \ (A)$$

節點 II 之節點方程式

$$i_1 + i_2 + i_3 + 2 + 3i_4 = 0$$

$$\therefore \ i_3 = -i_1 - i_2 - 2 - 3i_4 = -2 - 1 - 2 - 3(2) = -11 \ (A)$$

3.5 如圖 P3.5 所示，求 i_x 與 i_y 之值為何？

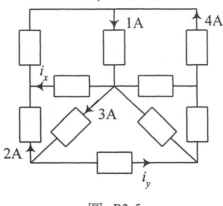

圖 P3.5

【解】

根據 KCL

$$\because \ i_y + 2 - 3 = 0$$

$$\therefore \ i_y = 3 - 2 = 1 \ (A)$$

$$\because \ i_x + 3 + 4 - 1 - i_y = 0$$

$$\therefore \ i_x = -3 - 4 + 1 + 1 = -5 \ (A)$$

3.6 如圖 P3.6 所示，若每一分支之電阻皆為 R (Ω)，求 R_{ab} 之值為何？

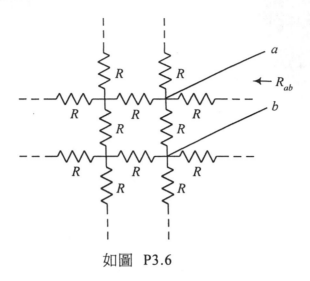

如圖 P3.6

【解】

如下圖所示，於 a、b 兩端加入一電流源，
則 a、b 兩端之電壓

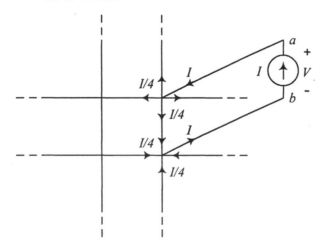

$$V = (\frac{I}{4} + \frac{I}{4})R = \frac{I}{2}R$$

$$\therefore \; R_{ab} = \frac{V}{I} = \frac{R}{2} \; (\Omega)$$

3.7 如圖 P3.7 所示，求 i_1 之值。

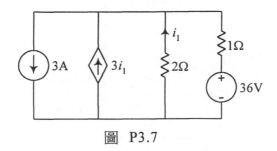

圖 P3.7

【解】

　　如下圖所示，

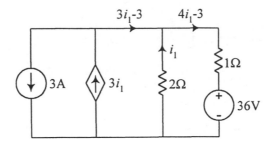

　　根據 KVL：

$$2(i_1) + (4i_1 - 3) + 36 = 0$$

$$6i_1 = -33$$

$$\therefore \quad i_1 = -\frac{33}{6} = -\frac{11}{2} \, (\text{V})$$

3.8 如圖 P3.8 所示，求 R_{eq} 之值。

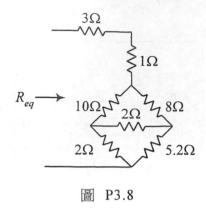

圖 P3.8

【解】

(1) 先將 Δ 接化爲 Y 接,

$$R_a = \frac{10 \times 8}{10 + 8 + 2} = 4 \ (\Omega)$$

$$R_b = \frac{8 \times 2}{10 + 8 + 2} = 0.8 \ (\Omega)$$

$$R_c = \frac{10 \times 2}{10 + 8 + 2} = 1 \ (\Omega)$$

(2) 將電路簡化成下圖

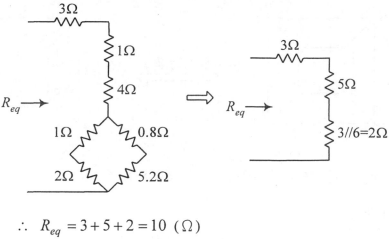

$$\therefore \ R_{eq} = 3 + 5 + 2 = 10 \ (\Omega)$$

3.9 如圖 P3.9 所示，若每段電阻為 6(Ω)，求 R_{ae} 與 R_{ac} 之值。

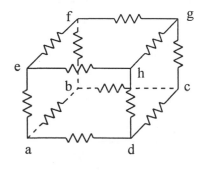

圖 P3.9

【解】

(1) R_{ae}

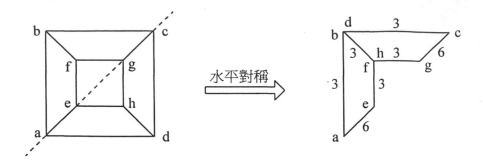

$$\therefore \ R_{ae} = \{[(6+3+3)//3]+3+3\}//6 = 8.4//6 = 3.5 \ (\Omega)$$

(2) R_{ac}

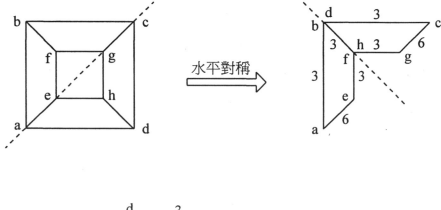

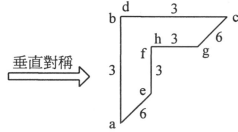

$$\therefore \ R_{ac} = (3+3)//(6+3+3+6) = 6//18 = 4.5 \ (\Omega)$$

3.10 如圖 P3.10 所示之無限級網路,求 R_{ab} 之值。

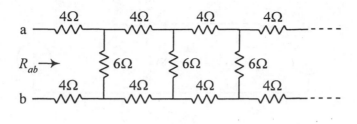

圖 P3.10

【解】

將原電路化簡成下圖

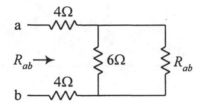

$$\because R_{ab} = 4 + 4 + (6 // R_{ab})$$

$$= 8 + \frac{6R_{ab}}{6 + R_{ab}}$$

$$= \frac{48 + 14R_{ab}}{6 + R_{ab}}$$

$$\therefore R_{ab}^2 - 8R_{ab} - 48 = 0$$

$$(R_{ab} - 12)(R_{ab} + 4) = 0$$

解得 $R_{ab} = 12$ (Ω)（$R_{ab} = -4$ (Ω) 不合理）

3.11 如圖 P3.11 所示，利用重疊定理求 I_1、I_2 與 I_3 之值。

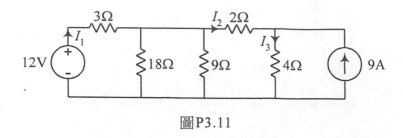

圖P3.11

【解】

先將原電路化簡成下圖：

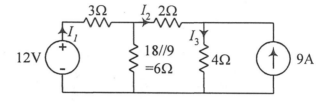

利用重疊定理

(1) 考慮 12 (V) 電壓源之響應

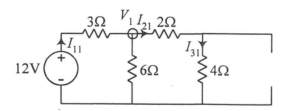

V_1 之節點方程式

$$\frac{12 - V_1}{3} = \frac{V_1}{6} + \frac{V_1}{2+4}$$

解得 $V_1 = 6$ (V)

$$\therefore \quad I_{11} = \frac{12 - V_1}{3} = \frac{12 - 6}{3} = 2 \ (A)$$

$$I_{21} = I_{31} = \frac{V_1}{2+4} = \frac{6}{6} = 1 \ (A)$$

(2) 考慮 9 (A) 電流源之響應

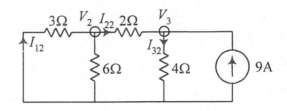

V_2 與 V_3 之節點方程式

$$\begin{cases} \dfrac{-V_2}{3} = \dfrac{V_2}{6} + \dfrac{V_2 - V_3}{2} \\[4mm] \dfrac{V_2 - V_3}{2} + 9 = \dfrac{V_3}{4} \end{cases}$$

解得 $V_2 = 9 \ (V)$，$V_3 = 18 \ (V)$

$$\therefore \ I_{12} = \frac{-V_2}{3} = \frac{-9}{3} = -3 \ (A)$$

$$I_{22} = \frac{V_2 - V_3}{2} = \frac{9 - 18}{2} = -4.5 \ (A)$$

$$I_{32} = \frac{V_3}{4} = \frac{18}{4} = 4.5 \ (A)$$

最後，綜合(1)與(2)之結果可得

$$I_1 = I_{11} + I_{12} = 2 + (-3) = -1 \ (A)$$

$$I_2 = I_{21} + I_{22} = 1 + (-4.5) = -3.5 \text{ (A)}$$

$$I_3 = I_{31} + I_{32} = 1 + 4.5 = 5.5 \text{ (A)}$$

3.12 如圖 P3.12 所示，求 a、b 兩端之

(1) 戴維寧等效電路。

(2) 諾頓等效電路。

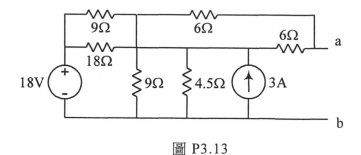

圖 P3.13

【解】

　　先將原電路化簡成下圖：

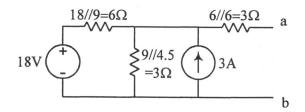

(1) 戴維寧等效電路

利用節點方程式求 V_{Th}：

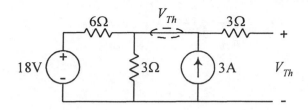

$$\frac{18 - V_{Th}}{6} + 3 = \frac{V_{Th}}{3}$$

解得 $V_{Th} = 12$ (V)

求 R_{Th}：

將電壓源短路，電流源開路，可得下圖。

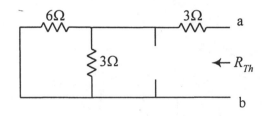

$$R_{Th} = 3 + (6 // 3)$$
$$= 5 \ (\Omega)$$

所以，戴維寧等效電路如下圖所示。

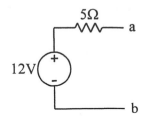

(2) 諾頓等效電路

$$I_N = \frac{V_{Th}}{R_{Th}} = \frac{12}{5} = 2.4 \text{ (A)}$$

$$R_N = R_{Th} = 5 \text{ (}\Omega\text{)}$$

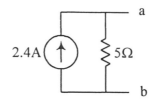

3.13 如圖 P3.13 所示，求 a、b 兩端之
(1) 戴維寧等效電路。
(2) 諾頓等效電路。

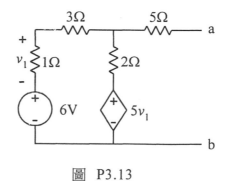

圖 P3.13

【解】

如圖 P3.13(a) 所示，

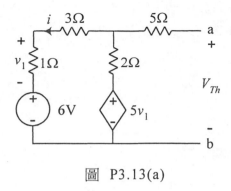

圖 P3.13(a)

利用 KVL 求 V_{Th}：

$$6 + 1(i) + 3(i) + 2(i) = 5v_1$$

其中 $i = \dfrac{v_1}{1} = v_1$

解得 $i = v_1 = -6$

∴ $V_{Th} = 5v_1 - 2i = 5(-6) - 2(-6) = -18$ (V)

利用驅動點法求 R_{Th}：

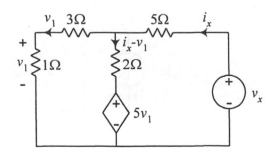

根據 KVL：

∵ $5v_1 + 2(i_x - v_1) = 3v_1 + v_1$

∴ $v_1 = 2i_x$

$$\because v_x = 5i_x + 2(i_x - v_1) + 5v_1$$
$$= 5i_x + 2(-i_x) + 5(2i_x) = 13i_x$$

$$\therefore R_{Th} = \frac{v_x}{i_x} = 13 \ (\Omega)$$

(1) 戴維寧等效電路

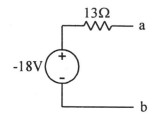

(2) 諾頓等效電路

$$I_N = \frac{V_{Th}}{R_{Th}} = -\frac{18}{13} = -1.38 \ (A)$$

$$R_N = R_{Th} = 13 \ (\Omega)$$

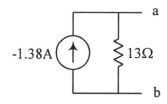

3.14 如圖 P3.14 所示，圖 (a) 與圖 (b) 具有相同之網路 N。對圖 (a) 所做之量測數據標示於圖 (a)，若在圖 (b) 中有 4A 之電流流 經 $R(\Omega)$ 之電阻器，求電阻 R 之值為何？

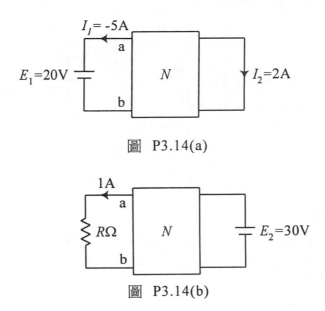

圖 P3.14(a)

圖 P3.14(b)

【解】

由題意可知

實驗一：（圖 P3.14 (c)）

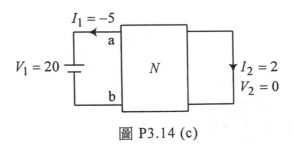

圖 P3.14 (c)

$$\begin{cases} V_1 = 20 \\ I_1 = -5 \\ V_2 = 0 \\ I_2 = 2 \end{cases}$$

實驗二：（圖 P3.14(d)）

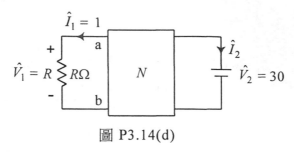

圖 P3.14(d)

$$\begin{cases} \hat{V}_1 = R \\ \hat{I}_1 = 1 \\ \hat{V}_2 = 30 \\ \hat{I}_2 \end{cases}$$

由特立勤定理可知

$$\sum_{k=1}^{b} V_k \hat{I}_k = \sum_{k=1}^{b} \hat{V}_k I_k$$

$$\because \ V_1 \hat{I}_1 + V_2 \hat{I}_2 = \hat{V}_1 I_1 + \hat{V}_2 I_2$$

$$\therefore \ 20 \times 1 + 0 \times \hat{I}_2 = R \times (-5) + 30 \times 2$$

解得　$R = 8 \ (\Omega)$

3.15 如圖 P3.15 所示之網路 N，第一次實驗時，$R = 2 \ (\Omega)$，$V_1 = 6$ (V)，$I_1 = 2$ (A)，$V_2 = 5$ (V)。第二次實驗時，$R = 4 \ (\Omega)$，$V_1 = 10$ (V)，

$I_1 = 5$ (A)，求 I_2 與 V_2 之值。

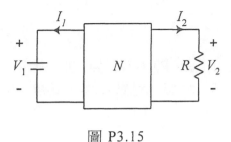

圖 P3.15

【解】

實驗一：$\begin{cases} V_1 = 6 \\ I_1 = 2 \\ V_2 = 5 \\ I_2 = \dfrac{V_2}{R} = \dfrac{5}{2} = 2.5 \end{cases}$

實驗二：$\begin{cases} \hat{V}_1 = 10 \\ \hat{I}_1 = 5 \\ \hat{V}_2 = R\,\hat{I}_2 = 4\,\hat{I}_2 \\ \hat{I}_2 \end{cases}$

$\therefore\ V_1\hat{I}_1 + V_2\hat{I}_2 = \hat{V}_1 I_1 + \hat{V}_2 I_2$

$\therefore\ 6\times5 + 5\times\hat{I}_2 = 10\times2 + 4\hat{I}_2\times2.5$

解得 $I_2 = \hat{I}_2 = 2$ (A)

$$V_2 = 4\hat{I}_2 = 4(2) = 8 \text{ (V)}$$

3.16 一網路之響應如下圖 P3.16(a) 與 (b) 所示，求圖 (c) 之 k 值
為何時，可使 R_3 兩端之電壓為零，並求 R_1、R_2、R_3 與 R_4 之
值。

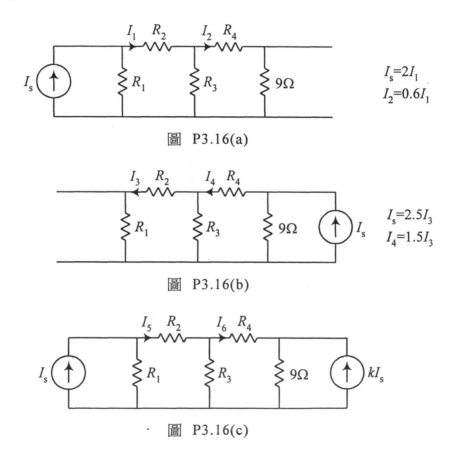

圖 P3.16(a)

圖 P3.16(b)

圖 P3.16(c)

【解】

由圖 P3.16 (a) 與 (b)，利用互易定理（性質二）可得

$$I_2 \times 9 = I_3 \times R_1$$

$$I_2 = 0.6I_1 = 0.6 \times 0.5I_s = 0.3I_s$$

$$I_3 = 0.4I_s$$

$$\because \quad 0.3I_s \times 9 = 0.4I_s \times R_1$$

$$\therefore \quad R_1 = 6.75 \ (\Omega)$$

由圖 P3.16(c)，利用重疊定理，可得

$$I_5 = I_1 - kI_3$$
$$\quad = 0.5I_s - 0.4kI_s$$

$$I_4 = 1.5I_3 = 1.5 \times 0.4I_s = 0.6I_s$$

$$I_6 = I_2 - kI_4$$
$$\quad = 0.3I_s - 0.6kI_s$$

$\because$ 欲使 R_3 兩端電壓為零

$\therefore \ I_5 = I_6$

$$0.5I_s - 0.4kI_s = 0.3I_s - 0.6kI_s$$

解得

$$k = -1$$

此時

$$I_5 = I_6$$
$$\quad = 0.5I_s + 0.4I_s$$
$$\quad = 0.9I_s$$

因 R_3 兩端之電壓為零，故可視為短路，利用分流定理（如圖 P3.16

(d)所示）可得

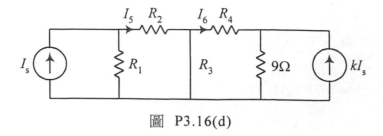

圖 P3.16(d)

(1) ∵ $I_5 = I_s\left(\dfrac{R_1}{R_1 + R_2}\right)$

∴ $0.9I_s = I_s\left(\dfrac{6.75}{6.75 + R_2}\right)$

解得
$$R_2 = 0.75 \ (\Omega)$$

(2) ∵ $-I_6 = kI_s\left(\dfrac{9}{9 + R_4}\right)$

∴ $-0.9I_s = -I_s\left(\dfrac{9}{9 + R_4}\right)$

解得
$$R_4 = 1 \ (\Omega)$$

由圖 P3.16(a) 可知，

∵ $(I_1 - I_2)R_3 = I_2(R_4 + 9)$

$$\therefore \quad 0.2I_s(R_3) = 0.3I_s(1+9)$$

解得

$$R_3 = 15 \ (\Omega)$$

所以綜合以上之計算，得知 $k = -1$，$R_1 = 6.75 \ (\Omega)$，$R_2 = 0.75 \ (\Omega)$，$R_3 = 15 \ (\Omega)$，$R_4 = 1 \ (\Omega)$。

3.17 一網路之響應如圖 P3.17(a) 與 (b) 所示，求圖 (c) 之 k 值為何時，可使流經 R_3 之電流為零，並求 R_1、R_2、R_3 與 R_4 之值。

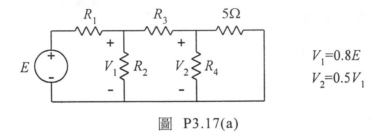

$V_1 = 0.8E$

$V_2 = 0.5V_1$

圖 P3.17(a)

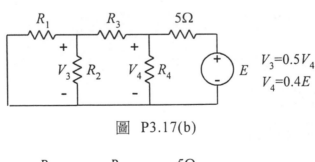

$V_3 = 0.5V_4$

$V_4 = 0.4E$

圖 P3.17(b)

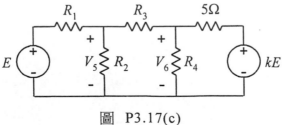

圖 P3.17(c)

【解】

由圖 P3.17 (a) 與 (b)，利用互易定理（性質一）可得

$$\because \frac{V_2}{5} = \frac{V_3}{R_1}$$

$$\frac{0.5(0.8E)}{5} = \frac{0.5(0.4E)}{R_1}$$

$$\therefore \ R_1 = 2.5 \ (\Omega)$$

由圖 P3.17(c)，利用重疊定理，可得

$$V_5 = V_1 + kV_3$$

$$= 0.8E + k(0.5 \times 0.4E)$$

$$= 0.8E + 0.2kE$$

$$V_6 = V_2 + kV_4$$

$$= 0.5(0.8E) + k(0.4E)$$

$$= 0.4E + 0.4kE$$

$\because$ 欲使流經 R_3 之電流為零

$\therefore \ V_5 = V_6$

$$0.8E + 0.2kE = 0.4E + 0.4kE$$

解得

$$k = 2$$

此時

$$V_5 = V_6$$

$$= 0.8E + 0.2(2)E$$

$$= 1.2E$$

因流經 R_3 之電流爲零，故可視爲開路，利用分壓定理（如圖 P3.17 (d)所示）可得

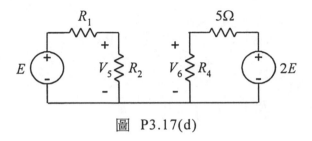

圖 P3.17(d)

$$\because \ V_5 = E\left(\frac{R_2}{R_1 + R_2}\right)$$

$$\therefore \ 1.2E = E\left(\frac{R_2}{2.5 + R_2}\right)$$

解得

$$R_2 = -15 \ (\Omega)$$

$$\because \ V_6 = 2E\left(\frac{R_4}{5 + R_4}\right)$$

$$\therefore \ 1.2E = 2E\left(\frac{R_4}{5 + R_4}\right)$$

解得
$$R_4 = 7.5 \ (\Omega)$$

由圖 P3.17(a)可知，

$$\because \ V_2 = \left(\frac{R_4 \, / \! / \, 5}{R_3 + (R_4 \, / \! / \, 5)} \right) V_1$$

$$\therefore \ V_2 = \left(\frac{7.5 \, / \! / \, 5}{R_3 + (7.5 \, / \! / \, 5)} \right) V_1 = 0.5 V_1$$

解得
$$R_3 = 3 \ (\Omega)$$

所以綜合以上之計算，得知 $k = 2$，$R_1 = 2.5 \ (\Omega)$，$R_2 = -15 \ (\Omega)$，$R_3 = 3 \ (\Omega)$，$R_4 = 7.5 \ (\Omega)$。

3.18 如圖 P3.18 所示之電路，求
    (1) 當 $V_1 = V_2 = 7 \ (V)$時，$I = ?$
    (2) 當 $V_1 = - V_2 = 25 \ (V)$時，$I = ?$

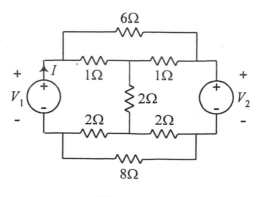

圖 P3.18

【解】

原電路可以分成兩個對稱之相同電路，並以中心線連接，如圖 P3.18(a) 所示。

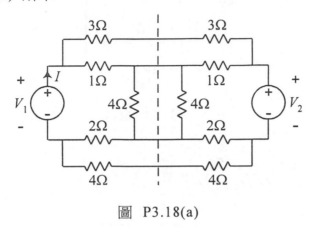

圖 P3.18(a)

(1) 當 $V_1 = V_2 = 7$ (V) 時，中心線視為開路（如圖 P3.18(b)）。

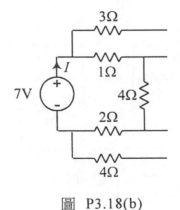

圖 P3.18(b)

$$\therefore \ I = \frac{7}{1+4+2} = 1 \ (A)$$

(2) 當 $V_1 = -V_2 = 25$(V) 時，中心線視為短路（如圖 P3.18(c)）。

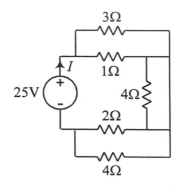

圖 P3.18(c)

$$\therefore \ I = \frac{25}{(3//1)+(2//4)} = 12 \ (A)$$

3.19 如圖 P3.19 所示,求當 R_L 為何值時,可得最大功率,且最大功率為何?

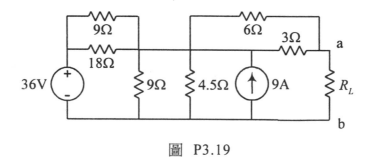

圖 P3.19

【解】

先將圖 P3.19 中 a、b 兩端之電阻 R_L 移除,並將電路化簡,如圖 P3.19(a) 所示。

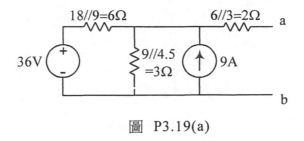

圖 P3.19(a)

求圖 P3.19(a) 之戴維寧等效電路

(1) 戴維寧等效電壓

利用節點方程式

如圖 P3.19(b) 所示,

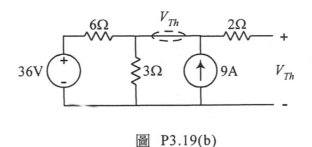

圖 P3.19(b)

$$\frac{36 - V_{Th}}{6} + 9 = \frac{V_{Th}}{3}$$

解得 $V_{Th} = 30$ (V)

(2) 戴維寧等效電阻

將圖 P3.19(a) 之電壓源短路,電流源開路,可得圖 P3.19(c)。

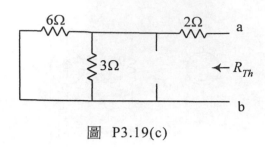

圖 P3.19(c)

$$R_{Th} = 2 + (6 // 3)$$
$$= 4 \ (\Omega)$$

所以，戴維寧等效電路如圖 P3.19(d) 所示。

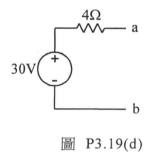

圖 P3.19(d)

∴ 當 $R_L = R_{Th} = 4 \ (\Omega)$ 時，可得最大功率轉移，最大功率

$$P_{\max} = \frac{V_{Th}^{\ 2}}{4R_{Th}}$$

$$= \frac{30^2}{4 \times 4}$$

$$= 56.25 \ (W)$$

3.20 如圖 P3.20 所示，求當 R_L 為何值時，可得最大功率，且最大功

率爲何？

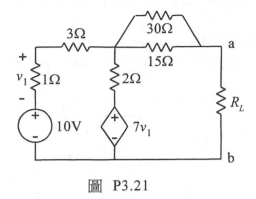

圖 P3.21

【解】

先將圖 P3.20 中 a、b 兩端之電阻 R_L 移除，並將電路化簡，如圖 P3.20(a) 所示。

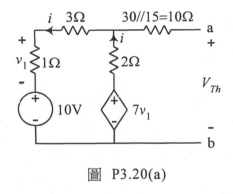

圖 P3.20(a)

求圖 P3.20(a) 之戴維寧等效電路

(1) 戴維寧等效電壓

利用 KVL 求 V_{Th}：

$$10 + 1(i) + 3(i) + 2(i) = 7v_1$$

其中 $i = \dfrac{v_1}{1} = v_1$

解得 $i = v_1 = 10$

$$\therefore \quad V_{Th} = 7v_1 - 2i = 7(10) - 2(10) = 50 \text{ (V)}$$

(2) 戴維寧等效電阻

利用驅動點法求 R_{Th}：(如圖 P3.20(b) 所示)

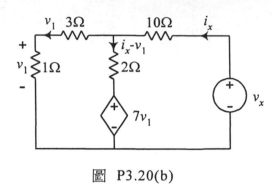

圖 P3.20(b)

根據 KVL：

$$\because 7v_1 + 2(i_x - v_1) = 3v_1 + v_1$$

$$\therefore v_1 = -2i_x$$

$$\because v_x = 10i_x + 2(i_x - v_1) + 7v_1$$

$$= 10i_x + 2(3i_x) + 7(-2i_x) = 2i_x$$

$$\therefore R_{Th} = \frac{v_x}{i_x} = 2 \text{ } (\Omega)$$

所以，戴維寧等效電路如圖 P3.20(c) 所示。

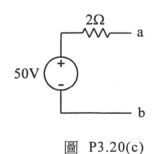

圖 P3.20(c)

∴ 當 $R_L = R_{Th} = 2$（Ω）時，可得最大功率轉移，最大功率

$$P_{\max} = \frac{V_{Th}^2}{4R_{Th}}$$

$$= \frac{50^2}{4 \times 2}$$

$$= 312.5\,(\text{W})$$

習題

4.1 圖 P4.1 為流過 10mH 電感器的電流波形，當(1) $t = 2$ms，(2) $t = 4$ms，及(3) $t = 6$ms 時，求 $v_L(t)$。

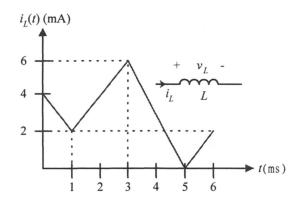

圖 P4.1

【解】

(1) $t = 2$ ms 時，$v_L = L\dfrac{di_L}{dt} = 10 \times 10^{-3} \times \dfrac{6-2}{3-1} = 20$ (mV)

(2) $t = 4$ ms 時，$v_L = L\dfrac{di_L}{dt} = 10 \times 10^{-3} \times \dfrac{0-6}{5-3} = -30$ (mV)

(3) $t = 6$ ms 時，$v_L = L\dfrac{di_L}{dt} = 10 \times 10^{-3} \times \dfrac{2-0}{6-5} = 10$ (mV)

4.2 接上題，畫出電感器的電壓與功率曲線。

【解】

$$i_L = \begin{cases} -2t + 4, & 0 \leq t < 1 \\ 2t, & 1 \leq t < 3 \\ -3t + 15, & 3 \leq t < 5 \\ 2t - 10, & t \geq 5 \end{cases} \qquad v_L = \begin{cases} -20, & 0 \leq t < 1 \\ 20, & 1 \leq t < 3 \\ -30, & 3 \leq t < 5 \\ 20, & t \geq 5 \end{cases}$$

$$P_L = v_L i_L = \begin{cases} 40t - 80, & 0 \le t < 1 \\ 40t, & 1 \le t < 3 \\ 90t - 450, & 3 \le t < 5 \\ 40t - 40, & t \ge 5 \end{cases}$$

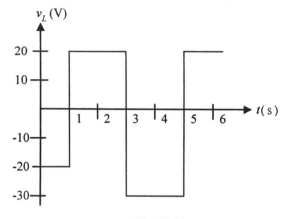

電壓曲線

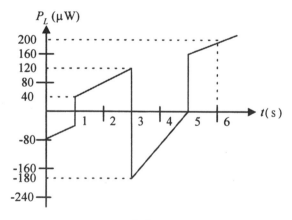

功率曲線

4.3 圖 P4.2 為電容器兩端的電壓波形,試求(1) $t = 0$s,(2) $t = 1$s,(3) $t = 2$s,(4) $t = 3$s,及(5) $t = 5$s 時電容器兩端的電流值。

【解】

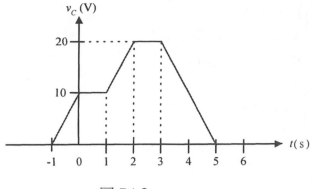

圖 P4.2

(1) $t = 0$ s 時，$i_C = C\dfrac{dv_C}{dt} = 1 \times 10^{-6} \times \dfrac{10-0}{0-(-1)} = 10$ (μA)

(2) $t = 1$ s 時，$i_C = C\dfrac{dv_C}{dt} = 1 \times 10^{-6} \times \dfrac{10-10}{1-0} = 0$ (A)

(3) $t = 2$ s 時，$i_C = C\dfrac{dv_C}{dt} = 1 \times 10^{-6} \times \dfrac{20-10}{2-1} = 10$ (μA)

(4) $t = 3$ s 時，$i_C = C\dfrac{dv_C}{dt} = 1 \times 10^{-6} \times \dfrac{20-20}{3-2} = 0$ (A)

(5) $t = 5$ s 時，$i_C = C\dfrac{dv_C}{dt} = 1 \times 10^{-6} \times \dfrac{0-20}{5-23} = -10$ (μA)

4.4 接上題，畫出電容器兩端的電流與功率曲線。

【解】

$$v_C = \begin{cases} 10t+10, & -1 \le t < 0 \\ 0, & 0 \le t < 1 \\ 10t, & 1 \le t < 2 \\ 0, & 2 \le t < 3 \\ -10t+50, & 3 \le t < 5 \end{cases} \qquad i_C = \begin{cases} 10, & -1 \le t < 0 \\ 0, & 0 \le t < 1 \\ 10, & 1 \le t < 2 \\ 0, & 2 \le t < 3 \\ -10, & 3 \le t < 5 \end{cases}$$

$$p_C = v_C i_C = \begin{cases} 100t + 100, & -1 \le t < 0 \\ 0, & 0 \le t < 1 \\ 100t, & 1 \le t < 2 \\ 0, & 2 \le t < 3 \\ 100t - 500, & 3 \le t < 5 \end{cases}$$

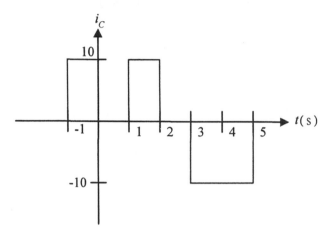

電流曲線

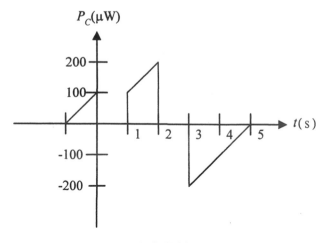

功率曲線

4.5 圖 P4.3 中，(1)試求 ab 兩端的等效電感值(L_{ab})，(2)若每一電感器均以 1F 的電容器取代，求等效電容值(C_{ab})。

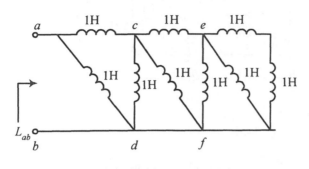

圖 P4.3

【解】

 (1) $L_{ef} = 1 // (1 // 2) = 1 // (2/3) = \dfrac{2}{5}$ (H)

   $L_{cd} = 1 // [1 // (1 + \dfrac{2}{5})] = 1 // (7/12) = \dfrac{7}{19}$ (H)

   $L_{eq} = L_{ab} = 1 // (1 + \dfrac{7}{19}) = 1 // (\dfrac{26}{19}) = \dfrac{26}{45}$ (H)

 (2) $C_{ef} = 1 + 1 + \dfrac{1}{2} = \dfrac{5}{2}$ (F)

   $C_{cd} = 1 + 1 + \dfrac{1 \times (5/2)}{1 + (5/2)} = 2 + \dfrac{5}{7} = \dfrac{19}{7}$ (F)

   $C_{eq} = C_{ab} = 1 + \dfrac{1 \times (19/7)}{1 + (19/7)} = 1 + \dfrac{19}{26} = \dfrac{45}{26}$ (F)

4.6 圖 P4.4 中，試求 ab 兩端的等效電容值，若(1)1-2 短路，(2)1-2 開路。

【解】

 (1) 若 1-2 短路，則原電路可重畫如下：

  $C_{1b} = 1 + \dfrac{(3/2) \times (1/2)}{(3/2) + (1/2)} = 1 + \dfrac{3}{8} = \dfrac{11}{8}$

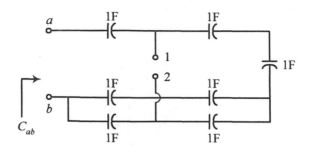

圖 P4.4

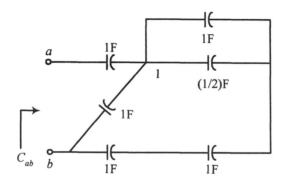

(圖 P4.4 當 1-2 短路後的電路)

$$C_{eq} = C_{ab} = \frac{1 \times (11/8)}{1 + (11/8)} = \frac{11}{19} \ \text{(F)}$$

(2) 1-2 開路，則

$$C_{ab} = \frac{(1/2 + 1/2) \times 1/3}{(1/2 + 1/2) + 1/3} = \frac{1}{4} \ \text{(F)}$$

4.7 上題中若每一電容器均以 1H 的電感器取代，求(1)1-2 短路，(2)1-2 開路時 ab 兩端的等效電感值。

【解】

(1) 若 1-2 短路，則原電路可重畫如下：

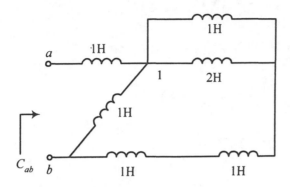

$$L_{1b} = 1//(\frac{2}{3} + 2) = 1//\frac{8}{3} = \frac{8}{11} \quad (H)$$

$$L_{ab} = 1 + \frac{8}{11} = \frac{19}{11} \quad (H)$$

(2) 1-2 開路，則

$$L_{ab} = (2//2) + 3 = 4 \quad (H)$$

4.8 圖 P4.5 中，若 $i(t) = 2t+5$ A，求電壓 v_S 之值。

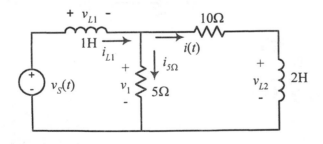

圖 P4.5

【解】

$$v_{L_2} = 2\frac{di(t)}{dt} = 2(2) = 4 \ (V)$$

$$v_1 = 10i(t) + v_{L_2} = 10(2t + 5) + 4 = 20t + 54 \ (V)$$

$$i_{5\Omega} = \frac{v_1}{5} = \frac{20t + 54}{5} = 4t + \frac{54}{5} \ (A)$$

$$i_{L_1} = i(t) + i_{5\Omega} = 2t + 5 + 4t + \frac{54}{5} = 6t + \frac{79}{5} \ (A)$$

$$v_{L_1} = L_1\frac{di_{L_1}}{dt} = 1 \times \frac{d}{dt}(6t + \frac{79}{5}) = 6 \ (V)$$

$$v_S = v_{L_1} + v_1 = 6 + 20t + 54 = 20t + 60 \ (V)$$

4.9 圖 P4.6 中，求電壓 $v(t)$ 之響應方程式。

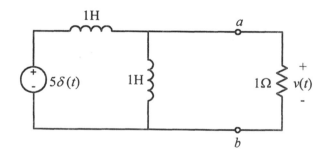

圖 P4.6

【解】

將 ab 兩端左側化為諾頓等效電路，如下圖所示：

$$L_{th} = 1//1 = \frac{1}{2} \ (H)$$

$$i_{th} = i_{SC} = \frac{1}{L}\int_{-\infty}^{t} v(t)dt = \frac{1}{1}\int_{-\infty}^{t} 5\delta(t)dt = 5u(t) \ (A)$$

$$v(0) = 5 \ (V), \ v(\infty) = 0 \ (V)$$

$$\tau = \frac{L}{R} = \frac{(1/2)}{1} = \frac{1}{2}$$

$$\therefore v(t) = v(\infty) + [v(0) - v(\infty)]e^{-\frac{t}{\tau}} = 5e^{-2t}u(t) \ \text{(V)}$$

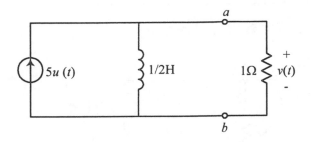

4.10 圖 P4.7 中，開關於 $t = 0$ 前已達穩態，今於 $t = 0$ 時將開關置於 B
位置，試求 $t = 1\mu s$ 時儲存在電感器上的能量。

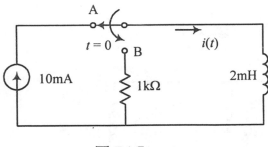

圖 P4.7

【解】

$t < 0$ 時，$i(0^-) = 10 \ \text{(mA)}$

$t = 0$ 時，開關置於 B，電路為一自然響應形式，則

$$i(t) = i(0^+)e^{-\frac{R}{L}t} = 10e^{-\frac{1\times10^3}{2\times10^{-3}}t} = 10e^{-0.5\times10^6 t} \ \text{(mA)}$$

$$w_L = \frac{1}{2}Li(t)^2 = \frac{1}{2} \times 2 \times 10^{-3} \times (10e^{-0.5\times10^6 t} \times 10^{-3})^2$$

$$= 100e^{-10^6 t} \text{ (nJ)}$$

$$\therefore w_L(1\mu s) = 100 \times e^{-10^6 \times 1 \times 10^{-6}} = 36.79 \text{ (nJ)}$$

4.11 試求圖 P4.8 中之電流響應方程式。

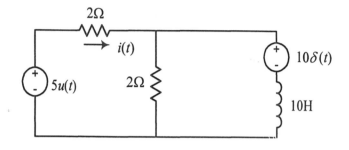

圖 P4.8

【解】

當 $5u(t)$ 電源作用時，電路如下：

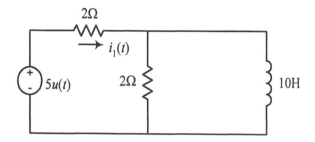

$$i_1(0^+) = \frac{5}{4} = 1.25 \text{ (A)}(\text{電感開路})$$

$$i_1(\infty) = \frac{5}{2} = 2.5 \text{ (A)}(\text{電感短路})$$

$$R_{eq} = 2 /\!/ 2 = 1 \text{ (}\Omega\text{)}$$

$$\tau = \frac{L}{R_{eq}} = \frac{10}{1} = 10$$

$$\therefore i_1(t) = i(\infty) + [i(0) - i(\infty)]e^{-\frac{t}{\tau}}$$

$$= 2.5 + [1.25 - 2.5]e^{-0.1t}$$

$$= 2.5 - 1.25e^{-0.1t} \ (A), \ t \geq 0$$

當 $10\delta(t)$電源作用時，電路如下：

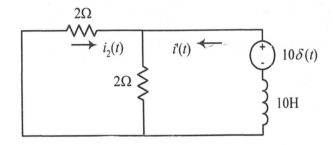

$$i'(t) = 10 \times \frac{1}{L}(e^{-\frac{R_{eq}}{L}}) = 10 \times \frac{1}{10}e^{-\frac{1}{10}t} = e^{-0.1t}$$

$$i_2(t) = \frac{2}{2+2}[-i_1'(t)] = -\frac{1}{2}e^{-0.1t} \ (A), \ t \geq 0$$

$$\therefore i(t) = i_1(t) + i_2(t) = 2.5 - 1.25e^{-0.1t} - \frac{1}{2}e^{-0.1t}$$

$$= 2.5 - 1.75e^{-0.1t} \ (A), \ t \geq 0$$

4.12 圖 P4.9 中，若 $i_1(0) = 10A$，求 $i_1(t)$，$t > 0$。

【解】

$$2i_1 + 1 \times \frac{di_1}{dt} + 4(i_1 - i_2) = 0$$

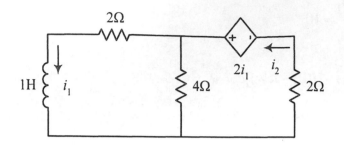

圖 P4.9

即 $\quad 6i_1 + \dfrac{di_1}{dt} - 4i_2 = 0$ ①

$\quad 2i_2 - 2i_1 + 4(i_2 - i_1) = 0$

即 $\quad -6i_1 + 6i_2 = 0$ ②

由②得 $\quad i_1 = i_2$，代入①得

$\quad \dfrac{di_1}{dt} + 2i_1 = 0$

即 $\quad i_1(t) = i(0)e^{-2t} = 10e^{-2t}$ (A), $\quad t \geq 0$

4.13 圖 P4.10 中，開關於 $t = 0$ 前已達穩態，今於 $t = 0$ 時將開關關閉，試求開關關閉前 0.2s 及後 0.2s 之 i_1 及 i_2 值。

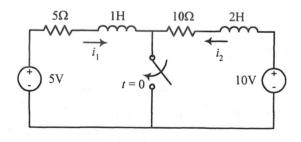

圖 P4.10

【解】

$t = -0.2$ 秒時，電路已達穩態，則

$$i_2 = -i_1 = \frac{10-5}{10+5} = \frac{1}{3} \ (A)$$

$t = 0$ 時開關關閉，則

$$i_2(0^+) = i_2(0^-) = \frac{1}{3} \ (A), \ i_1(0^+) = i_1(0^-) = -\frac{1}{3} \ (A)$$

原電路分為兩部份，

右半部電路：

$$i_2(t) = i_2(\infty) + [i_2(0) - i_2(\infty)]e^{-\frac{R_2}{L_2}t}$$

$$= 1 + (\frac{1}{3} - 1)e^{-\frac{10}{2}t} = 1 - \frac{2}{3}e^{-5t} \ (A), \ t \geq 0$$

左半部電路：

$$i_1(t) = i_1(\infty) + [i_1(0) - i_1(\infty)]e^{-\frac{R_1}{L_1}t}$$

$$= 1 + (-\frac{1}{3} - 1)e^{-\frac{5}{1}t} = 1 - \frac{4}{3}e^{-5t} \ (A), \ t \geq 0$$

$t = +0.2$ 秒時，

$$i_2(0.2) = 1 - \frac{1}{3}e^{-5(0.2)} = 0.8774 \ (A)$$

$$i_1(0.2) = 1 - \frac{4}{3}e^{-5(0.2)} = 0.5095 \ (A)$$

4.14 圖 P4.11 中，開關於 $t = 0$ 時由 A 切換至 B 位置，試求(1)$i(t)$，(2)t = 10ms 時之電流值，(3)電感電壓的最大值。

【解】

(1) $t < 0$ 時，電路已達穩態，則

$$i(0^-) = \frac{100}{20 + (10//10)} \times \frac{10}{10+10} = 2 \ (A)$$

$t = 0$ 時開關切換至 B 位置，則

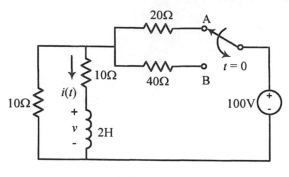

圖 P4.11

$$i(0^+) = i(0^-) = 2 \ (A)$$

$$i(\infty) = \frac{100}{40 + (10//10)} \times \frac{10}{10 + 10} = \frac{10}{9} \ (A)$$

$$i(t) = i(\infty) + [i(0) - i(\infty)]e^{-\frac{R_{eq}}{L}t}, \quad (R_{eq} = 40 + 5 = 45(\Omega))$$

$$= \frac{10}{9} + [2 - \frac{10}{9}]e^{-\frac{45}{2}t}$$

$$= \frac{10}{9} + \frac{8}{9}e^{-22.5t} \ (A), \quad t \geq 0$$

(2) $i(10ms) = \dfrac{10}{9} + \dfrac{8}{9}e^{-22.5 \times 10 \times 10^{-3}} = 1.8209 \ (A)$

(3) $v_L = L\dfrac{di(t)}{dt} = 2\dfrac{d}{dt}(\dfrac{10}{9} + \dfrac{8}{9}e^{-22.5t}) = -40e^{-22.5t}$

$$\therefore v_{L,\max} = |v_L| = 40 \ (V)$$

4.15 圖 P4.12 中，當 $t = 1ms$ 時，$v_C = 5V$；當 $t = 4ms$ 時，$v_C = 0.5V$，試求 R_1 及 R_2 之值。

【解】

$t < 0$ 時，S_1關閉，S_2打開

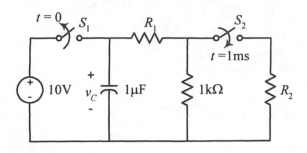

圖 P4.12

$$v_C(0^-) = 10 \ (\text{V})$$

$0 \leq t < 1$ ms 時，S_1 及 S_2 打開

$$v_C(t) = v_C(0^+)e^{-\frac{t}{\tau}}$$

其中 $\tau = RC = (R_1 + 1000) \times 1 \times 10^{-6} = (R_1 + 1000) \times 10^{-6}$

$$\therefore v_C(t) = 10e^{-\frac{10^6}{R_1 + 1000}t}$$

$$v_C(1\text{ms}) = 10e^{-\frac{10^6}{R_1 + 1000} \times 1 \times 10^{-3}} = 5$$

得 $R_1 = 442.79 \ (\Omega)$

當 $t \geq 1$ ms 時，S_2關閉

$$v_C(1\text{ms}^+) = v_C(1\text{ms}^-) = 5 \ (\text{V})$$

$$v_C(t) = v_C(1\text{ms})e^{-\frac{t'}{\tau}}，其中$$

$$\tau = R_{eq}C = [R_1 + (1000 // R_2)]C = \frac{442700 + 1442.70R_2}{1000 + R_2} \times 1 \times 10^{-6}$$

$$t' = t - 1 \times 10^{-3}$$

$$v_C(t) = 5e^{-\frac{1000+R_2}{442700+1442.70R_2} \times 10^6 \times (t-1 \times 10^{-3})}$$

$$v_C(4\text{ms}) = 5e^{-\frac{1000+R_2}{442700+1442.70R_2} \times 10^6 \times (3 \times 10^{-3})} = 0.5$$

得 $R_2 = 6151.8$ (Ω)

4.16 圖 P4.13 中，開關於 $t = 0$ 關閉，試求 $i_L(t)$，$t > 0$。

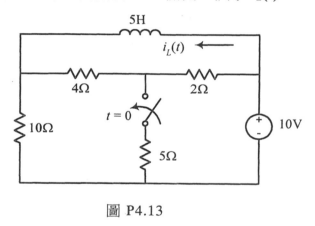

圖 P4.13

【解】

$t < 0$ 時，電路已達穩態，電感短路，則 $i_L(0^-) = \frac{10}{10} = 1$ (A)

$t = 0$ 時開關關閉。今求電感兩端之戴維寧等效電路：

① 求等效電阻(如圖(a))：

$$R_{th} = [(2 // 5) + 4] // 10 = \frac{95}{27} \text{ (Ù)}$$

② 求等效電壓(如圖(b))：

$$i = \frac{10}{[(10+4)//5]+2} = \frac{10}{(108/19)} = \frac{190}{108} \ (A) = i_{2\Omega}$$

(a)

(b)

(c)

$$i_{4\Omega} = \frac{5}{5+10+4} \times i = \frac{5}{19} \times \frac{190}{108} = \frac{50}{108} \ (A)$$

$$V_{th} = 2i + 4i_{4\Omega} = 2 \times \frac{90}{108} + 4 \times \frac{50}{108} = \frac{380}{108} + \frac{200}{108} = \frac{145}{27} \ (A)$$

圖(c)為其戴維寧等效電路圖，電流響應方程式為：

$$i_L(t) = i(\infty) + [i(0) - i(\infty)]e^{-\frac{t}{\tau}}$$

其中，$i(0) = 1$ (A)，$\quad i(\infty) = \frac{V_{th}}{R_{th}} = \frac{145}{27} \times \frac{27}{95} = \frac{29}{19} = 1.53$ (A)

$$\tau = \frac{L}{R_{th}} = 5 \times \frac{27}{95} = \frac{27}{19}$$

$$\therefore i_L(t) = 1.53 + (1-1.53)e^{-\frac{19}{27}t}$$

$$= 1.53 - 0.53e^{-0.7037t} \ (A), \ t \ge 0$$

4.17 圖 P4.14 中，開關於 $t = 0$ 關閉，試求(1) $v(t)$，(2) $t = 2s$ 時之電壓值。

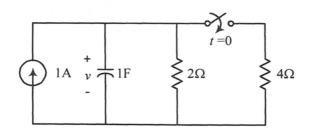

圖 P4.14

【解】

(1) $t < 0$ 時，電路已達穩態，則 $v(0^-) = 2 \times 1 = 2$ (V)

$t = 0$ 時開關關閉，則 $v(0^+) = v(0^-) = v(0) = 2$ (V)

$$v(\infty) = 1 \times (2 /\!/ 4) = 1 \times \frac{8}{6} = \frac{4}{3} \ (V)$$

$$\therefore v(t) = v(\infty) + [v(0) - v(\infty)]e^{-\frac{1}{R_{eq}C}t}$$

$$= \frac{4}{3} + (2 - \frac{4}{3})e^{-\frac{1}{(4/3)\times 1}t}$$

$$= \frac{4}{3} + \frac{2}{3}e^{-\frac{3}{4}t} \ (V), \ t \ge 0$$

(2) $v(2s) = \frac{4}{3} + \frac{2}{3}e^{-\frac{3}{4}\times 2} = 1.482$ (V)

4.18 圖 P4.15 中,開關於 $t = 0$ 關閉,若 $v_C(0^-) = 20$ V,且二極體為理想二極體,(1)求 $v_C(t)$,$t \geq 0$,(2) 畫出特性曲線。

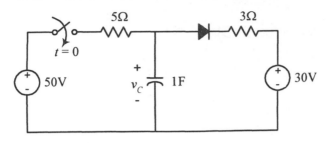

圖 P4.15 中

【解】

(1) 當 $v_C < 30$ V 時,二極體 OFF,等效電路如圖(a)所示,則

$$v_C(0^+) = v_C(0^-) = v_C(0) = 20 \ (V)$$

$$v_C(\infty) = 50 \ (V), \quad \tau = RC = 5$$

$$\therefore v_C(t) = v_C(\infty) + [v_C(0) - v_C(\infty)]e^{-\frac{1}{\tau}t}$$

$$= 50 + (20 - 50)e^{-0.2t} = 50 - 30e^{-0.2t}$$

當電容器充電至 $v_C \geq 30$ V 時,二極體 ON,等效電路如圖(b)所示。電容器兩端之戴維寧等效電路則如圖(c)所示,其中:

$$R_{eq} = 3 // 5 = \frac{3 \times 5}{3 + 5} = \frac{15}{8} = 1.875 \ (\Omega)$$

$$V_{th} = \frac{3}{5 + 3} \times 50 + \frac{5}{5 + 3} \times 30 = \frac{300}{8} = 37.5 \ (V)$$

且 $v_C(t_0) = 50 - 30e^{-0.2t_0} = 30$,解得 $t_0 = 2.0273$ (s)

今 $v_C(t_0^+) = v_C(t_0^-) = v_C(t_0) = 30$ (V)

$$v_C(\infty) = 37.5 \ (V), \quad \tau = R_{eq}C = 1.875$$

$$\therefore v_C(t) = v_C(\infty) + [v_C(0) - v_C(\infty)]e^{-\frac{1}{\tau}t}$$

$$= 37.5 + (30 - 37.5)e^{-\frac{1}{1.875}t}$$

$$= 37.5 - 7.5e^{-0.533t} \ (\text{V}), \ t \geq 0$$

(2) 特性曲線如圖(d)所示。

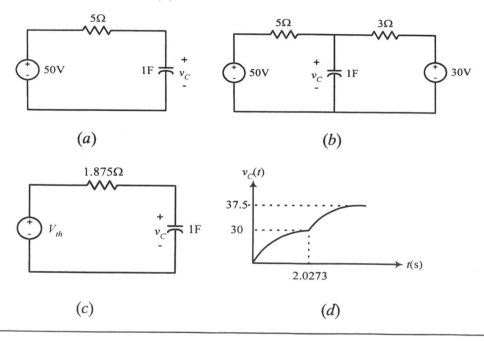

(a)   (b)

(c)   (d)

4.19 圖 P4.16 中，$R = 100\Omega$，$L = 0.2\text{H}$，$v(t) = 155\cos(377t)\text{V}$，$i(0^-) = 0.1\text{A}$，試求 $i(t)$ 之電流響應。

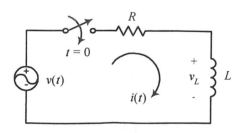

圖 P4.16

【解】

$$i(t) = \frac{V_m}{Z}\cos(377t + \theta - \phi) + ke^{-\frac{R}{L}t}$$

$$i(0) = \frac{V_m}{Z}\cos(\theta - \phi) + k = 0.1 \Rightarrow k = 0.1 - \frac{V_m}{Z}\cos(\theta - \phi)$$

因此，$i(t) = \frac{V_m}{Z}\cos(377t + \theta - \phi) + [0.1 - \frac{V_m}{Z}\cos(\theta - \phi)]e^{-\frac{R}{L}t}$

其中，$V_m = 155$ (V)

$$Z = \sqrt{R^2 + (\omega L)^2} = \sqrt{(100)^2 + (377 \times 0.2)^2} = 125.24 \ (\Omega)$$

$$\phi = \tan^{-1}\frac{\omega L}{R} = \tan^{-1}\frac{377 \times 0.2}{100} = 37°$$

$$\tau = \frac{L}{R} = \frac{0.2}{100} = 2 \ (ms) \ , \ \theta = 0°$$

$$\therefore i(t) = \frac{155}{125.24}\cos(377t - 37°) + [0.1 - \frac{155}{125.24}\cos(-37°)]e^{-500t}$$

$$= 1.24\cos(377t - 37°) - 0.89e^{-500t} \ (A), \ t \geq 0$$

4.20 圖 P4.17 中為 RC 電路之弦波響應，其中 $R = 100\Omega$，$C = 0.2$F，$v(t)$ = 155sin(377t+30°)V，$v_C(0^-) = 0$V，試求 $i(t)$ 之電流響應。

【解】

穩態成份：

$$i_S(t) = \frac{V_m}{Z}\sin(\omega t + \theta + \phi)$$

暫態成份：

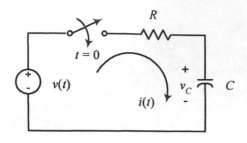

圖 P4.17

$$i_n(t) = ke^{-\frac{t}{RC}}$$

完整解爲：

$$i(t) = \frac{V_m}{Z}\sin(\omega t + \theta + \phi) + ke^{-\frac{t}{RC}}$$

開關關閉瞬間，電容器短路，

$$i(0) = \frac{v_C(0)}{R} = \frac{155\sin 30°}{100} = 0.775 \ (A)$$

$$i(0) = \frac{V_m}{Z}\sin(\theta + \phi) + k = 0.775$$

$$\therefore k = -\frac{V_m}{Z}\sin(\theta + \phi) + 0.775$$

$$i(t) = \frac{V_m}{Z}\sin(\omega t + \theta + \phi) - [\frac{V_m}{Z}\sin(\theta + \phi) + 0.775]e^{-\frac{t}{RC}}$$

其中：$V_m = 155$

$$Z = \sqrt{R^2 + (1/\omega C)^2}$$

$$= \sqrt{(100)^2 + (\frac{1}{377 \times 10 \times 10^{-6}})^2} = 283.5 \ (\Omega)$$

$$\phi = \tan^{-1}\frac{1/\omega C}{R} = \tan^{-1}\frac{1}{\omega RC}$$

$$= \tan^{-1}\frac{1}{377 \times 100 \times 10 \times 10^{-6}} = 69.34°$$

$$\tau = RC = 100 \times 10 \times 10^{-6} = 1 \ (ms)$$

$$i(t) = \frac{155}{283.5}\sin(377t + 30° + 69.3°)$$

$$+ [0.775 - \frac{155}{283.5}\sin(30° + 69.34°)]e^{-1000t}$$

$$= 0.547\sin(377t + 99.34°) + 0.2355e^{-1000t} \ (A), \ t \geq 0$$

4.21 圖 P4.18 為一串聯 RC 電路，試證明其脈衝響應為：

$$v_C(t) = \frac{1}{RC}e^{-\frac{1}{RC}} \ (V), \ t > 0 \ 。$$

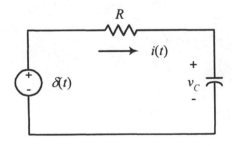

圖 P4.18

【證】

由 KVL 得： $Ri(t) + v_C(t) = \delta(t)$

且　$i(t) = C\dfrac{dv_C(t)}{dt}$　代入上式得

$$RC\frac{dv_C(t)}{dt} + v_C(t) = \delta(t)$$

當 $t < 0$ 時，$\delta(t) = 0, \; v_C(0^-) = 0$

$$\therefore v_C(t) = 0, \; t < 0 \qquad \text{①}$$

當 $t > 0$ 時，$\delta(t) = 0$

即　$\dfrac{dv_C(t)}{dt} + \dfrac{1}{RC}v_C(t) = 0$

$$v_C(t) = v_C(0^+)e^{-\frac{1}{RC}} \qquad \text{②}$$

綜合①②式得

$$v_C(t) = v_C(0^+)u(t)e^{-\frac{1}{RC}}$$

同時，$\dfrac{dv_C(t)}{dt} = \dfrac{du(t)}{dt}v_C(0^+)e^{-\frac{1}{RC}t} - \dfrac{1}{RC}v_C(0^+)u(t)e^{-\frac{1}{RC}t}$

$$= \delta(t)v_C(0^+)e^{-\frac{1}{RC}t} - \dfrac{1}{RC}v_C(t)$$

$$= \delta(t)v_C(0^+) - \dfrac{1}{RC}v_C(t)$$

將上式代入原微分方程式得

$$RC\delta(t)v_C(0^+) - v_C(t) + v_C(t) = \delta(t)$$

即　$v_C(0^+) = \dfrac{1}{RC}$

因此，$v_C(t) = \dfrac{1}{RC}e^{-\frac{1}{RC}}$ (V), $t > 0$

4.22 圖 P4.19 中，(1)若 $i_S = \delta(t)$，求脈衝響應 $h(t)$，(2)若 $i_S = u(t)$，利用迴旋積分求電壓響應 $v(t)$。

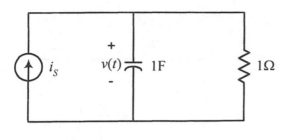

圖 P4.19

【解】

(1)　　　　　　　　　　　　　　　　　　　　　原　電
路可化為戴維寧等效電路如下：

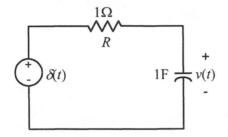

其脈衝響應為：

$$h(t) = \frac{1}{RC}e^{-\frac{1}{RC}t} = \frac{1}{1\times1}e^{-\frac{1}{1\times1}t} = e^{-t} \ (V), \ t > 0$$

(2)　$v(t) = u(t) * h(t) = \int_0^t u(t-\tau)e^{-\tau}d\tau$

$$= \int_0^t e^{-\tau}d\tau = -e^{-\tau}\Big|_0^t$$

$$= 1 - e^{-t} \ (V), \ t > 0$$

4.23 圖 P4.20 中，利用迴旋積分求電壓響應 $v_C(t)$。

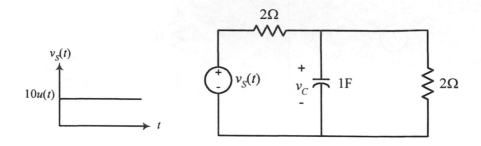

圖 P4.20

【解】

先求電容器兩端之戴維寧等效電路：

$$R_{th} = 2 // 2 = 1 \ (\Omega)$$

$$V_{th} = \frac{2}{2+2} \times v_S(t) = 0.5 v_S(t)$$

戴維寧等效電路如下所示：

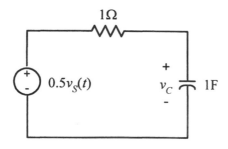

脈衝響應(電源為 $0.5\delta(t)$)為：

$$h(t) = \frac{1}{RC} e^{-\frac{1}{RC}t} = 0.5 \times (\frac{1}{1 \times 1} e^{-\frac{1}{1 \times 1}t}) = 0.5 e^{-t} \ (V), \ t > 0$$

$$v_C(t) = [0.5 v_S(t)] * h(t) = 5u(t) * h(t)$$

$$= \int_0^t 5u(t - \tau) \times 0.5 e^{-\tau} d\tau$$

$$= -2.5 \int_0^t e^{-\tau} d(-\tau) = -2.5 e^{-\tau} \Big|_0^t$$

$$= 2.5(1 - e^{-t}) \ (V), \ t \geq 0$$

習題

5.1 對於圖 P5.1 之電路，試求(1) $i\,(0^+)$，(2) $di(0^+)/dt$，(3) $i(\infty)$。

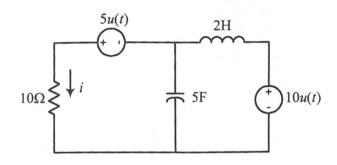

圖 P5.1

【解】

(1) $t = 0^+$時，電感器視同開路，電容器視同短路，因此，

$$i(0^+) = \frac{5}{10} = \frac{1}{2} \ \text{(A)}$$

(2) 因 $10 \times i(0^+) = 5$

兩邊取微分，即 $10 \times \dfrac{di(0^+)}{dt} = 0$，

得 $\dfrac{di(0^+)}{dt} = 0$

(3) $t = \infty$ 時，電路達穩態，電容器斷路，電感器短路，

因此，$i(\infty) = \dfrac{10+5}{10} = \dfrac{3}{2} \ \text{(A)}$

5.2 圖 P5.2 中，設 $v_C(0^+) = 10\text{V}$，$i_L(0^+) = 5\text{A}$，試求(1) $i_1\,(0^+)$、$i_C\,(0^+)$、及 $i_3\,(0^+)$，(2) $i_1\,(\infty)$、$i_C\,(\infty)$、及 $i_3\,(\infty)$。

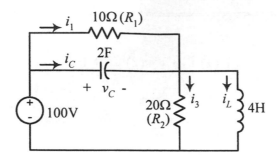

圖 P5.2

【解】

(1) $i_1(0^+) = \dfrac{v_C(0^+)}{10} = \dfrac{10}{10} = 1$ (A)

$v_{R2}(0^+) = 100 - v_C(0^+) = 100 - 10 = 90$ (V)

$i_3(0^+) = \dfrac{v_{R2}(0^+)}{20} = \dfrac{90}{20} = 4.5$ (A)

$i_C(0^+) = i_3(0^+) + i_L(0^+) - i_1(0^+) = 4.5 + 5 - 1 = 8.5$ (A)

(2) $t = \infty$ 時，電容器開路，電感器短路，因此，

$i_1(\infty) = \dfrac{100}{v_{R1}(0^+)} = \dfrac{100}{v_C(0^+)} = \dfrac{100}{10} = 10$ (A)

$i_C(\infty) = 0$ (A)， $i_3(\infty) = 0$ (A)

$i_L(\infty) = i_1(\infty) = 10$ (A)

5.3 圖 P5.3 中，(1)判斷響應形式，並求(2) $v_C(t)$ ，(3) $i_L(t)$ ， $t \geq 0$ 。

【解】

(1) $t < 0$ 時， $i_L(0^-) = 1$ (A)， $v_C(0^-) = 0$ (V)

$t \geq 0$ 時，電流源斷路，

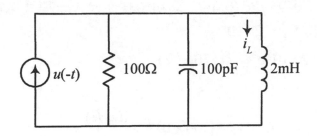

圖 P5.3

$$\omega_0 = \frac{1}{\sqrt{LC}} = \frac{1}{\sqrt{2\times10^{-3}\times100\times10^{-9}}} = 70.71 \ (\text{ks}^{-1})$$

$$\alpha = \frac{1}{2RC} = \frac{1}{2\times100\times10^3\times100\times10^{-9}} = 50 \ (\text{ks}^{-1})$$

因 $\alpha^2 < \omega_0^2$ ，故為一欠阻尼響應。

(2) 特徵根：$\lambda_{1,2} = -\alpha \pm i\sqrt{\omega_0^2 - \alpha^2} = -50 \pm i\sqrt{(70.71)^2 - (50)^2}$

$$= -50 \pm i50$$

$v_C(t) = e^{-50t}(c_1\cos 50t + c_2\sin 50t)$ ，且

$$\frac{dv_C(t)}{dt} = -50e^{-50t}(c_1\cos 50t + c_2\sin 50t)$$

$$+ e^{-50t}(-50c_1\sin 50t + 50c_2\cos 50t)$$

$v_C(0^+) = v_C(0^-) = 0 \ (\text{V})$ ，

$i_L(0^+) = i_L(0^-) = 1 \ (\text{A})$ ，

$i_L(0^+) + i_C(0^+) + i_R(0^+) = 0 \ (\text{A})$ ，即

$$i_C(0^+) = C\frac{dv_C(0^+)}{dt} = -[i_L(0^+) + i_R(0^+)]$$

$$\frac{dv_C(0^+)}{dt} = -\frac{1}{C}[i_L(0^+) + i_R(0^+)] = -\frac{1}{100\times10^{-9}}[1 + \frac{v_C(0^+)}{100}]$$

$$= -10^7 \ (\text{A/s})$$

將 $v_C(0^+) = 0$ 及 $dv_C(0^+)/dt$ 兩初始條件代入方程式可得
$C_1 = 0$，及 $C_2 = 2{\times}10^5$

$\therefore\ v_C(t) = 2{\times}10^5\, e^{-50t}\sin 50t\ \text{(V)}$

(3) $i_L(t) = -[i_C(t) + i_R(t)] = -[100{\times}10^{-9} \times \dfrac{dv_C(t)}{dt} + \dfrac{v_C(t)}{100}]$

$\qquad = -\{100{\times}10^{-9} \times [(-50){\times}2{\times}10^5 \times e^{-50t}\sin 50t$

$\qquad\qquad + 50{\times}2{\times}10^5 \times e^{-50t}\cos 50t] + \dfrac{2{\times}10^5 \times e^{-50t}\sin 50t}{100}\}$

$\qquad = e^{-50t}\sin 50t - e^{-50t}\cos 50t - 2000e^{-50t}\sin 50t$

$\qquad = -e^{-50t}(1999\sin 50t + \cos 50t)\ \text{(A)},\ t \geq 0$

5.4 對於圖 P5.4 之電路，試求(1) $i_L(t)$，(2) $v_C(t)$，$t \geq 0$。

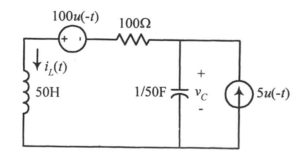

圖 P5.4

【解】

(1) $t < 0$ 時，$v_C(0^-) = 5{\times}100 - 100 = 400\ \text{(V)}$

$\quad i_L(0^-) = 5\ \text{(A)}$

$\quad t \geq 0$ 時，電流源斷路，電壓源短路，

$$\omega_0 = \frac{1}{\sqrt{LC}} = \frac{1}{\sqrt{50 \times ((1/50)}} = 1 \ (s^{-1})$$

$$\alpha = \frac{R}{2L} = \frac{100}{2 \times 50} = 1 \ (s^{-1})$$

因 $\alpha^2 = \omega_0^2$ ， 電路為一臨界阻尼響應。

(4) 特徵根：$\lambda_{1,2} = -\alpha = -1$

$i_L(t) = c_1 e^{-t} + c_2 t e^{-t}$ ，且

$$\frac{di_L(t)}{dt} = -c_1 e^{-t} + c_2 e^{-t} - c_2 t e^{-t}$$

同時，$\dfrac{di_L(0^+)}{dt} = \dfrac{1}{L}[v_C(0^+) - v_R(0^+)] = \dfrac{1}{50}[400 - 5 \times 100] = -2$

代入初始條件可得

$i_L(0^+) = c_1 = 5$ ，及

$$\frac{di_L(0^+)}{dt} = -c_1 + c_2 = -2 \ \Rightarrow c_2 = 3$$

$\therefore \ i_L(t) = 5e^{-t} + 3te^{-t} \ (A), \ t \geq 0$

(2) $v_C(t) = 100 i_L(t) + 50 \dfrac{di_L(t)}{dt}$

$$= 100(5e^{-t} + 3te^{-t}) + 50(-5e^{-t} + 3e^{-t} - 3te^{-t})$$

$$= 400e^{-t} + 150te^{-t} \ (V), \ t \geq 0$$

5.5 圖 P5.5 中，試求(1)$v_C(0^+)$、(2) $i_L(0^+)$、(3) $di_L/dt \ (0^+)$、(4) $i_L(0.5\text{ms})$。

【解】

(1) $v_C(0^+) = v_C(0^-) = \dfrac{100}{100+100} \times 10 = 5$ (V)

(2) $i_L(0^+) = i_L(0^-) = \dfrac{v_C(0^+)}{100} = \dfrac{5}{100} = 0.05$ (A)

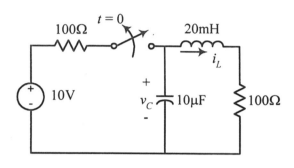

圖 P5.5

(3) $v_C(0^+) = L\dfrac{di_L(0^+)}{dt} + i_L(0^+) \times 100$ ，得

$$\dfrac{di_L(0^+)}{dt} = \dfrac{v_C(0^+) - 100i_L(0^+)}{L} = \dfrac{5 - 100 \times 0.05}{20 \times 10^{-3}} = 0 \text{ (A/s)}$$

(4) $\omega_0 = \dfrac{1}{\sqrt{LC}} = \dfrac{1}{\sqrt{20 \times 10^{-3} \times 10 \times 10^{-6}}} = 2236$ (s^{-1})

$\alpha = \dfrac{R}{2L} = \dfrac{100}{2 \times 20 \times 10^{-3}} = 2500$ (s^{-1})

因 $\alpha^2 > \omega_0^2$ ， 電路為一過阻尼響應。

特徵根：$\lambda_{1,2} = -\alpha \pm \sqrt{\alpha^2 - \omega_0^2} = -2500 \pm 1118 = -1382, \ -3618$

$i_L(t) = c_1 e^{-1382t} + c_2 e^{-3618t}$ ，且

$$\dfrac{di_L(t)}{dt} = -1382 c_1 e^{-1382t} - 3618 c_2 e^{-3618t}$$

代入初始條件可得

$$i_L(0^+) = c_1 + c_2 = 0.05，及$$

$$\frac{di_L(0^+)}{dt} = -1382c_1 - 3618c_2 = 0$$

由上二式得

$$c_1 = 0.0809，及 \ c_2 = -0.0309$$

$$\therefore v_C(t) = 0.0809e^{-1382t} - 0.0309e^{-3618t} \ \text{(V)}, \ t \geq 0$$

$$v_C(0.5ms) = 0.0809e^{-1382(0.5\times10^{-3})} - 0.0309e^{-3618(0.5\times10^{-3})}$$

$$= 0.04054 - 0.005062 = 0.03548$$

5.6 圖 P5.6 中，試求(1)電流響應 $i_L(t)$，(2)最大電流響應之時間點，最大電流值。

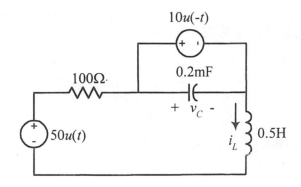

圖 P5.6

【解】

(1) $t < 0$ 時，$v_C(0^-) = 10$ (V)，$i_L(0^-) = -\dfrac{10}{100} = -0.1$ (A)

$t \geq 0$ 時，$\omega_0 = \dfrac{1}{\sqrt{LC}} = \dfrac{1}{\sqrt{0.5 \times 0.0002}} = 100 \ (\text{s}^{-1})$

$$\alpha = \frac{R}{2L} = \frac{100}{2 \times 0.5} = 100 \ (\text{s}^{-1})$$

因 $\alpha^2 = \omega_0^2$ ， 電路為一臨界阻尼響應。

特徵根：$\lambda_{1,2} = -\alpha = -100$

$i_L(t) = c_1 e^{-100t} + c_2 t e^{-100t} + \text{A}$ ，且

$\dfrac{di_L(t)}{dt} = -100c_1 e^{-100t} + c_2 e^{-100t} - 100c_2 t e^{-100t}$

同時，$100 i_L(0^+) + v_C(0^+) + 0.5\dfrac{di_L(0^+)}{dt} = 50$

即　　$\dfrac{di_L(0^+)}{dt} = \dfrac{1}{0.5}[50 - 100 \times (-01) - 10] = 100 \ (\text{A/s})$

代入初始及邊界條件可得

$i_L(\infty) = \text{A} = 0$

$i_L(0^+) = c_1 = -0.1$ ，及

$\dfrac{di_L(0^+)}{dt} = -100c_1 + c_2 = 100 \ \Rightarrow c_2 = 90$

$\therefore i_L(t) = -0.1e^{-100t} + 90t e^{-100t} \ (\text{A}), \ t \geq 0$

(2) $\dfrac{di_L(t)}{dt} = -100(-0.1)e^{-100t_m} + 90e^{-100t_m} - 9000t e^{-100t_m} = 0$

得　　　$t_m = 0.0111 \ (\text{s})$

$$i(t_m) = -0.1e^{-100 \times 0.0111} + 90(0.0111)e^{-100 \times 0.0111} = 0.2962 \ (A)$$

$$= 0.2962 \ (A)$$

5.7　圖 P5.7 中，假設電感及電容無初能，試求(1) $i_L(t)$，(2) $v_C(t)$，$t \geq 0$。

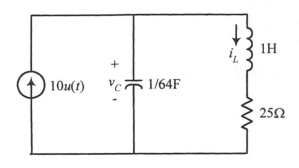

圖 P5.7

【解】

(1) $v_C(0^+) = v_C(0^-) = 0 \ (V)$，$i_L(0^+) = i_L(0^-) = 0 \ (A)$

$$\omega_0 = \frac{1}{\sqrt{LC}} = \frac{1}{\sqrt{1 \times (1/64)}} = 8 \ (s^{-1})$$

$$\alpha = \frac{R}{2L} = \frac{25}{2 \times 1} = 12.5 \ (s^{-1})$$

因 $\alpha^2 > \omega_0^2$ ， 電路爲一過阻尼響應。

特徵根： $\lambda_{1,2} = -\alpha \pm \sqrt{\alpha^2 - \omega_0^2} = -12.5 \pm 9.60 = -2.9, \ -22.1$

$$i_L(t) = c_1 e^{-2.9t} + c_2 e^{-22.1t} + A ， 且$$

$$\frac{di_L(t)}{dt} = -2.9c_1 e^{-2.9t} - 22.1c_2 e^{-22.1t}$$

$$i_L(\infty) = A = 10$$

$$v_C(0^+) = \frac{di_L(0^+)}{dt} + 25 \times i_L(0^+)$$

即　$$\frac{di_L(0^+)}{dt} = v_C(0^+) - 25 \times i_L(0^+) = 0 \ \text{(A/s)}$$

代入初始及邊界條件可得

$$i_L(0^+) = c_1 + c_2 + 10 = 0 \ \text{，及}$$

$$\frac{di_L(0^+)}{dt} = -2.9c_1 - 22.1c_2 = 0$$

由上二式得

$$c_1 = -11.51, \ c_2 = 1.51$$

$$\therefore i_L(t) = -11.51e^{-2.9t} + 1.51e^{-22.1t} = 10 \ \text{(A)}, \ t \geq 0$$

(2) $$v_C(t) = L\frac{di_L(t)}{dt} + 25 \times i_L(t)$$

$$= (-2.91)(-11.51)e^{-2.9t} - (22.1)(1.51)e^{-22.1t}$$
$$+ 25(-11.51)e^{-2.9t} + 25(1.51)(1.51)e^{-22.1t} + 250$$

$$= -254e^{-2.9t} + 4.379e^{-22.1t} + 250 \ \text{(V)}, \ t \geq 0$$

5.8　(1)一串聯 *RLC* 電路，電阻為 10Ω，其電流響應形式為：$i(t) = c_1e^{-100t} + c_2e^{-200t}$ ，試求 *L* 及 *C* 之值。

(2)一並聯 *RLC* 電路，電阻為 10Ω，特徵根為：$\lambda_{1,2} = -10 \pm j20$，試求 *L* 及 *C* 之值。

【解】

(1)串聯時，其特徵根為：$\lambda_{1,2} = -100, \ -200$ (過阻尼)

即 $\lambda_1 = -\alpha + \sqrt{\alpha^2 - \omega_0^2} = -100$ ①

$\lambda_2 = -\alpha - \sqrt{\alpha^2 - \omega_0^2} = -200$ ②

①+② 得 $-2\alpha = -300 \Rightarrow \alpha = 150$

①-② 得 $2\sqrt{\alpha^2 - \omega_0^2} = 100 \Rightarrow \omega_0 = 141.42 \ (\text{s}^{-1})$

$\alpha = \dfrac{R}{2L} \Rightarrow L = \dfrac{R}{2 \times \alpha} = \dfrac{10}{2 \times 150} = 0.033 \ (\text{H})$

$\omega_0 = \dfrac{1}{\sqrt{LC}} \Rightarrow C = \dfrac{1}{\omega_0^2 L} = \dfrac{1}{(141.42)^2 \times 0.033} = 1.52 \ (\text{mF})$

(2) 並聯時，其特徵根為：$\lambda_{1,2} = -10 \pm j20$ (欠阻尼)

即 $\lambda_1 = -10 + j20 = -\alpha + \sqrt{\omega_0^2 - \alpha^2}$ ①

$\lambda_2 = -10 - j20 = -\alpha - \sqrt{\omega_0^2 - \alpha^2}$ ②

由①得 $\alpha = 10$

且 $\omega_0^2 - \alpha^2 = 400 \Rightarrow \omega_0 = \sqrt{500} = 22.36 \ (\text{s}^{-1})$

$\alpha = \dfrac{1}{2RC} \Rightarrow C = \dfrac{1}{2\alpha R} = \dfrac{1}{2 \times 10 \times 10} = 0.005 \ (\text{F})$

$\omega_0 = \dfrac{1}{\sqrt{LC}} \Rightarrow L = \dfrac{1}{\omega_0^2 C} = \dfrac{1}{500 \times 0.005} = 0.4 \ (\text{H})$

5.9 圖 P5.8 電路中，(1)C 為何值可使電路達臨界阻尼響應？(2)在(1)

條件下之電流響應 $i(t)$。

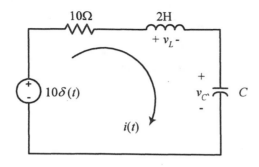

圖 P5.8

【解】

(1) $\alpha = \dfrac{R}{2L} = \dfrac{10}{2 \times 2} = 2.5 \ (\text{s}^{-1})$

$\omega_0^2 = \dfrac{1}{LC} = \alpha^2 = (2.5)^2 = 6.25$

$\therefore C = \dfrac{1}{6.25L} = \dfrac{1}{6.25 \times 2} = 0.28 \ (\text{F})$

(2) $\lambda_{1,2} = -\alpha = -2.5$

$i(t) = c_1 e^{-2.5t} + c_2 t e^{-2.5t}$ ，及

$\dfrac{di(t)}{dt} = -2.5 c_1 e^{-2.5t} + c_2 e^{-2.5t} - 2.5 c_2 t e^{-2.5t}$

$t = 0$ 時，電感開路，電容短路，

$v_L(0) = 10\delta(t)$

$i(0^+) = \dfrac{1}{2} \int_{0^-}^{0^+} 10\delta(t) dt = \dfrac{1}{2} \times 10 = 5(\text{V})$

又 $2\dfrac{di(0^+)}{dt} + v_C(0^+) + 10 \times i(0^+) = 0$

即 $\dfrac{di(0^+)}{dt} = -\dfrac{1}{2}[v_C(0^+) + 10 \times i(0^+)] = -\dfrac{1}{2}[0 + 50] = -25 \ (A/s)$

由 $i(0^+) = 5 \Rightarrow c_1 = 5$

由 $\dfrac{di(0^+)}{dt} = -25 \ \Rightarrow -2.5c_1 + c_2 = -25$

得 $c_2 = -12.5$

$\therefore i(t) = 5e^{-2.5t} - 12.5te^{-2.5t} \ (A), t \geq 0$

5.10　圖 P5.9 中，欲使電路達臨界阻尼響，試求(1) C 值大小，(2) $v_C(t)$。

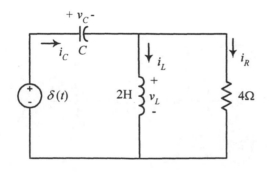

圖 P5.9

【解】

(1) 當 $t > 0$ 時，電路為一並聯 RLC 電路，

$\alpha = \dfrac{1}{2RC} = \dfrac{1}{2 \times 4 \times C} = \dfrac{1}{8C} \ (\text{s}^{-1})$

$\omega_0 = \dfrac{1}{\sqrt{LC}} = \dfrac{1}{\sqrt{2C}}$

$\Theta \ \alpha^2 = \omega_0^2 \Rightarrow \dfrac{1}{64C^2} = \dfrac{1}{2C}$

得 $C = \dfrac{1}{32}(F)$

(2) $\lambda_{1,2} = -\alpha = -\dfrac{1}{8C} = -\dfrac{1}{8 \times (1/32)} = -4$

$v_C(t) = c_1 e^{-4t} + c_2 t e^{-4t}$ ，及

$\dfrac{dv_C(t)}{dt} = -4c_1 e^{-4t} + c_2 e^{-4t} - 4c_2 t e^{-4t}$

$t = 0$ 時，電感開路，電容短路，

$v_L(0) = \delta(t), \quad v_C(0) = 0,$

$i_L(0^+) = \dfrac{1}{2}\int_{0^-}^{0^+} \delta(t)dt = \dfrac{1}{2}$

$i_C(0^+) = i_L(0^+) + i_R(0^+)$

$C\dfrac{dv_C(0^+)}{dt} = i_L(0^+) + \dfrac{v_L(0^+)}{4} = i_L(0^+) + \dfrac{-v_C(0^+)}{4}$

$\qquad\qquad = i_L(0^+) + 0 = \dfrac{1}{2}$

即 $\dfrac{dv_C(0^+)}{dt} = \dfrac{1}{2C} = \dfrac{1}{2 \times (1/32)} = 16 \ (V/s)$

由 $i(0^+) = 5 \Rightarrow c_1 = 5$

由 $v_C(0^+) = 0,$ 及 $\dfrac{dv_C(0^+)}{dt} = 16$

得 $c_1 = 0,$ 及 $c_2 = 16$

$\therefore v_C(t) = 16t e^{-4t} \ (V), t \geq 0$

5.11 圖 P5.10，(1)求引起臨界阻尼響應之 R 值，(2)在(1)情況下，求 $v_C(t)$，$t \geq 0$。

【解】

(1) $\alpha = \dfrac{1}{2RC} = \dfrac{1}{2 \times R \times 0.02} = \dfrac{1}{0.04R}$

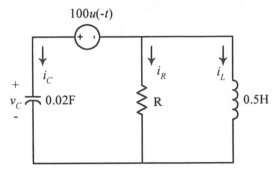

圖 P5.10

$$\omega_0 = \frac{1}{\sqrt{LC}} = \frac{1}{\sqrt{0.5 \times 0.02}} = 10$$

$\Theta \ \alpha^2 = \omega_0^2 \Rightarrow R = 2.5 \ (\Omega)$

(2) $t = 0$ 時，$v_C(0^-) = 100 \ (V)$, $i_L(0^-) = 0$

$t \geq 0$ 時，$\lambda_{1,2} = -\alpha = -\dfrac{1}{0.04 \times 2.5} = -10$

$v_C(t) = c_1 e^{-10t} + c_2 t e^{-10t}$，及

$$\frac{dv_C(t)}{dt} = -10c_1 e^{-10t} + c_2 e^{-10t} - 10c_2 t e^{-10t}$$

$$i_C(0^+) = C\frac{dv_C(0^+)}{dt} = -[i_R(0^+) + i_L(0^+)] = -[\frac{v_R(0^+)}{R} + 0]$$

$$= -[\frac{v_C(0^+)}{R} + 0] = -\frac{100}{25} = -40$$

即 $\dfrac{dv_C(0^+)}{dt} = \dfrac{-40}{C} = \dfrac{-40}{0.02} = -2000$

由 $v_C(0^+) = 100,$ 及 $\dfrac{dv_C(0^+)}{dt} = -2000$

得 $c_1 = 100,$ 及 $c_2 = -1000$

$$\therefore v_C(t) = 100e^{-10t} - 1000te^{-10t} \ \text{(V)}, t \geq 0$$

5.12 圖 P5.11 中，開關置於 A 已達穩態，今於 $t = 0$ 時由 A 切換至 B，試求(1)電流響應 $i(t)$，(2) $v_C(t)$，$t \geq 0$。

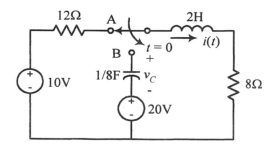

圖 P5.11

【解】

(1) 當 $t < 0$ 時，$i_L(0^+) = \dfrac{10}{12 + 8} = 0.5$ (A)

$t = 0$ 時，$v_C(0^+) = v_C(0^-) = v_C(0) = 0,$

$i_L(0^+) = i_L(0^-) = i_L(0) = 0.5$ (A),

$$\alpha = \frac{R}{2L} = \frac{8}{2 \times 2} = 2 \ (s^{-1})$$

$$\omega_0 = \frac{1}{\sqrt{LC}} = \frac{1}{\sqrt{2 \times (1/8)}} = 2 \ (s^{-1})$$

$\Theta \ \alpha^2 = \omega_0^2$，故為一臨界阻尼響應。

$$\lambda_{1,2} = -\alpha = -2$$

$$i(t) = c_1 e^{-2t} + c_2 t e^{-2t} + A \ ，及$$

$$\frac{di(t)}{dt} = -e^{-2t} + c_2 e^{-2t} - 2c_2 t e^{-2t}$$

$$A = i(\infty) = 0$$

$$L\frac{di(0^+)}{dt} + 8i(0^+) = v_C(0^+) + 20$$

$$\frac{di(0^+)}{dt} = \frac{1}{L}[v_C(0^+) + 20 - 8i(0^+)] = \frac{1}{2}[0 + 20 - 8 \times 0.5] = 8 \ (A/s)$$

將 $i(0^+) = 0.5$，及 $\dfrac{di(0^+)}{dt} = 8$ (A/s)初始條件代入方程式得

$$c_1 = 5, \ c_2 = 9$$

$$\therefore i(t) = \frac{1}{2}e^{-2t} + 9te^{-2t} \ (A), t \geq 0$$

(2) $v_C(t) + 20 = L\dfrac{di(t)}{dt} + 8i(t)$，即

$$v_C(t) = L\frac{di(t)}{dt} + 8i(t) - 20$$

$$= 2[\frac{d}{dt}(\frac{1}{2}e^{-2t} + 9te^{-2t})] + 8(\frac{1}{2}e^{-2t} + 9te^{-2t}) - 20$$

$$= 20e^{-2t} + 36te^{-2t} - 20 \ \text{(V)}, \ t \ge 0$$

5.13 圖 P5.12 中，假設電感與電容無初能，求 $v_C(t)$，$t \ge 0$。

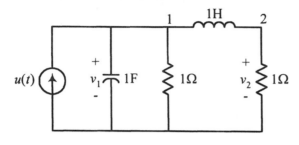

圖 P5.12

【解】

應用 KCL 於節點 1、2，則

$$\begin{cases} 1 \times \dfrac{dv_1}{dt} + \dfrac{v_1}{1} + \int_{-\infty}^{t} (v_1 - v_2)dt = u(t) \\ \dfrac{v_2}{1} + \int_{-\infty}^{t} (v_1 - v_2)dt = 0 \end{cases}$$

即 $\begin{cases} Dv_1 + v_1 + \dfrac{1}{D}(v_1 - v_2) = u(t) \\ -\dfrac{1}{D}v_1 + (1 + \dfrac{1}{D})v_2 = 0 \end{cases}$

由 Gramer's Rule 得

$$v_1 = \frac{\begin{vmatrix} u(t) & -\dfrac{1}{D} \\ 0 & 1 + \dfrac{1}{D} \end{vmatrix}}{\begin{vmatrix} D + 1 + \dfrac{1}{D} & -\dfrac{1}{D} \\ -\dfrac{1}{D} & 1 + \dfrac{1}{D} \end{vmatrix}} = \frac{(D + 1)u(t)}{D^2 + 2D + 2}$$

其特徵方程式爲：$\lambda^2 + 2\lambda + 2 = 0$

即特徵根：$\lambda_{1,2} = \dfrac{-2 \pm \sqrt{4-8}}{2} = -1 \pm i$

$\therefore v_1(t) = e^{-t}(c_1 \cos t + c_2 \sin t) + A$，且

$\dfrac{dv_1}{dt} = -e^{-t}(c_1 \cos t + c_2 \sin t) + e^{-t}(-c_1 \sin t + c_2 \cos t)$

其中 $A = v_1(\infty) = 1 \times (1//1) = 1 \times \dfrac{1}{2} = \dfrac{1}{2}$

$v_1(0) = 0 \Rightarrow c_1 = -\dfrac{1}{2}$

且 $C \dfrac{dv_1(0^+)}{dt} + \dfrac{v_1(0^+)}{1} + i_L(0^+) = 1$

$\Rightarrow \dfrac{dv_1(0^+)}{dt} = 1 - v_1(0^+) + i_L(0^+) = 1$　代入原式得

$\dfrac{dv_1(0^+)}{dt} = -c_1 + c_2 = 1 \Rightarrow c_2 = 1 + c_1 = 1 - \dfrac{1}{2} = \dfrac{1}{2}$

$\therefore v_1(t) = \dfrac{1}{2} + \dfrac{1}{2}[e^{-t}(-\cos t + \sin t)]$

$\qquad = \dfrac{1}{2}[1 + e^{-t}(\sin t - \cos t)]$ (V),　$t \geq 0$

5.14 圖 P5.13 中，$v_1(0) = 0$，$i_L(0) = 0$，且 $di(0^+)/dt = 0$，求 $v_1(t)$，$t \geq 0$。

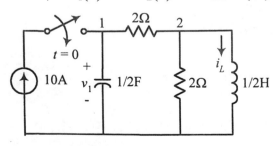

圖 P5.13

【解】

應用 KCL 於節點 1、2，則

$$\begin{cases} \dfrac{1}{2}\dfrac{dv_1}{dt} + \dfrac{1}{2}(v_1 - v_2) = 10 \\ \dfrac{1}{2}(v_1 - v_2) + \dfrac{1}{2}v_2 + 2\int_{-\infty}^{t} v_2\,dt = 0 \end{cases}$$

即

$$\begin{cases} (\dfrac{1}{2}D + \dfrac{1}{2})v_1 - \dfrac{1}{2}v_2 = 10 \\ -\dfrac{1}{2}v_1 + (1 + \dfrac{2}{D})v_2 = 0 \end{cases}$$

由 Gramer's Rule 得

$$v_1 = \frac{\begin{vmatrix} 10 & -\dfrac{1}{2} \\ 0 & 1 + \dfrac{2}{D} \end{vmatrix}}{\begin{vmatrix} \dfrac{1}{2}D + \dfrac{1}{2} & -\dfrac{1}{2} \\ -\dfrac{1}{2} & 1 + \dfrac{2}{D} \end{vmatrix}} = \frac{40D + 80}{2D^2 + 5D + 4}$$

其特徵方程式為：$2\lambda^2 + 5\lambda + 4 = 0$

即特徵根：$\lambda_{1,2} = \dfrac{-5 \pm \sqrt{25 - 32}}{4} = -1.25 \pm i0.66$

$\therefore v_1(t) = e^{-1.25t}(c_1 \cos 0.66t + c_2 \sin 0.66t) + \text{A}$，且

$$\dfrac{dv_1}{dt} = -1.25e^{-1.25t}(c_1 \cos t + c_2 \sin t)$$

$$+ e^{-1.25t}(-0.66c_1 \sin 0.66t + 0.66c_2 \cos 0.66t)$$

其中 $\text{A} = v_1(\infty) = 2 \times 10 = 20$

$$v_1(0) = 0 \Rightarrow c_1 = -20$$

且 $\dfrac{dv_1(0^+)}{dt} = 0 \Rightarrow -1.25c_1 + 0.66c_2 = 0$ 得 $c_2 = 37.88$

$$\therefore v_1(t) = 20 + e^{-1.25t}(-20\cos 0.66t + 37.88\sin 0.66t) \text{ (V)}, \quad t \geq 0$$

5.15 圖 P5.14 中，$v_C(0^+) = 0$，$i(0^+) = 0$，且 $dv_C(0^+)/dt = 0$，若 (1) $v_S = u(t)$，(2) $v_S = \delta(t)$，求電壓響應 $v_C(t)$。

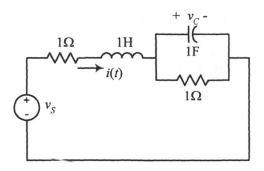

圖 P5.14

【解】

(1) 若 $v_S = u(t)$，則

$$\begin{cases} i(t) + \dfrac{di(t)}{dt} + v_C(t) = u(t) \\ \dfrac{dv_C(t)}{dt} + v_C(t) = i(t) \end{cases}$$

即 $\begin{cases} (1+D)i(t) + v_C(t) = 1 \\ -i(t) + (D+1)v_C(t) = 0 \end{cases}$

由 Gramer's Rule 得

$$v_1 = \frac{\begin{vmatrix} 1+D & 1 \\ -1 & 0 \end{vmatrix}}{\begin{vmatrix} 1+D & 1 \\ -1 & 1+D \end{vmatrix}} = \frac{1}{D^2 + 2D + 2}$$

其特徵方程式為：$\lambda^2 + 2\lambda + 2 = 0$

即特徵根：$\lambda_{1,2} = \dfrac{-2 \pm \sqrt{4-8}}{2} = -1 \pm i$

$\therefore v_C(t) = e^{-t}(c_1 \cos t + c_2 \sin t) + A$ ，且

$$\frac{dv_C(t)}{dt} = -e^{-t}(c_1 \cos t + c_2 \sin t) + e^{-t}(-c_1 \sin t + c_2 \cos t)$$

其中 $A = v_C(\infty) = \dfrac{1}{2} \times 1 = \dfrac{1}{2}$

$$v_C(0) = c_1 + \frac{1}{2} = 0 \Rightarrow c_1 = -\frac{1}{2}$$

且 $\dfrac{dv_C(0^+)}{dt} = -c_1 + c_2 = 0 \Rightarrow c_2 = c_1 = \dfrac{1}{2}$

$\therefore v_C(t) = \dfrac{1}{2} + e^{-t}(-\dfrac{1}{2}\cos t - \dfrac{1}{2}\sin t)$

$\qquad = \dfrac{1}{2}[1 - e^{-t}(\cos t - \sin t)] \ (V), \ t \geq 0$

(3) 脈衝響應為步進響應的微分，因此，當 $v_s = \delta(t)$，

$\quad v_C(t) = \dfrac{d}{dt}\{\dfrac{1}{2}[1 - e^{-t}(\cos t - \sin t)]\}$

$\qquad = -e^{-t}(-\dfrac{1}{2}\cos t - \dfrac{1}{2}\sin t) + e^{-t}(\dfrac{1}{2}\sin t - \dfrac{1}{2}\cos t)$

$\qquad = e^{-t}\sin t \ (V), \ t \geq 0$

5.16 圖 P5.15 中，求電流響應 $i_L(t)$，$t \geq 0$。。

【解】

$t < 0$ 時，$v_C(0^-) = 100$ (V), $i_L(0^-) = 10$ (A)

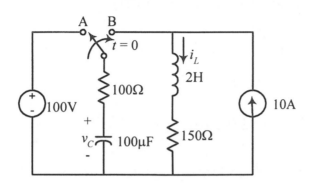

圖 P5.15

$t \geq 0$ 時，
$$\begin{cases} 100 \times 10^{-6} \dfrac{dv_C(t)}{dt} + i_L(t) = 10 \\ 2 \times \dfrac{di_L(t)}{dt} + 150 i_L(t) = 100 \times 100 \times 10^{-6} \dfrac{dv_C(t)}{dt} + v_C(t) \end{cases}$$

即
$$\begin{cases} (10^{-4} D) v_C(t) + i_L(t) = 10 \\ (10^{-2} D + 1) v_C(t) - (2D + 150) i_L(t) = 0 \end{cases}$$

由 Gramer's Rule 得

$$i_L(t) = \frac{\begin{vmatrix} 10^{-4} D & 10 \\ 1 + 10^{-2} D & 0 \end{vmatrix}}{\begin{vmatrix} 10^{-4} D & 1 \\ 1 + 10^{-2} D & -(2D + 150) \end{vmatrix}} = \frac{50000 + 500D}{D^2 + 125D + 5000}$$

其特徵方程式為：$\lambda^2 + 125\lambda + 5000 = 0$

即特徵根：$\lambda_{1,2} = \dfrac{-125 \pm \sqrt{(125)^2 - 4 \times 5000}}{2} = -62.5 \pm i33.07$

$\therefore i_L(t) = e^{-62.5t}(c_1 \cos 33.07t + c_2 \sin 33.07t) + A$，且

其中 $A = i_L(\infty) = 10$

$i_L(0) = c_1 + 10 = 0 \Rightarrow c_1 = 0$

$\Rightarrow i_L(t) = c_2 e^{-62.5t} \sin 33.07t + 10$

$\dfrac{di_L(t)}{dt} = -62.5c_2 e^{-62.5t} \sin 33.07t + 33.07c_2 e^{-62.5t} \cos 33.07t)$

且 $2 \times \dfrac{di_L(0^+)}{dt} + 150i_L(0^+) = 100 \times 100 \times 10^{-6} \dfrac{dv_C(0^+)}{dt} + v_C(0^+)$

又 $100 \times 10^{-6} \dfrac{dv_C(0^+)}{dt} + i_L(0^+) = 10$

$\dfrac{dv_C(0^+)}{dt} = \dfrac{10 - i_L(0^+)}{100 \times 10^{-6}} = 0$

$\therefore \dfrac{di_L(0^+)}{dt} = \dfrac{v_C(0^+) - 150i_L(0^+)}{2} = \dfrac{100 - 150 \times 10}{2} = -700$

$\therefore \dfrac{di_L(0^+)}{dt} = 33.07c_2 = -700 \Rightarrow c_2 = -21.17$

$i_L(t) = -21.17e^{-62.5t} \sin 33.07t + 10$ (A), $t \geq 0$

5.17 圖 P5.16 中，開關置於 A 已達穩態，今於 $t = 0$ 時由 A 切換至 B，試求(1) $i(t)$，(2) $v_C(t)$，$t \geq 0$。

【解】

(1) $t < 0$ 時，$v_C(0^-) = 10$ (V)，$i(0^-) = 0$ (A)

令 $i(t) = c_1 \cos \omega_0 t + c_2 \sin \omega_0 t$

$$\omega_0 = \frac{1}{\sqrt{LC}} = \frac{1}{\sqrt{0.2 \times 0.5 \times 10^{-6}}} = 3612 \ (\text{rad/s})$$

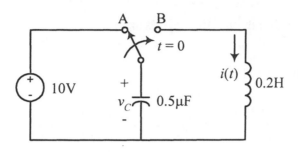

圖 P5.16

$$\frac{di(t)}{dt} = -\omega_0 c_1 \sin \omega_0 t + \omega_0 c_2 \cos \omega_0 t$$

$$v_C(0^+) = L\frac{di(0^+)}{dt} \Rightarrow \frac{di(0^+)}{dt} = \frac{v_C(0^+)}{L} = \frac{10}{0.2} = 50 \ (\text{A/s})$$

由 $i(0) = 0 \Rightarrow c_1 = 0$

由 $\dfrac{di(0^+)}{dt} = 50 \Rightarrow \omega_0 c_2 = 50 \Rightarrow c_2 = \dfrac{50}{3162} = 0.0158$

$\therefore i(t) = 0.0158 \sin 3162t \ (\text{A}), \ t \geq 0$

(2) $v_C(t) = v_L(t) = L\dfrac{di(t)}{dt} = 0.2\dfrac{d}{dt}(0.0158 \sin 3162t)$

$\qquad = 0.2 \times 0.0158 \times 3162 \cos 3162t$

$\qquad = 10 \cos 3162t \ (\text{V}), \ t \geq 0$

5.18 上題中，若將電容器兩端電壓 v_C 視為變數，試求(1) $v_C(t)$，(2) $i_L(t)$

$\quad$ $t \geq 0$。

【解】

(1) 令 $v_C(t) = c_1 \cos \omega_0 t + c_2 \sin \omega_0 t$

$$\omega_0 = \frac{1}{\sqrt{LC}} = \frac{1}{\sqrt{0.2 \times 0.5 \times 10^{-6}}} = 3612 \ (\text{rad/s})$$

$$\frac{dv_C(t)}{dt} = -\omega_0 c_1 \sin \omega_0 t + \omega_0 c_2 \cos \omega_0 t$$

$$v_C(0^+) = 10 \ ,$$

$$i_C(0^+) = C\frac{dv_C(0^+)}{dt} = -i_L(0^+) = 0 \Rightarrow \frac{dv_C(0^+)}{dt} = 0$$

由 $v_C(0) = 10 \Rightarrow c_1 = 10$

由 $\dfrac{dv_C(0^+)}{dt} = 0 \Rightarrow \omega_0 c_2 = 0 \Rightarrow c_2 = 0$

$$v_C(t) = 10\cos 3162t \ (\text{V}), \ t \ge 0$$

(2) $v_C(t) = v_L(t) = L\dfrac{di(t)}{dt}$

$$\therefore i(t) = \frac{1}{L}\int_0^t v_C(t)dt = \frac{1}{0.2}\int_0^t 10\cos 3162t\,dt$$

$$= \frac{10}{0.2 \times 3162}(\sin 3162t\big|_0^t)$$

$$= 0.0158\sin 3162t \ (\text{A}), \ t \ge 0$$

5.19 圖 P5.17 中，開關置於 A 已達穩態，今於 $t = 0$ 時由 A 切換至 B，求 $v_C(t)$，$t \ge 0$。

【解】

$$t < 0 \ 時, \ v_C(0^-) = 0, \ i_L(0^-) = \frac{20-5}{15} = 1 \ (\text{A})$$

$t \geq 0$ 時, $\omega_0 = \dfrac{1}{\sqrt{LC}} = \dfrac{1}{\sqrt{2 \times 10 \times 10^{-6}}} = 223$ (rad/s)

令 $v_C(t) = c_1 \cos 223t + c_2 \sin 223t + A$

$A = v_C(\infty) = 5$

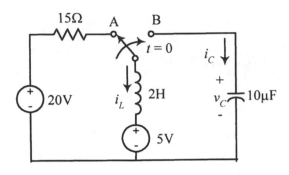

圖 P5.17

$\dfrac{dv_C(t)}{dt} = -223c_1 \sin 223t + 223c_2 \cos 223t$

$v_C(0) = 0 \Rightarrow c_1 + 5 = 0, \Rightarrow c_1 = -5$

$i_C(0^+) + i_L(0^+) = 0 \Rightarrow C\dfrac{dv_C(0^+)}{dt} + i_L(0^+) = 0$

$\dfrac{dv_C(0^+)}{dt} = -\dfrac{i_L(0^+)}{C} = -\dfrac{1}{10 \times 10^{-6}} = -10^5$ (V/s)

由 $\dfrac{dv_C(0^+)}{dt} = 0 \Rightarrow 223c_2 = -10^5 \Rightarrow c_2 = -448.43$

$\therefore v_C(t) = 5 - 5\cos 223t - 448.43 \sin 223t$ (V), $t \geq 0$

5.20 圖 D5.3 中，$i_1(0) = 0$，$i_2(0) = 1$，$v_C(0) = 0$，求電流響應 $i_1(t)$。

【解】

應用網目電流法

$$\begin{cases} L_1 \dfrac{di_1}{dt} + (i_1 - i_2) \times R = 5 \\ R(i_2 - i_1) + \dfrac{1}{C}\int_0^t i_2 dt + L_2 \dfrac{di_2}{dt} = 0 \end{cases}$$

$$\Rightarrow \begin{cases} \dfrac{di_1}{dt} + i_1 - i_2 = 5 \\ -i_1 + \dfrac{di_2}{dt} + i_2 + \int_0^t i_2 dt = 0 \end{cases}$$

即 $\begin{cases} (D+1)i_1 - i_2 = 5 \\ -i_1 + (D+1+\dfrac{1}{D})i_2 = 0 \end{cases}$

由 Gramer's Rule 得

$$i_1 = \frac{\begin{vmatrix} 5 & - \\ 0 & D+1+\dfrac{1}{D} \end{vmatrix}}{\begin{vmatrix} D+1 & -1 \\ -1 & D+1+\dfrac{1}{D} \end{vmatrix}} = \frac{5(D^2+D+1)}{D^3+2D^2+D+1}$$

其特徵方程式為：$\lambda^3 + 2\lambda^2 + \lambda + 1 = 0$

即特徵根：$\lambda_1 = -1.75$，$\lambda_{2,3} = -0.12 \pm i0.74$

$\therefore i_{1n}(t) = c_1 e^{-1.75t} + e^{-0.12t}(c_1 \cos 0.74t + c_2 \sin 0.74t)$

$\therefore i_{1f}(t) = \dfrac{5}{1} = 5$

$$\therefore i_1(t) = 5 + c_1 e^{-1.75t} + e^{-0.12t}(c_2 \cos 0.74t + c_3 \sin 0.74t)$$

$$\frac{di_1}{dt} = -1.75 c_1 e^{-1.75t} + (0.74 c_3 - 0.12 c_2) \times e^{-0.12t} \cos 0.74t$$

$$- (0.74 c_2 + 0.12 c_3) \times e^{-0.12t} \sin 0.74t$$

$$\frac{d^2 i_1}{dt^2} = 3.0625 c_1 e^{-1.75t} - (0.5332 c_2 + 0.1776 c_3) \times e^{-0.12t} \cos 0.74t$$

$$+ (0.1776 c_2 - 0.5332 c_3) \times e^{-0.12t} \sin 0.74t$$

$$\frac{di_1(0^+)}{dt} + i_1(0^+) - i_2(0^+) = 5$$

$$\Rightarrow \frac{di_1(0^+)}{dt} = 5 - i_1(0^+) + i_2(0^+) = 5 - 0 + 1 = 6$$

$$v_C(0^+) + \frac{di_2(0^+)}{dt} + [i_2(0^+) - i_1(0^+)] = 0$$

$$\frac{di_2(0^+)}{dt} = -v_C(0^+) - [i_2(0^+) - i_1(0^+)] = -1$$

$$\frac{di_1^2(0^+)}{dt^2} = 0 - \frac{di_1(0^+)}{dt} + \frac{di_2(0^+)}{dt} = 0 - 6 - 1 = -7$$

由 $i_1(0) = 0 \Rightarrow c_1 + c_2 = -5$

由 $\frac{di_1(0^+)}{dt} = 6 \Rightarrow -1.75 c_1 - 0.12 c_2 + 0.74 c_3 = 6$

由 $\frac{di_1^2(0^+)}{dt^2} = -7 \Rightarrow 3.0625 c_1 - 0.5332 c_2 - 0.1776 c_3 = -7$

解上三式得：

$$c_1 = -2.5580, \quad c_2 = -2.442, \quad c_3 = 2.6360$$

$$i_1(t) = 5 - 2.5580e^{-1.75t} + e^{-0.12t}(-2.442\cos 0.74t$$

$$+ 2.360\sin 0.74t)\,(\text{A}) \cdot t \geq 0$$

習題

6.1 設有兩個電路元件串聯，其等效阻抗爲 Z，如圖 P6.1 所示。其輸入電壓及電流分別爲：

$$v_S = 110\sqrt{2}\sin(377t + 30^\circ)\ (\text{V})，$$

及　　$i_S = 55\sqrt{2}\sin(377t - 30^\circ)\ (\text{A})$

試求組成該電路元件之種類及數値。

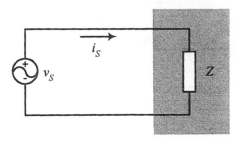

圖 P6.1

解】

因電流落後電壓 60°，電路包含 R 及 L，且

$$\tan 60^\circ = \frac{X_L}{R} = \frac{\omega L}{R} = 1.732 \Rightarrow \omega L = 1.732R$$

又 $\dfrac{v_m}{I_m} = \dfrac{110\sqrt{2}}{55\sqrt{2}} = \sqrt{R^2 + (\omega L)^2} = \sqrt{R^2 + (1.732R)^2} = 2$

即　$2R = 2 \Rightarrow R = 1\ (\Omega)$

$$L = \frac{1.732R}{\omega} = \frac{1.732 \times 1}{377} = 4.59\ (\text{mH})$$

一串聯 *RLC* 電路如圖 P6.2 所示，其輸入電壓及電流分別爲：

$$v_S = 100\cos(500t - 30°) \text{ (V)},$$

及 $\quad i_S = 5\cos(377t - 60°) \text{ (A)},$

若電感 $L = 0.1\text{H}$，求 R 及 C 之值。

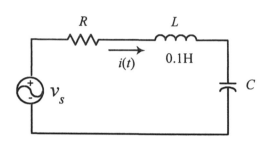

圖 P6.2

【解】

因電流落後電壓 $30°$，電路之電感性電抗大於電容性電抗，即

$$\tan 30° = \frac{X_L}{R} = \frac{\omega L - (1/\omega C)}{R} = \frac{1}{\sqrt{3}}$$

即 $\quad \omega L - \dfrac{1}{\omega C} = \dfrac{1}{\sqrt{3}} R$

又 $\dfrac{v_m}{I_m} = \dfrac{110}{55} = \sqrt{R^2 + [\omega L - (1/\omega C)]^2} = \sqrt{R^2 + [(1/\sqrt{3})R]^2}$

即 $\quad 2 = \sqrt{R^2 + [(1/3)R]^2} \Rightarrow R = 1.732$ (Ù)

$$\omega L - \frac{1}{\omega C} = \frac{1}{\sqrt{3}} R = 1 \Rightarrow 500 \times 0.1 - \frac{1}{500C} = 1$$

得 $C = \dfrac{1}{49 \times 500} = 40.82$ (μF)

6.3 圖 P6.3 中，$\omega = 10 \text{ rad/s}$，試求 Z_{in} 若(1) AB 開路，(2) AB 短路。

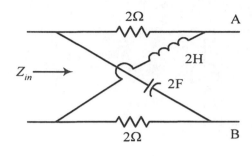

圖 P6.3

【解】

(1) AB 開路，則

$$Z_{in} = (2 + j\omega L)//(2 - j\frac{1}{\omega C})$$

$$= (2 + j20)//(2 - j0.05)$$

$$= \frac{(2 + j20)(2 - j0.05)}{2 + j20 + 2 - j0.05} = \frac{5 + j39.8}{4 + j19.95} = \frac{40.21\angle 82.86°}{20.35\angle 78.66°}$$

$$= 1.98\angle 4.2° = 1.97 + j0.15 \ (Ù)$$

(2) AB 短路，則

$$Z_{in} = (2// j\omega L) + (2//\frac{1}{j\omega C}) = \frac{j40}{2 + j20} + \frac{-j0.1}{2 - j0.05}$$

$$= \frac{4 + j79.8}{4 + j19.95} = \frac{79.90\angle 87.13°}{20.35\angle 78.66°}$$

$$= 3.93\angle 8.47° = 3.89 + j0.58 \ (Ù)$$

6.4 圖 P6.4 中，證明重疊定理不適用於計算負載 Z_L 之瞬時功率。

【證】

令 i_1 為考慮 v_1 電源時流過負載之電流，i_2 為考慮 v_2 電源時流過負載之電流，則負載功率為：

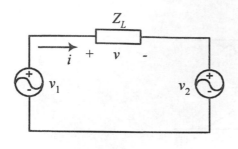

圖 P6.4

$$P_L = vi = iR_e(Z_L)i = i^2 R_e(Z_L)$$

$$= (i_1 + i_2)^2 R_e(Z_L)$$

$$= i_1^2 R_e(Z_L) + i_2^2 R_e(Z_L) + 2i_1 i_2 R_e(Z_L)$$

$$= P_1 + P_2 + 2i_1 i_2 R_e(Z_L)$$

由上式知：$P_L \neq P_1 + P_2$
即計算瞬時功率時，不可使用重疊定理。

6.5 圖 P6.5 中，(1)求 AB 兩端以右(陰影部份)負載之功率因數為若干？
(2)欲使功率因數提高至 0.8 落後，則 AB 兩端應連接的電容值為
若干？

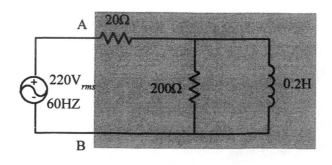

圖 P6.5

【解】

(1) $X_L = j\omega L = j2\pi \times 60 \times 0.2 = j75.4 \ (\Omega)$

輸入阻抗 $Z_{in} = 20 + (200 \,//\, j75.4)$
$= 20 + 24.89 + j66.01$

$= 44.89 + j66.01 = 79.83\angle 55.78° \ (\Omega)$

功率因數 $= \cos\theta = \cos(55.78°) = 0.56 \,(落後)$

(2) 加入電容器後

新輸入阻抗 $Z_{in}^{'} = 44.89 + j(66.01 - \dfrac{1}{\omega C})$

$= 44.89 + j(66.01 - \dfrac{1}{377C})$

功率因數角 $\theta' = Cos^{-1}(0.8) = 36.87° = \tan^{-1}(\dfrac{66.01 - (1/377C)}{44.89})$

即 $\tan 36.87° = 0.75 = \dfrac{66.01 - (1/377C)}{44.89}$

整理得: $C = 82 \ (\mu F)$

6.6 圖 P6.6 為一單相弦波穩態電路, $v_S = 110\sqrt{2}\sin 377t$, 負載功率為 600kW, 功因 0.8 落後: (1)試並聯一電容器, 使功因提高至 0.9 落後, 求此電容值, (2)功因改善前後之電流值。

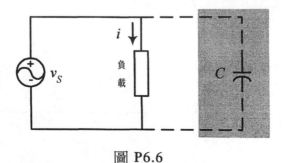

圖 P6.6

【解】

(1) 並聯電容器前

$$P_L = 600(kW) = S_L \cos\theta = 0.8S_L$$

即視在功率：$S_L = \dfrac{600k}{0.8} = 750$ (kVA)

負載虛功：$Q_L = S_L \sin\theta = 750 \times 10^3 \times \sqrt{1 - \cos^2\theta}$

$$= 750 \times 10^3 \times \sqrt{1 - (0.8)^2} = 450 \text{ (kVAR)}$$

並聯電容器後，由於負載未變，即 $P_L^{'} = P_L = 600$ (kW)

但 $S_L^{'} = \dfrac{P_L}{\cos'\theta} = \dfrac{600k}{0.9} = 666.67$ (kVA)

$$Q_L^{'} = S_L^{'} \sin'\theta = 666.67 \times 10^3 \times \sqrt{1 - (0.9)^2} = 290.6 \text{ (kVAR)}$$

$$ÄQ = Q_L - Q_L^{'} = 450 - 290.6 = 159.4 \text{ (kVAR)} = \omega C v_S^2$$

$$\therefore C = \dfrac{ÄQ}{\omega v_S^2} = \dfrac{159.4 \times 10^3}{377 \times (110)^2} = 0.03494 \text{ (F)}$$

(2) 功因改善前

$$i = \dfrac{P}{v\cos\theta} = \dfrac{600 \times 10^3}{110 \times 0.8} = 6818.18 \text{ (A)}$$

功因改善後

$$i' = \dfrac{P}{v'\cos'\theta} = \dfrac{600 \times 10^3}{110 \times 0.9} = 6060.61 \text{ (A)}$$

6.7 如圖 P6.7 所示，求電流 i_S 之值。

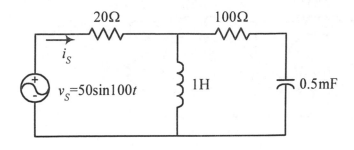

圖 P6.7

【解】

$$X_L = j\omega L = j100 \times 1 = j100 \ (\text{Ù})$$

$$X_C = -j\frac{1}{\omega C} = -j\frac{1}{100 \times (1/2) \times 10^{-3}} = -j20 \ (\text{Ù})$$

輸入阻抗 $Z_{in} = 20 + (100 - j20) // (j100)$

$$= 20 + \frac{j100(100 - j20)}{100 - j20 + j100} = 20 + 61 + j51.24$$

$$= 81 + j51.24 = 95.85\angle32.32° \ (\text{Ù})$$

$$I = \frac{V_S}{Z_{in}} = \frac{(50/\sqrt{2})\angle0°}{95.85\angle32.32°} = 0.37\angle -32.32°$$

$$\therefore i(t) = 0.37\sqrt{2}\sin(100t - 32.32°) \ (A)$$

6.8 圖 P6.8 所示電路中，求 V_1 及 V_2 之值。

【解】

利用網目電流法：

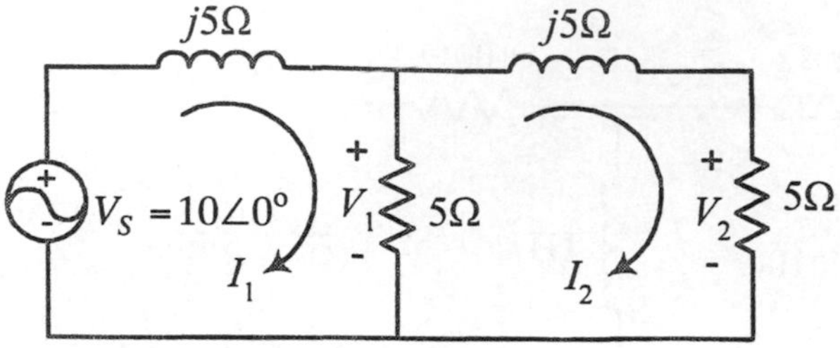

圖 P6.8

$$\begin{cases} (5+j5)I_1 - 5I_2 = 10\angle 0° \\ -5I_1 + (10+j5)I_2 = 0 \end{cases}$$

由 Gramer's Rule 知

$$I_1 = \frac{\begin{vmatrix} 10 & -5 \\ 0 & 10+j5 \end{vmatrix}}{\begin{vmatrix} 5+j5 & -5 \\ -5 & 10+j5 \end{vmatrix}} = \frac{100+j50}{j75} = \frac{2}{3} - j\frac{4}{3} \ \text{(A)}$$

$$I_2 = \frac{\begin{vmatrix} 5+j5 & 10 \\ -5 & 0 \end{vmatrix}}{\begin{vmatrix} 5+j5 & -5 \\ -5 & 10+j5 \end{vmatrix}} = \frac{50}{j75} = -j\frac{2}{3} \ \text{(A)}$$

$$V_1 = 5(I_1 - I_2) = 5[\frac{2}{3} - j\frac{4}{3} - (-j\frac{2}{3})]$$

$$= 3.33 - j3.33 = 4.71\angle -45° \ \text{(V)}$$

$$V_2 = 5I_2 = 5(-j\frac{2}{3}) = -j\frac{10}{3} = 3.33\angle -90° \ \text{(A)}$$

6.9 圖 P6.9 所示電路中，$i_S = 20\sin 10^4 t$ A，求 v_1。

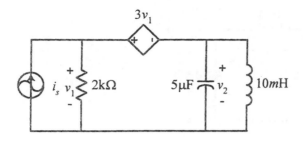

圖 P6.9

【解】

$$I_S = \frac{20}{\sqrt{2}} \angle 0° \ (A)$$

$$Z_C = -j\frac{1}{\omega C} = -j\frac{1}{10^4 \times 5 \times 10^{-6}} = -j20 \ (\text{Ω})$$

$$Z_L = j\omega L = j10^4 \times 10 \times 10^{-3} = j100 \ (\text{Ω})$$

將 $3v_1$ 電源視為一超節點，則

$$\frac{V_1}{2000} + \frac{V_2}{-j20} + \frac{V_2}{j100} = I_S$$

又 $V_1 - V_2 = 3V_1 \Rightarrow V_2 = -2V_1$ 代入上式得

$$\frac{V_1}{2000} + \frac{-2V_1}{-j20} + \frac{-2V_1}{j100} = \frac{20}{\sqrt{2}} \angle 0°$$

解得 $V_1 = 176.78 \angle -89.64°$ (V)

即 $v_1 = 176.78\sqrt{2} \sin(10^4 t - 89.64°)$ (V)

6.10 圖 P6.10 所示電路中，$\omega = 100$ rad/s，求兩端之戴維寧等效電路。

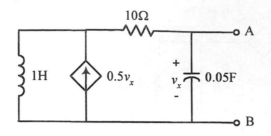

圖 P6.10

【解】

$$Z_C = -j\frac{1}{\omega C} = -j\frac{1}{100 \times 0.05} = -j0.2 \ (\Omega)$$

$$Z_L = j\omega L = j100 \times 1 = j100 \ (\Omega)$$

相量電路如下：

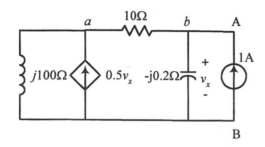

電路中由於沒有主動電源，因此於 AB 端接一 1A 電流源加以驅動如上圖所示。應用節點電壓法於 ab 兩點可得：

$$\begin{cases} \dfrac{V_a}{j100} - 0.5V_x + \dfrac{V_a - V_b}{10} = 10 \\ \dfrac{V_b - V_a}{10} + \dfrac{V_b}{-j0.2} - 1 = 0 \end{cases}$$

由於 $V_b = V_x$，代入上式可得：

$$\begin{cases} (0.1 - j0.01)V_a - 0.6V_x = 0 \\ -0.1V_a + (0.1 - j5)V_x = 1 \end{cases}$$

由 Gramer's Rule 解得：

$$V_x = V_{AB} = \cfrac{\begin{vmatrix} 0.1 - j0.01 & 0 \\ -0.1 & 1 \end{vmatrix}}{\begin{vmatrix} 0.1 - j0.01 & -0.6 \\ -0.1 & 0.1 - j5 \end{vmatrix}} = \cfrac{0.1 - j0.01}{-0.1 - j0.501}$$

$$= \cfrac{0.1\angle -5.71°}{0.51\angle -101.29°} = 0.196\angle 95.58° \text{ (V)} = V_{th}$$

$$Z_{th} = \cfrac{V_{th}}{1} = 0.196\angle 95.58° \text{ (Ù)}$$

6.11 圖 P6.11 所示電路中，試選擇適當的 R 及 C 值，使得轉移至 R 的平均功率為最大，並計算其最大功率值。

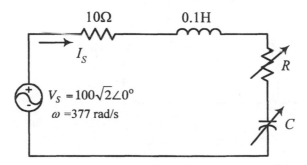

圖 P6.11

【解】

負載阻抗 $Z_L = R - j\cfrac{1}{\omega C}$

線路阻抗 $Z_{line} = 10 + j\omega L = 10 + j37.7$ (Ω)

當 $Z_L = Z_{line}^*$ 時可獲得最大功率

即 $Z_L = 10 - j37.7$ (Ω)

因此，$R = 10$ (Ω) ，

且 $\dfrac{1}{\omega C} = 37.7 \Rightarrow C = \dfrac{1}{37.7 \times 377} = 70.36$ (μF)

線路電流大小：$|I| = \dfrac{100\sqrt{2}}{10+10} = 5$ (A)

最大功率：$P_{L,\max} = |I|^2 R = 5^2 \times 10 = 250$ (W)

6.12 圖 P6.12 電路中，求能提供最大平均功率之 Z_L 值，並計算其最大功率。

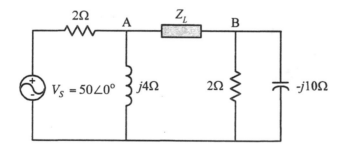

圖 P6.12

【解】

　求 AB 兩端之戴維寧等效電路

$$Z_{th} = (2 \,//\, j4) + [2 \,//\, (-j10)] = \dfrac{j8}{2+j4} + \dfrac{-j20}{2-j10}$$

$$= \dfrac{160 - j24}{44 - j12} = \dfrac{161.79\angle -8.53°}{45.61\angle -15.26°}$$

$$= 3.55\angle -15.26° = 3.42 - j0.93 \ (\Omega)$$

$$V_{th} = V_A - V_B = \frac{j4}{2 + j4} \times 50\angle 0° - 0 = \frac{4\angle 90°}{4.47\angle 63.43°} \times 50\angle 0°$$

$$= 44.74\angle 26.57° \ (V)$$

當 $Z_L = Z_{th}^* = 3.42 + j0.93$ (Ω) 時能獲得最大平均功率

電流大小：$|I| = \dfrac{44.74}{3.42 + 3.42} = 6.54$ (A)

最大功率：$P_{L,\max} = |I|^2 R = (6.54)^2 \times 3.42 = 146.28$ (W)

6.13 圖 P6.13 電路中，AB 間的等效阻抗爲多少時可獲得最大平均功率，並計算其最大功率值。

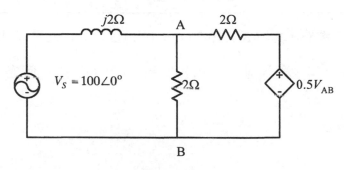

圖 P6.13

【解】

  (1) 求 AB 兩端之戴維寧等效電路

     (a) 求 $V_{th}(= V_{AB})$

$$\frac{100 - V_{AB}}{j2} = \frac{V_{AB} - 0.5V_{AB}}{2}$$

      得 $V_{AB} = \dfrac{200}{2 + j} = 80 - j40 = 89.44\angle -26.57°$ (V)

     (b) 求 I_{SC} (AB 短路)

$$I_{SC} = \frac{100\angle 0°}{j2} = \frac{100\angle 0°}{2\angle 90°} = 50\angle -90°$$

$$Z_{th} = \frac{V_{th}}{I_{SC}} = \frac{89.44\angle -26.57°}{50\angle -90°}$$

$$= 1.79\angle 63.43° = 0.8 + j1.6 \ (\Omega)$$

$$Z_{AB} = Z_{th}^* = 0.8\,j1.6 \ (\Omega)$$

(2)　求 AB 兩端之戴維寧等效電路

電流大小：$|I| = \dfrac{89.44}{0.8+0.8} = 55.9 \ (A)$

最大功率：$P_{L,\max} = |I|^2 R = (55.9)^2 \times 0.8 = 2499.85 \ (W)$

6.14　一串聯 RLC 電路，其中 $R = 10\Omega$，$L = 10\text{mH}$，$C = 100\mu F$，試求(1) ω 為何值時，其輸入阻抗 $|Z_{in}|$ 為最小？ (2) ω 為何值可使 $|Z_{in}| = 10|Z_{in}|_{\min}$ ？

【解】

(1)　$Z_{in} = R + j(\omega L - \dfrac{1}{\omega C})$

當　$\omega L = \dfrac{1}{\omega C}$ 時，$|Z_{in}| = |Z_{in}|_{\min} = R = 10 \ (\Omega)$

即　$\omega = \dfrac{1}{\sqrt{LC}} = \dfrac{1}{\sqrt{10\times 10^{-3}\times 100\times 10^{-6}}} = 1000 \ (rad/s)$

(2)　$|Z_{in}| = 10|Z_{in}|_{\min} \Rightarrow \sqrt{R^2 + (\omega L - \dfrac{1}{\omega C})^2} = 100$

即　$\sqrt{100 + (0.01\omega - \dfrac{10000}{\omega})^2} = 100$

$$100 + (0.01\omega - \frac{10000}{\omega})^2 = 10000$$

經整理得：

$$\omega^4 - 1.01 \times 10^8 \omega^2 + 10^{12} = 0$$

得　$\omega = 1.0099 \times 10^8$ (rad/s), 或 $\omega = 9901.961$ (rad/s)

6.15 圖 P6.14 電路中，$\omega = 100$ (rad/s)，求電阻所消耗的最大平均功率

為何？

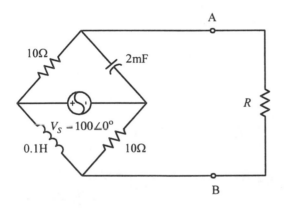

圖 P6.14

【解】

電路中　$X_L = j\omega L = j100 \times 0.1 = j10$ (Ω)

$$X_C = -j\frac{1}{\omega C} = -j\frac{1}{100 \times 2 \times 10^{-3}} = -j5 \ (\Omega)$$

其相量電路如下圖所示：

先求 **AB** 兩端的戴維寧等效電路

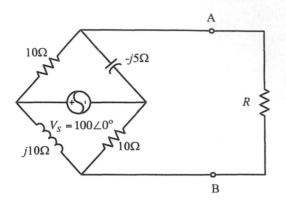

$$V_{th} = \frac{-j5}{10 - j5} \times 100\angle 0° - \frac{10}{10 + j10} \times 100\angle 0°$$

$$= (\frac{5\angle -90°}{11.18\angle -26.56°} - \frac{10}{14.14\angle 45°}) \times 100\angle 0°$$

$$= [(0.2 - j0.4) - (0.5 - j0.5)] \times 100\angle 0°$$

$$= -30 + j10 = 31.62\angle 161.57° \ (V)$$

$$Z_{th} = [10 /\!/ (-j5)] + [10 /\!/ (j10) = \frac{-j50}{10 - j5} + \frac{j100}{10 + j10}$$

$$= 2 - j4 + 5 + j5 = 7 + j1 = 7.07\angle 8.13° \ (\Omega)$$

當 $R = |Z_{th}| = \sqrt{49 + 1} = 7.071 \ (\Omega)$ 時電路可獲得最大功率轉

移，此時，

$$|I| = \frac{100\angle 0°}{7 + j1 + 7.071} = \frac{100}{14.106\angle 4.065°} = 7.089\angle -4.065° \ (A)$$

$$P_{R,max} = |I|^2 R = (7.089)^2 \times 7.071 = 355.35 \ (W)$$

6.16 一電感線圈在 600HZ 時的阻抗為 5+j20 Ω，試求(1)在 60HZ 發生
      並聯諧振所需的 C 值，(2)在 60HZ 發生串聯諧振所需的 C 值。

【解】

(1) 並聯時 $Y(j\omega) = \dfrac{1}{5 + j20} + j\omega C = \dfrac{5 - j20}{425} + j\omega C$

諧振時，$\omega C - \dfrac{20}{425} = 0 \Rightarrow \omega C = \dfrac{20}{425}$

得 $C = \dfrac{20}{425\omega} = \dfrac{20}{425 \times 2\pi \times 60} = 124.83 \ (\mu F)$

(2) 串聯諧振時：$\omega L - \dfrac{1}{\omega C} = 0 \Rightarrow \omega L = \dfrac{1}{\omega C}$

即 $C = \dfrac{1}{\omega(\omega L)} = \dfrac{1}{\omega \times 20} = \dfrac{1}{2\pi \times 60 \times 20} = 132.63 \ (\mu F)$

6.17 某電路發生串聯諧振時，其半功率頻帶寬度為 100HZ，若 f_r 為 10kHZ，$R = 10\Omega$，試求(1)Q，(2)L，及(3)C 之值。

【解】

(1) $BW = \dfrac{f_r}{Q} \Rightarrow Q = \dfrac{f_r}{BW} = \dfrac{10 \times 10^3}{100} = 100$

(2) $Q = \dfrac{\omega_r L}{R} \Rightarrow L = \dfrac{QR}{\omega_r} = \dfrac{100 \times 10}{2\pi \times 10 \times 10^3} = 0.0159 \ (H)$

$C = \dfrac{1}{\omega_r^2 L} = \dfrac{1}{(2\pi \times 10 \times 10^3)^2 \times 0.0159} = 1.5931 \times 10^{-8} \ (F)$

6.18 圖 P6.15 電路中，在，$\omega = 1000$ rad/s 時產生諧振，試求 C 之值。

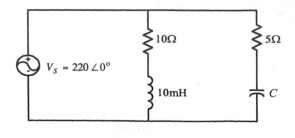

圖 P6.15

【解】

$\omega = 100$ (rad/s) 時

$X_L = j\omega L = j1000 \times 10 \times 10^{-3} = j10$ (Ω)

$X_C = -j\dfrac{1}{\omega C} = -j\dfrac{1}{1000C}$ (Ω)

輸入總阻抗：

$Z_{in} = (10 + j10)//(5 - j\dfrac{1}{1000C})$

$= \dfrac{(10 + j10)(5 - j\dfrac{1}{1000C})}{10 + j10 + 5 - j\dfrac{1}{1000C}} = \dfrac{(50 + \dfrac{1}{100C}) + j(50 - \dfrac{1}{100C})}{15 + j(10 - \dfrac{1}{1000C})}$

$= \dfrac{[(50 + \dfrac{1}{100C}) + j(50 - \dfrac{1}{100C})][15 - j(10 - \dfrac{1}{1000C})]}{225 + (10 - \dfrac{1}{1000C})^2}$

$= \dfrac{[15(50 + \dfrac{1}{100C}) + (50 - \dfrac{1}{100C})(10 - \dfrac{1}{1000C})]}{225 + (10 - \dfrac{1}{1000C})^2}$

$+ j\dfrac{[15(50 - \dfrac{1}{100C}) - (50 + \dfrac{1}{100C})(10 - \dfrac{1}{1000C})]}{225 + (10 - \dfrac{1}{1000C})^2}$

諧振時，

$\quad 15(50 - \dfrac{1}{100C}) = (50 + \dfrac{1}{100C})(10 - \dfrac{1}{1000C})$

經整理得：

$$C^2 - 8 \times 10^{-4} C + 4 \times 10^{-8} = 0$$

得 $C = 7.4641 \times 10^{-4}$ (F) 或 $C = 5.3590 \times 10^{-5}$ (F)

6.19 一串聯 RLC 電路，其半功率頻帶寬度為 10kHZ，$f_r = 500$kHZ，輸入電壓 $V_S = 10 \angle 0^\circ$，諧振時功率 $P = 150$mW，試求(1)L，(2)C 之值。

【解】

(1) $Q = \dfrac{\omega_r}{BW} = \dfrac{500 \times 10^3}{10 \times 10^3} = 50$

$R = \dfrac{|V_S|^2}{P} = \dfrac{100}{150 \times 10^{-3}} = 666.67$ (Ω)

$Q = \dfrac{\omega_r L}{R} \Rightarrow L = \dfrac{QR}{\omega_r} = \dfrac{50 \times 666.67}{2\pi \times 500 \times 10^3} = 10.61$ (mH)

(2) 諧振時，$\omega_r L = \dfrac{1}{\omega_r C}$

即 $C = \dfrac{1}{\omega_r^2 L} = \dfrac{1}{(2\pi \times 500 \times 10^3)^2 \times 10.61 \times 10^{-3}} = 9.55 \times 10^{-12}$ (F)

6.20 求圖 P6.16 電路之(1)輸入導納，(2)ω_r，(3)Q 之值。

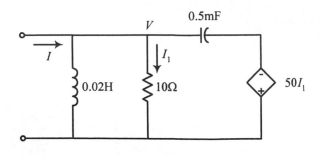

圖 P6.16

【解】

(1) $I = \dfrac{V}{j\omega L} + \dfrac{V}{10} + \dfrac{V+50I_1}{(1/j\omega C)}$

$I_1 = \dfrac{V}{10}$ 代入上式得

$I = \dfrac{V}{j0.02\omega} + \dfrac{V}{10} + j0.5\times10^{-3}\omega(V+5V)$

$\quad = V[(\dfrac{1}{10} + j(3\times10^{-3}\omega - \dfrac{1}{0.02\omega}))]$

$Y_{in} = \dfrac{I}{V} = \dfrac{1}{10} + j(3\times10^{-3}\omega - \dfrac{1}{0.02\omega})$

(2) 並聯諧振時，$3\times10^{-3}\omega_r - \dfrac{1}{0.02\omega_r} = 0$

得 $\omega_r = \dfrac{1}{\sqrt{0.02\times3\times10^{-3}}} = 129.10$ (rad/s)

(3) $R = 10$ (Ω)

由(2)結果可知：$C = 3$ (mF), $L = 0.02$ (H)

$\therefore Q = \omega_r RC = 129.10\times10\times3\times10^{3} = 3.873$

國家圖書館出版品預行編目資料

電路學／黃昭明・黃燕昌作. --初版. --台北市：
弘智文化；2002〔民 91-〕
冊： 公分
ISBN 957-0453-54-0（上冊；平裝）
1. 電路
448.62   91005419

電 路 學（上）

【叢書主編】 楊宏澤博士
【作　　者】 黃昭明博士 、黃燕昌博士
【執行編輯】 黃彥儒
【出 版 者】 弘智文化事業有限公司
【登 記 證】 局版台業字第 6263 號
【地　　址】 台北市中正區丹陽街 39 號 1 樓
【 E-Mail 】 hurngchi@ms39.hinet.net
【郵政劃撥】 19467647　戶名：馮玉蘭
【電　　話】 （02）2395-9178・0936-252-817
【傳　　真】 （02）2395-9913
【發 行 人】 邱一文
【總 經 銷】 旭昇圖書有限公司
【地　　址】 台北縣中和市中山路 2 段 352 號 2 樓
【電　　話】 （02）22451480
【傳　　真】 （02）22451479
【製　　版】 信利印製有限公司
【版　　次】 2002 年 5 月初版一刷
【定　　價】 400 元
ISBN 957-0453-54-0（上冊；平裝）

本書如有破損、缺頁、裝訂錯誤，請寄回更換！